BIG BANG & UNIVERSE

빅뱅과 우주

과학동아 스페셜
빅뱅과 우주

1판 4쇄 발행 2019년 7월 24일

지은이   과학동아 편집부

펴낸이   이경민
펴낸곳   (주)동아엠앤비
등록일   2014년 3월 28일(제25100-2014-000025호)
주소   (03737) 서울시 서대문구 충정로 35-17 인촌빌딩 1층
전화   (편집) 02-392-6901 (마케팅) 02-392-6900
팩스   02-392-6902
전자우편   damnb0401@naver.com
SNS

© 동아사이언스 2011

ISBN 978-89-6286-055-9 (04400)
       978-89-6286-053-5 (세트)

※ 책 가격은 뒤표지에 있습니다.
※ 잘못된 책은 바꿔 드립니다.

과학동아북스 는 (주)동아엠앤비의 출판 브랜드입니다.
다양한 콘텐츠를 바탕으로 유익한 과학책을 만들고자 노력하고 있습니다.

과학동아 스페셜

BIG BANG & UNIVERSE

빅뱅과 우주

글 과학동아 편집부 외

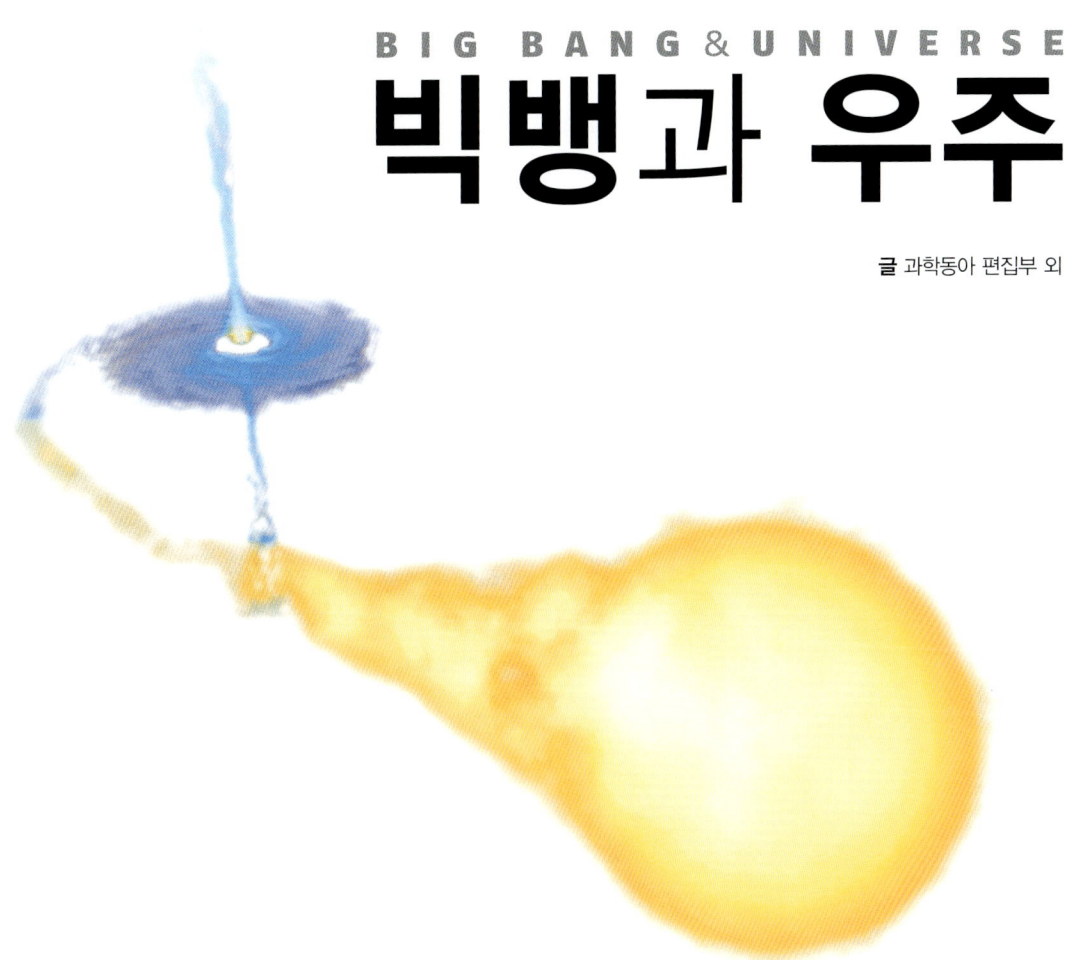

과학동아북스

융합과학의 숲에서 과학의 의미를 찾는다!

과학교육은 우리나라뿐만 아니라 세계가 주목하는 교과 영역입니다. 특히 미국은 정부와 기업이 주도적으로 나서서 과학교육에 대한 지원을 아끼지 않고 있습니다. 하지만 우리나라의 교육 현장은 과학교육에 대한 우려의 목소리로 가득합니다.

그 대안의 하나로 과학을 가르치는 일선 선생님들이 융합형 과학교육을 주창했지만 여러 가지 이유로 쉽게 시행되지 못했습니다.

2011년부터 고등학생들에게 융합형 과학 교과서가 새롭게 선을 보였습니다. 새 교과서는 첫 단원이 우주의 '빅뱅'일 만큼 파격적으로 변신했습니다. '빅뱅의 증거'를 설명하는 단원에서 원자에 대한 설명이 등장하는 등 '물리 · 화학 · 생물 · 지구과학'이라는 기존 과학 교과 간 장벽도 과감히 없앴습니다.

매 페이지마다 다양한 그래픽 자료들이 나오고, 이야기책을 읽듯이 과학적 사실을 스토리로 엮어서 구성하고 있습니다. 물리 · 화학 · 생명과학 · 지구과학으로 엄격하게 구분된 개념 위주의 과학자 양성용 과학교육에서 벗어나 현대 사회에서 과학과 기술의 의미와 가치를 이해시키는 교양 과학교육으로 방향을 바꾸었습니다.

이렇게 교과서가 바뀌다 보니, 가르치는 선생님들이나 배우는 학생들 모두 혼란스럽고 어렵기는 마찬가지입니다. 한정된 시간에 새로운 내용의 다양한 분야를 설명하고 배우려니, 풍부한 자료와 넓은 시야를 제시하는 보조 자료가 필요할 수밖에 없습니다. 그러나 현재까지 융합형 과학 교과서에 딱 맞는 참고 자료를 찾기란 쉽지 않은 일입니다.

많은 출판사들이 앞 다투어 새 교육 과정을 반영한 과학 관련 서적을 내놓고 있지만, 다양한 영역을 하나로 묶어 통합적이고도 과학적인 사고를 이끌어내기에는 부족함이 있습니다. 이것저것 끌어다 놓고 배열한 것을 그저 융합이라고 표현한다면 학생들에게 학습에 대한 부담감만 더 가중시킬 뿐입니다. 이에 동아사이언스에서는 학생들과 선생님들이 쉽게 공부할 수 있는 참고 도서가 필요하다는 판단에 융합형 과학 교과서의 목차에 맞게 ≪과학동아 스페셜≫의 첫 시리즈를 내놓게 되었습니다.

25년간 ≪과학동아≫를 발행하면서 축적된 과학기술자들과 과학 전문 기자들이 작성한 심도 있는 콘텐츠, 풍부한 이미지 등을 가지고 있어서 이러한 기획이 가능할 수 있었습니다. 과학의 각 분야들을 계열성과 연관성에 맞추어 한데 모았고, 이를 종합적 사고를 이끌어 내는 방향으로 구성하기 위해 노력했습니다. 이 책을 통해 학생들이 융합형 과학 교과서를 조금 더 쉽게 이해하고, 여러 과학이 한데 모인 숲을 바라볼 수 있고, 과학의 흐름을 느끼는 데 조금이라도 도움이 되었으면 합니다.

동아사이언스 대표이사

김두희

목 차

1. 빅뱅과 우주의 탄생

[I] 우주는 어떻게 시작됐을까?

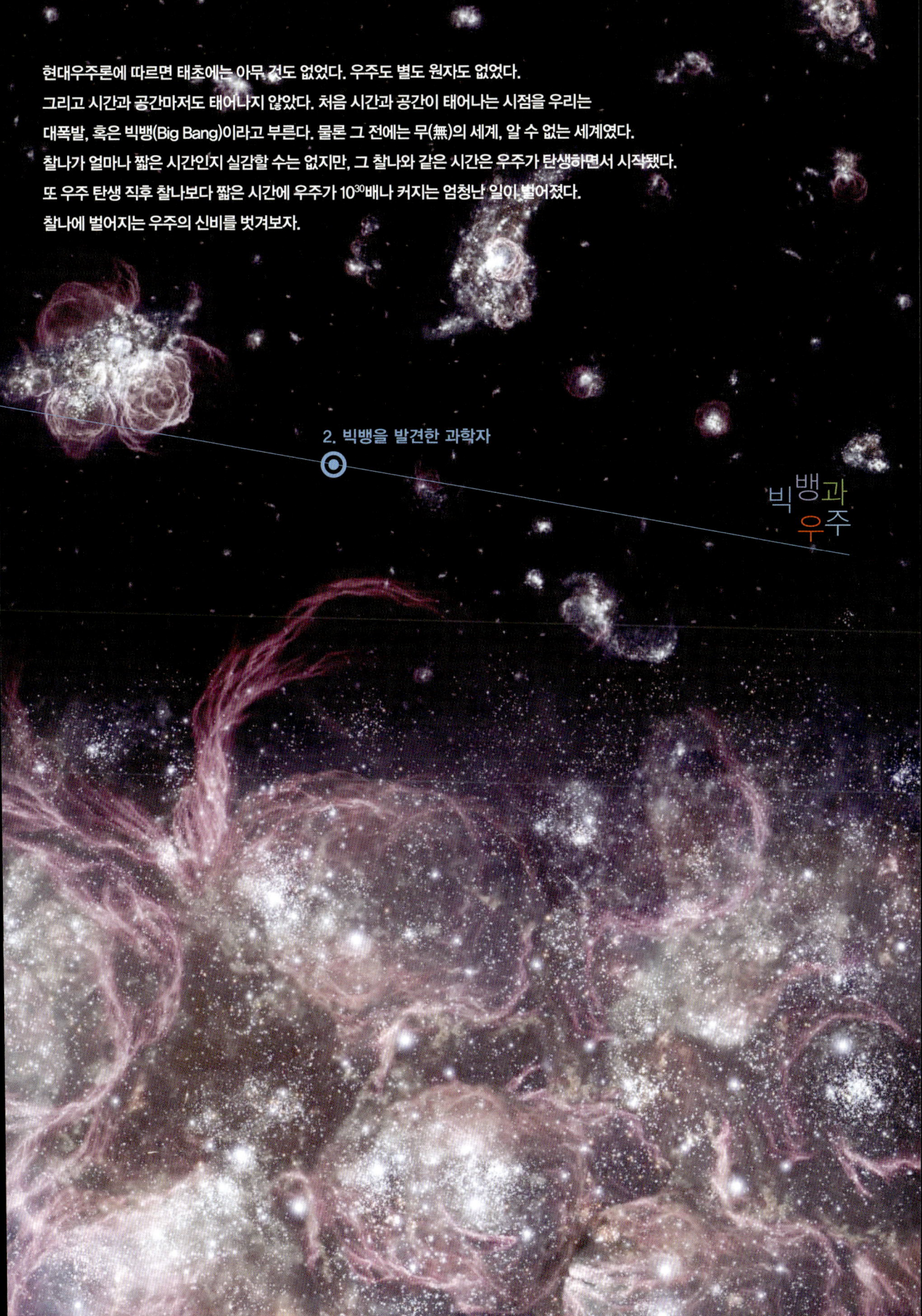

현대우주론에 따르면 태초에는 아무 것도 없었다. 우주도 별도 원자도 없었다.

그리고 시간과 공간마저도 태어나지 않았다. 처음 시간과 공간이 태어나는 시점을 우리는

대폭발, 혹은 빅뱅(Big Bang)이라고 부른다. 물론 그 전에는 무(無)의 세계, 알 수 없는 세계였다.

찰나가 얼마나 짧은 시간인지 실감할 수는 없지만, 그 찰나와 같은 시간은 우주가 탄생하면서 시작됐다.

또 우주 탄생 직후 찰나보다 짧은 시간에 우주가 10^{30}배나 커지는 엄청난 일이 벌어졌다.

찰나에 벌어지는 우주의 신비를 벗겨보자.

2. 빅뱅을 발견한 과학자

빅뱅과
우주

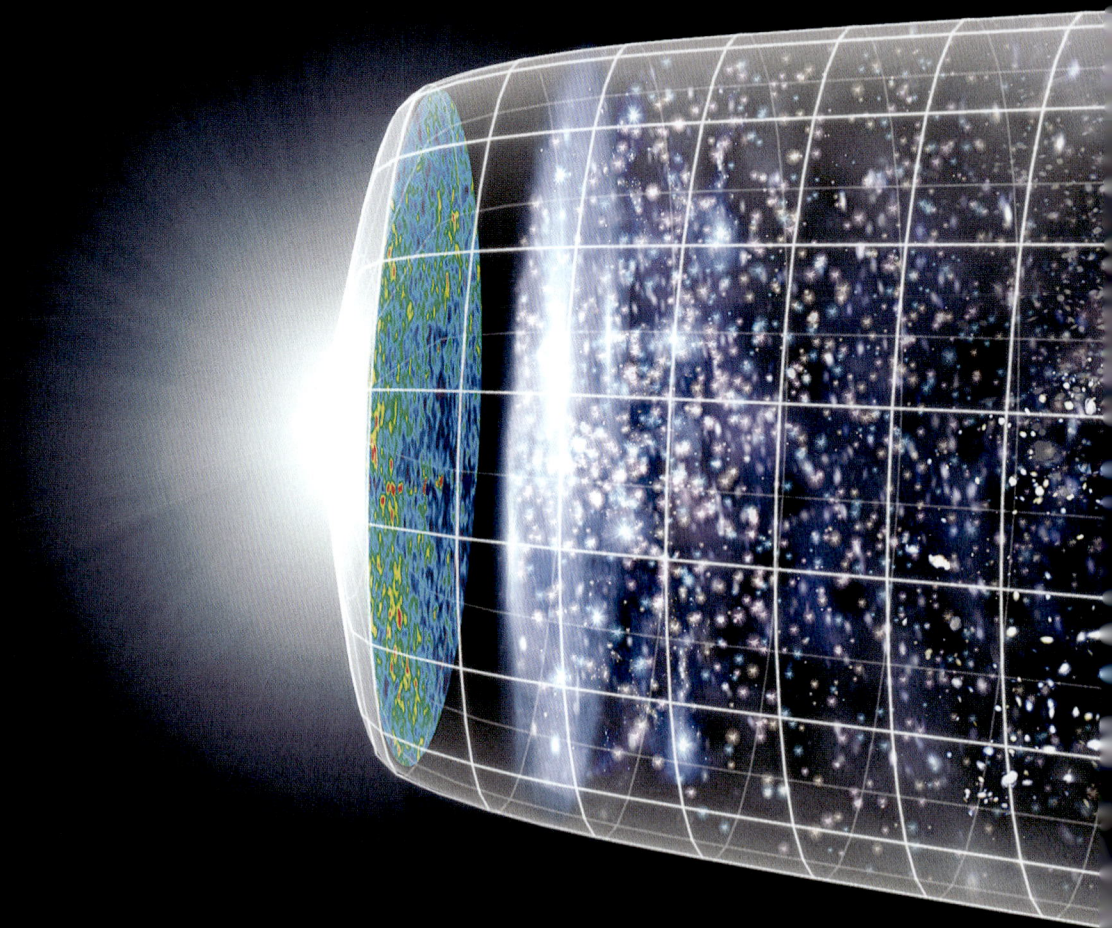

1. 빅뱅 우주론의 탄생

무에서 태어난 우주

지금으로부터 137억 년 전 우주는 빅뱅과 함께 탄생했다. 탄생 이후 양자 요동을 겪고, 급격하게 팽창했으며, 물질과 빛이 분리되고, 별과 은하가 생겨 지금에 이르렀다. 이것이 우리가 알고 있는 우주의 탄생이다. 완전한 '무(無)'의 상태에서 갑자기 폭발이 일어나면서 우주가 태어났다는 생각은 일견 엉뚱하지만, 현대우주론은 여러 우주론 연구자들이 구상하고 계산하고 관측한 결과물이다. 빅뱅이론을 주장하는 현대우주론은 과연 어떻게 시작됐을까.

❶ 초기 우주의 모습을 그린 상상도.
❷ 우주가 큰 폭발로 시작됐다고
주장한 조르주 르메트르.

1 2

빅뱅과 우주의 탄생

1. 빅뱅 우주론의 탄생

아인슈타인의 실수?

현대우주론의 출발점은 1917년 아인슈타인이 발표한 정적우주론이다. 아인슈타인은 여기서 "우주는 팽창하지도, 수축하지도 않는다"고 주장했다. 그런데 1916년에 발표된 아인슈타인의 일반상대성이론을 면밀히 살핀 러시아의 수학자 알렉산더 프리드만과 벨기에의 신부 조르주 르메트르의 생각은 달랐다. 그들의 생각은 우주가 팽창해야 한다는 것. 프리드만은 1922년 "우주는 극도의 고밀도 상태에서 시작돼 점차 팽창하면서 밀도가 낮아졌다"는 논문을, 르메트르는 1927년 "우주가 원시원자들의 폭발로 시작됐다"는 논문을 각각 발표했다. 그러나 아인슈타인은 그들의

허블은 안드로메다성운에 있는
변광성을 관측한 결과 우리은하의 일부라기에는
거리가 너무 멀다는 사실을 알아냈다.
결국 안드로메다성운으로 알려져 있던 천체는
외부 은하, 즉 안드로메다은하임이 밝혀졌다.

논문을 무시했다.

아인슈타인에게 정신이 번쩍 들도록 하는 사건은 1929년에 발생했다. 미국의 천문학자 에드윈 허블이 은하의 후퇴속도를 관측해 우주가 팽창한다는 사실을 발표한 것이다. 결국 아인슈타인은 1931년 "우주는 무한하고 정적(靜的)"이라는 당시의 상식에 맞추기 위해 억지로 우주상수를 도입했던 것을 철회했다.

허블의 우주팽창설은 두 가지 점에서 과학자들의 궁금증을 자아냈다. 하나는 우주가 팽창하기 전으로 돌아가면 어떤 모습일까 하는 것이고, 또 하나는 우주가 언제까지 팽창할 것인가 하는 것이다.

초기 우주의 모습을 처음으로 정확하게 계산해낸 과학자는 프리드만의 제자인 러시아 출신의 미국 물리학자 조지 가모프였다. 그는 1946년 초기 우주는 고온고밀도 상태였으며 급격하게 팽창했다는 논문을 발표했다. 이에 따르면 탄생 후 우주의 온도는 1초 뒤 100억℃, 3분 뒤 10억℃, 100만 년이 됐을 때는 3000℃로 식었다. 또 우주 초기에는 온도가 너무 높아 무거운 원자들은 존재할 수 없었기 때문에 현재 우주에는 이때 생긴 수소와 헬륨이 각각 75%, 25%로 대부분을 차지한다고 설명했다.

또한 1948년 미국의 물리학자 랠프 앨퍼와 로버트 허먼은 초기 우주의 흔적인 복사선(우주배경복사)이 우주 어딘가에 남아 있으며, 그 온도는 영하 268℃(5.15K)일 것이라고 예언했다. 허블이 발견한 은하들의 적색이동, 가벼운 원소들이 풍부하게 존재한다는 사실, 그리고 우주배경복사를 바탕으로 하는 것이 빅뱅우주론이다.

1. 빅뱅 우주론의 탄생

우주는 항상 그대로라는
정상우주론

페가수스 자리에 있는 '스테판의 다섯 은하'.
다섯 개의 은하 중 네 개가 격렬하게 충돌하고 있는
모습으로 유명하다. 언젠가 하나의 은하로
합쳐질 전망이다. 우주가 팽창하지 않는다면
중력 때문에 결국 한 점으로 수축하고 말 것이다.

중력 때문에 원반이 뒤틀어져 특이한 모습인 은하.

그런데 프레드 호일, 허먼 본디, 토마스 골드 같은 영국 케임브리지대 천문학과 교수들은 빅뱅이론이 왠지 못마땅했다. 현재 우주가 팽창하고 있다는 것은 과거로 거슬러 올라갈수록 우주가 작아진다는 뜻이다.

즉 우주의 시간을 거꾸로 돌리면 언젠가 모든 물질(은하와 별)이 한 점에 모이는 초고온 초밀도의 특이점이 생긴다. 물리학으로는 도저히 설명할 수 없는 현상이 벌어지는데, 납득하기 어려웠던 것이다. 그래서 그들은 1948년 '정상우주론'을 들고 나왔다.

정상우주론에서는 우주가 공간적으로 시간적으로 균일할 뿐더러 등방적이기 때문에, 우주는 옛날이나 지금이나 늘 같은 꼴이라고 주장했다. 또 우주는 모든 방향으로 같은 비율로 늘어나기 때문에 허블법칙을 만족한다. 관측 사실과 잘 일치하고, 특이점이 생기는 일을 피할 수 있는 정상우주론은 학자들의 지지를 받으며 빅뱅이론과 선의의 경쟁을 벌였다.

빅뱅(Big Bang)이란 말은 호일이 BBC와의 인터뷰에서 "우주가 어느 날 갑자기 빵(Bang)하고 대폭발을 일으켰다는 이론도 있다"며 가모프의 이론을 비아냥거리면서 생겨났다. 이때부터 가모프가 주장한 우주론은 빅뱅이론이라고 불렸고, 가모프 역시 자신이 처음 지은 '원시 불덩이'란 말 대신 이를 사용했다.

그러나 수모를 당하던 빅뱅이론을 뒷받침하는 결정적인 증거가 또 나타났다. 1964년 벨연구소에 근무하던 독일 태생의 미국 천체물리학자 아노 펜지아스와 로버트 윌슨이 1948년 랠프 앨퍼와 로버트 허먼이 예언했던 우주배경복사를 발견한 것이다.

우주배경복사는 빅뱅 이후 지금까지 남아 있는 폭발의 흔적이다. 우주가 팽창하면서 식어 전자기파 형태로 남아 있다. 우주배경복사의 온도는 영하 269.5℃(3.65K)로 예언과 1.5℃ 밖에 차이가 나지 않았다. 펜지아스와 윌슨은 허블의 우주팽창 이후 최고의 관측이라고 일컬어지는 우주배경복사를 발견한 공로로 1978년 노벨물리학상을 수상했다.

그러나 이 역시 우주의 초기에 대해 모든 것을 설명해주는 것은 아니다. 또 우주의 운명이 앞으로 어떻게 될지도 확실하게 알 수 없다. 이런 상황에서 1917년 아인슈타인이 도입했던 우주상수가 다시 고개를 들기 시작했다. ◪

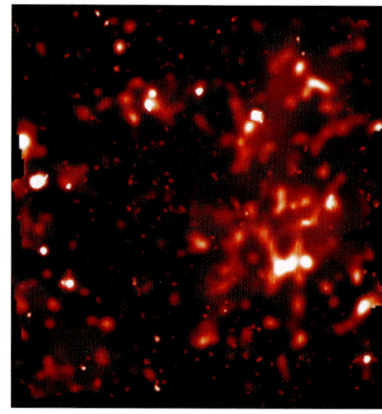

빅뱅과 우주의 탄생

2. 우주상수와 인플레이션

우주는
그대로일 수 없다

허블망원경이 촬영한
중입자 물질.

아인슈타인은 중력이 시공간을 휘게 한다는 일반상대성이론의 결과를 우주론에 적용시켜 모든 은하들의 중력이 우주공간 전체를 휘게 만드는 우주의 모습을 생각했다. 그가 그린 우주는 전혀 진화하지 않는, 정적인 우주였다. 이 이론을 세울 당시 우주가 팽창하는 동적인 존재라고는 꿈에도 생각할 수 없었기 때문이다.

하지만 아인슈타인의 우주는 정적일 수가 없었다. 왜냐하면 은하는 서로 당기기만 할 뿐 밀지는 않기 때문이다. 따라서 유한개의 은하를 가지고 정적인 우주를 엮어놓으면, 그 우주는 중력에 의해 한 곳으로 모여들어야 한다. 즉 아인슈타인의 우주는 극도로 불안한 구조를 가지고 있었던 것이다.

그래서 아인슈타인은 다소 억지스러운 주장, 즉 은하들 사이에는 끌어당기는 힘인 중력 이외에도 서로 미는 척력이 작용해야 한다고 주장했다. 서로 잡아당겨서 붕괴하는 은하들 사이에 '버팀목'을 집어넣어 그 붕괴를 막아보겠다는 발상이었다.

책이나 잡지에서 '아인슈타인의 실수', '아인슈타인의 고집' 등 아인슈타인의 학문적 업적에 대해 부정적으로 기술한 제목이 눈에 띄면 바로 이 척력 이야기라고 볼 수 있다.

우주척력은 의외로 간단히 만들어졌다. 아인슈타인은 일반상대성이론 방정식에 상수를 갖는 항을 집어넣으면 거리에 비례하는 우주척력이 기술된다는 사실을 발견했다. 이 상수를 우주상수, 이 상수를 포함하는 항을 우주항이라고 부른다. 우주항의 매력은 단순히 상수 하나를 끼워 넣은데 있다. 방정식에서 상수가 추가되는 일은 흔하기 때문이다. 과학자들은 결과가 간단할수록 더 신빙성이 있다고 보는 경향이 있다. 아인슈타인도 마찬가지였다.

1920년대 말 미국의 천문학자 허블이 우주가 팽창하고 있다는 사실을 알아내 우주의 동적인 모습을 보여주자, 아인슈타인은 더 이상 고민할 이유가 없어졌다. 우주상수를 넣은 것을 실수라고

치고 빼면 됐기 때문이다. 동적인 우주의 운명은 평균밀도가 어떤 값보다 크면 팽창을 방해하는 중력이 강해져 다시 수축한다. 그러나 만일 어떤 값보다 작다면 팽창을 저지하지 못해 우주는 영원히 팽창한다. 이 두 경우의 경계가 되는 밀도는 $1m^3$ 당 수소원자 1개 정도가 있는, 인간의 기술로는 도저히 만들 수 없는 완벽한 진공의 밀도에 해당된다. 우주론 연구자들은 현재의 우주밀도를 위 경계값으로 나눈 수를 '밀도계수(Ω_0)'라고 부른다.

즉 우주에 물질이 하나도 없으면 밀도계수는 0이 되는데, 이런 상황에서 우주는 감속할 이유가 없으므로 영원히 일정한 속도로 팽창하게 된다. 그런데 밀도계수가 0보다 크고 1보다 작은 경우($0<\Omega_0<1$)와 밀도계수가 1인 경우($\Omega_0=1$)는 물질의 양이 작으므로 우주는 영원히 팽창한다. 밀도계수가 1보다 크면($\Omega_0>1$) 물질의 양이 크므로 우주는 팽창하다가 팽창을 멈추고 다시 수축하게 된다

그런데 현재의 관측결과는 밀도계수가 1에 수렴하고 있음($\Omega_0\simeq1$)을 강하게 시사하고 있다. 하지만 양성자나 중성자 같은 중입자(baryon)로 만들어진 빛나는 천체들의 평균밀도는 겨우 $\Omega_0\simeq0.04\pm0.01$에 불과하다. 이것은 우리 눈에 밝게 보이는 은하들은 이 우주에 '있어야 하는' 질량의 10%가 채 되지 않음을 뜻한다. 결국 거의 시각장애인이나 진배없는 천문학자들이 우주를 바라보며 연구하고 있다고 해도 그리 틀린 말은 아닌 것이다.

2. 우주상수와 인플레이션

뻥튀기한 우주

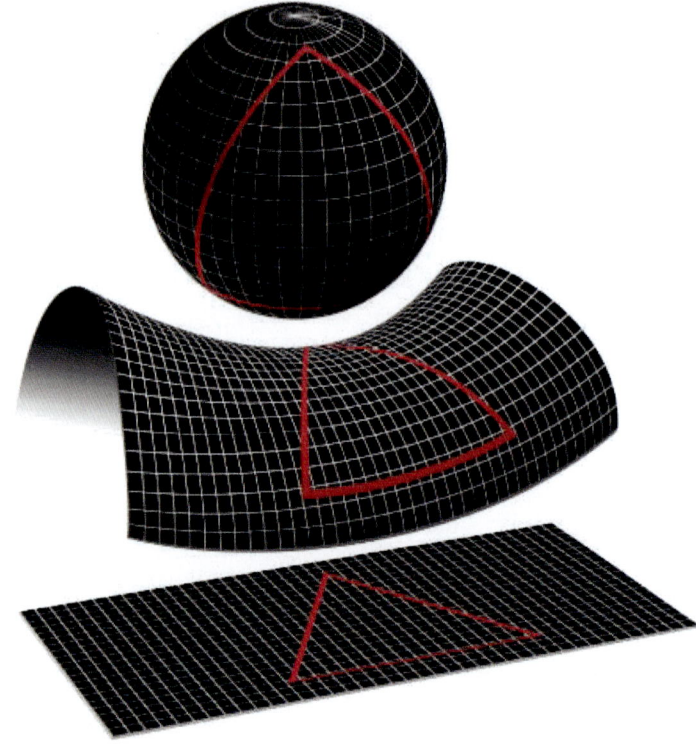

밀도인자가 1보다 클 때
우주는 공 모양이 된다(가장 위).
0과 1 사이일 때는
말 안장 모양이 되며(가운데),
0일 때는 평면 모양이다.

관측결과 외에도 우리는 $\Omega_0 \simeq 1$가 옳다고 믿지 않으면 안 될 입자물리학적 이유가 있다. 바로 태초에 필연적으로 일어나는 '인플레이션'이 그것이다. 인플레이션 우주는 우주배경복사가 완벽하게 등방적(어느 방향을 봐도 성질이 같음)이라는 관측 사실과 몇 가지 다른 현상을 설명하기 위해서 고안됐다.

이는 우주의 한 방향을 관측하나 그 반대 방향을 관측하나 우리가 받는 정보는 똑같다는 뜻으로, 우주론들을 괴롭혔다. 왜냐하면 배경복사는 모두 우주에서 가장 빠른 속도인 광속으로 우리에게 접근해 왔기 때문이다. 즉 전화나 전보가 없던 조선시대 두 전령이 함흥과 광주로부터 그 당시 가장 빠른 운송수단인 말을 타고 최대한 빨리 달려와 왕에게 올린 정보가 완벽하게 똑같다면 이해가 가겠는가?

이러한 수수께끼를 풀기 위해 미국의 천체물리학자 앨런 구스는 인플레이션 우주론을 도입했다. 인플레이션이라는 말은 태초 어느 순간 우주가 갑자기 엄청나게 커진 것을 의미한다. 즉 처음에는 느리게 팽창하다가 인플레이션이 일어나 부쩍 더 빨리 팽창한 후 다시 느린 팽창으로 돌아갔다는 말이 된다.

COBE(우주배경복사탐사선)라고 명명된 관측위성은 1989년 우주공간에 올라가 우주배경복사가 완벽에

인플레이션 우주론을 도입한 앨런 구스.

암흑에너지 우주의 미래 운명

빅뱅

현재 우주

수축   영원한 팽창   급격한 팽창

우주의 세 가지 운명. 밀도계수가 1보다 크면 팽창을 멈추고 다시 수축한다.
밀도계수가 1이면 지금처럼 영원히 팽창하며, 작으면 우주는 앞으로 더 급격히 팽창한다.

가깝게 모든 방향에서 같다는 사실을 다시 확인시켜 줬다. 코비 이전에도 우주배경복사의 등방성은 관측됐지만, 코비가 가장 현대적인 장비로 결정적인 관측 자료를 제공한 것이다.

인플레이션 우주론에서는 인플레이션이 일어나기 전 모든 물질이 잘 뒤섞일 만큼 충분히 작았다. 그후 인플레이션이 일어나 10^{30}배 이상 부쩍 커진 우주에 퍼지기 시작한 우주배경복사는 이제는 등방적일 수밖에 없다는 뜻이다. 따라서 인플레이션을 겪은 우주는 평평한 공간의 모습을 지닐 수밖에 없다. 풍선을 엄청나게 크게 불면 그 표면은 평면에 가까워지는 것과 마찬가지다.

앞에서 알아본 바와 같이 $0<\Omega_0<1$인 경우는 말안장 모양, $\Omega_0=1$인 경우는 평면모양, $\Omega_0>1$인 경우는 공모양의 공간을 기술하므로, 인플레이션을 겪은 우주는 $\Omega_0=1$에 가까울 수밖에 없는 것이다.

입자물리학의 관점에서 볼 때 인플레이션은 우주가 시작된 지 1초 이내에 일어나도록 되어 있다. 우리는 고체가 액체로, 액체가 기체로 바뀌는 것을 '상전이'라고 표현하는데, 이와 원리적으로 비슷한 일들이 태초에 벌어진다.

예를 들어 영하 5℃인 얼음을 가열하면 온도가 서서히 올라 0℃가 된다. 하지만 계속 가열해도 온도는 0℃에서 더 이상 오르지 않는다. 왜냐하면 녹아서 물이 되는 데 열이 소모되고 있기 때문이다. 얼음이 물로 다 녹은 뒤에야 비로소 온도는 다시 상승하기 시작한다. 여기서 상전이 자체가 에너지를 머금고 있다는 사실에 주목하기 바란다. 태초의 상전이 에너지가 공간으로 방출되면 공간은 급속하게 팽창하게 된다는 것이 인플레이션 우주 이론이다.

상전이 현상에 따른 인플레이션을 좀더 자세히 살펴보자. 연못에 물이 어는 경우 온도가 0℃가 정확히 되는 순간 물이 한번에 얼음으로 변하는 것은 아니다. 온도가 내려감에 따라서 연못 여기저기에서 얼음의 결정이 생기고 번져서 마침내 연못 전체가 얼게 된다. 이와 마찬가지로 인플레이션도 전 우주공간에서 일제히 시작되고 끝나지는 않았을 것이다.

흥미로운 점은 우주의 다른 부분에서 인플레이션이 모두 끝났는데도 불구하고 아직도 한 부분에서 인플레이션이 계속되는 경우다. 1980년대 초 일본의 가츠히코 사토와 옛 소련의 안드레이 린데는 이 경우 아기우주가 태어나야 한다는 사실을 주장했다. 이 믿기 어려운 '스스로 번식할 수 있는 우주'는 인플레이션 우주론의 필연적인 결과다. 아기우주가 태어나는 과정에 관련된 아인슈타인의 방정식을 수치계산으로 풀자 아기우주가 태어나는 데는 불과 몇 플랑크 시간(10^{-43}초)밖에 걸리지 않는다는 결과를 얻었다.

우주가 인플레이션하는 동안은 아인슈타인의 우주상수가 0이 아닌 경우와 완전히 같다. 즉 우주척력이 작용해 팽창을 아주 효과적으로 진행시켰다고 생각하면 된다. 따라서 최소한 인플레이션이 진행되는 동안 우주항이 결코 억지는 아니었던 것이다.

2. 우주상수와 인플레이션

천체의 씨앗을 뿌린 인플레이션

입자물리학이 밝힌 우주 탄생에 대한 최선의 해답은 우주가 '저절로' 태어난다는 것이다. 에너지의 요동 속에서 높은 진공에너지를 갖는 여러 개의 덩어리가 만들어진다. 즉 입자물리학에서의 진공이란 우리가 보통 말하는 진공이 아닌 것이다. 시공간은 덩어리 속에서 같이 태어나기 때문에 그 이전에는 시간이나 공간이라는 개념조차 없다. 우주가 언제 태어났다고 설명하면, 그러면 그 이전은 뭐냐고 질문하고 싶은 독자가 꽤 있을 텐데, 이 질문은 성립조차 되지 않는 것임을 밝혀둔다. 이는 절대온도 0도보다 더 '추운' 온도는 없는가 하고 묻는 것과 같다.

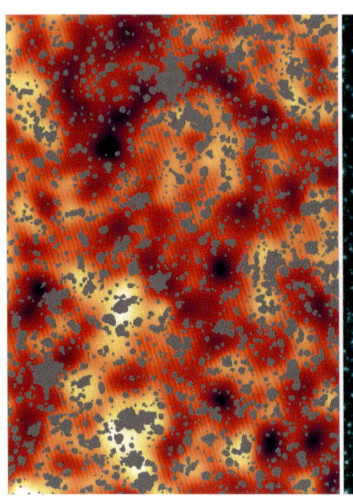

오른쪽은 스피처망원경이 촬영한 별과 은하의 모습.
별과 은하를 모두 지우고 난 뒤가 왼쪽 사진으로 우주가 생긴 지
10억 년이 안 된 시기의 빛이다. 사실상 우주 최초의 빛잔치라 할 수 있다.

탄생한 높은 진공 에너지 덩어리 중 일부는 확률적으로 살아 남는다. 에너지 덩어리 내부의 온도는 약 10^{-43}초가 지났을 때 약 10^{32}K로 떨어진다. 이 짧은 시간을 플랑크(Planck) 시간이라고 부른다.

이때까지 우리가 알고 있는 네 가지 힘(중력, 전자기력, 강한 핵력, 약한 핵력)은 한 가지 형태로 통일되어 있었다고 과학자들은 생각한다. 이 짧은, 정말 짧은 이 시간 동안을 기술할 물리학을 우리는 아직 소유하지 못했다. 영국의 천체물리학자 스티븐 호킹도 여생을 이 연구에 바치겠노라고 말한 바 있다. 플랑크 시간은 우리가 생각할 수 있는 가장 짧은 시간이다.

또 이 짧은 시간 동안 시간과 공간조차 양자역학의 불확정성 원리에 따라 모호하고 불연속적이다. 문제는 이 빅뱅 찰나를 기술할 물리학이 아직 없다는 데 있다. 현재 빅뱅 순간을 설명하기 위해 과학자들은 일반상대성이론과 양자역학을 결합시키려고 노력 중이다.

우주가 탄생한 후 플랑크 시간이 지나자마자 4가지 힘 가운데 중력이 독립해 일반상대성이론의 적용을 받는다. 남은 세 힘은 그때부터 우주가 탄

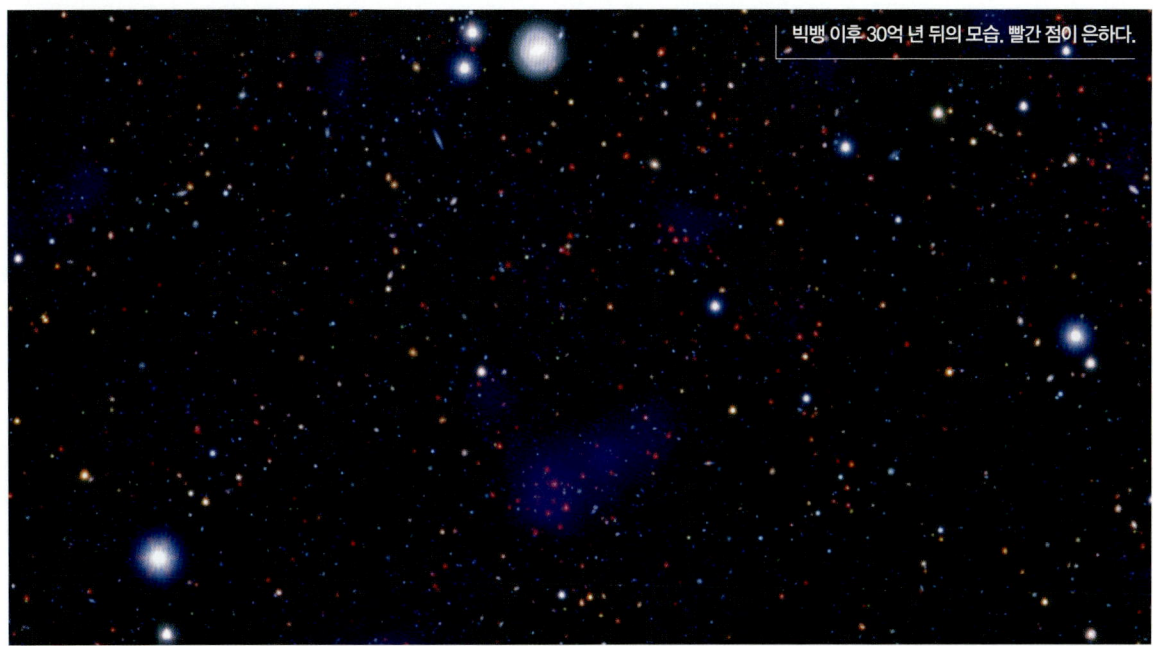
빅뱅 이후 30억 년 뒤의 모습. 빨간 점이 은하다.

생한 후 10^{-35}초가 지날 때까지 대통일이론(Grand Unified Theory)으로 통일돼 설명된다. 검증은 안 됐지만 타당성 있는 이론이다.

우주가 탄생한 후 10^{-35}초가 지나면 원자핵을 뭉쳐 있게 하는 강한 핵력이 독립하고 10^{-11}초가 지나면 전자기력이 방사능 현상에 관여하는 약한 핵력과 갈라진다. 20세기 후반 과학자들은 두 힘을 통일하는 이론을 제시했다. 1980년대 이 통일된 힘이 예측한 고에너지 입자들이 가속기 실험에서 발견됨으로써 이 이론은 확고한 인정을 받게 됐다. 기존의 이론들로 우주 탄생 10^{-11}초 후부터 현재까지 잘 설명할 수 있다는 뜻이다.

우주 초기에 또 하나의 중요한 찰나가 인플레이션이 일어난 시기다. 인플레이션 이론에 따르면 빅뱅 후 플랑크 시간이 지난 바로 뒤에 우주가 가속적으로 부풀어 그 크기가 찰나보다 짧은 순간에 10^{30}배 이상 커졌다고 한다.

우주 초기에는 물질과 빛이 뒤엉켜 있어 빛이 자유롭게 다닐 수가 없었다. 하지만 빅뱅 후 30만 년이 지나면 비로소 빛이 물질과의 상호작용에서 벗어나 자유로워진다. 이때 출발한 빛이 현재 우주배경복사로 관측되고 있다. 우주배경복사를 관측한 결과에 따르면 우주의 어느 방향에서나 동일한 정보가 온다. 이는 우주의 등방성이다.

또 우주배경복사를 관측하면 우주공간의 모양을 알 수 있다. 우주배경복사에 나타나는 뒤틀림의 정도가 중간에 거쳐 온 우주공간의 모양을 무심결에 드러내기 때문이다. 최근 우주배경복사의 관측결과에 따르면 우주는 매우 평탄한 것으로 밝혀졌다.

인플레이션 이론은 우주의 등방성과 평탄함을 설명하기에 적합하다. 이론에 따르면 빅뱅 후 $10^{-36} \sim 10^{-32}$초 사이에 우주의 크기가 10^{-33}cm 정도에서 10^{-3}cm 이상으로 커졌다고 한다. 우주 초기에 에너지 분포가 방향에 따라 달랐다고 해도 엄청난 팽창을 겪으면 이런 차이가 사라지고 우주는 등방성을 갖게 된다. 또 풍선을 엄청 크게 불면 불기 전에 둥글게 보이던 풍선 표면은 평탄하게 되고 만다. 즉 평탄한 우주가 되는 것이다.

인플레이션 이론의 또 하나의 매력은 이 메커니즘이 오늘날 여러 천체를 탄생시킨 씨앗을 자연스럽게 뿌려준다는 점이다. 급격한 공간 팽창은 이전의 에너지 불균일성을 지웠을지 모르지만 이 팽창을 일으키던 기운은 위치마다 불확정성 원리에 따라 '양자역학적 흔들림'이라는 미세한 차이를 갖는다. 이 양자역학적 불균일성이 자라서 현재 태양 같은 별, 은하, 은하단 등으로 태어난 것이다.

우주 초기에 인플레이션이란 엄청난 뻥튀기가 없었다면 지금과 같은 우주뿐 아니라 인간도 지구도 탄생하지 못했으리라. 우주가 탄생하고 찰나도 되지 않는, 우리가 느끼지도 못할 만한 시간에 우주엔 너무도 큰 사건이 벌어진 셈이다.

2. 우주상수와 인플레이션

시간의 시작

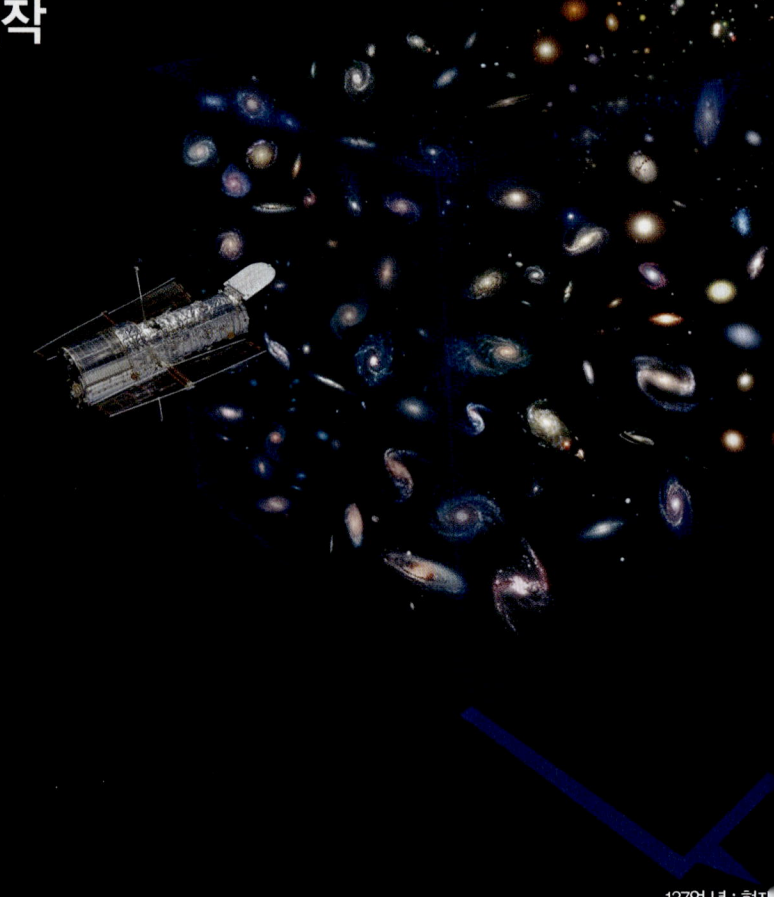

137억 년 : 현재

우주탄생에서 지금까지를 컴퓨터로
모의 실험한 모습. 빅뱅 직후 우주는
대부분 에너지로 가득 찼으나(맨 위)
온도가 낮아지면서 에너지가 물질로 전환돼
현재와 같은 우주(맨 아래)가 됐다.

영국의 천재 과학자 스티븐 호킹이 쓴 '시간의 역사'에는 다음과 같은 대화가 실려 있다.

"신은 우주를 창조하기 전에 무엇을 했는가?"

"신은 그런 질문을 하는 사람들을 집어넣기 위해 지옥을 만들고 있었다."

단순한 우스갯소리지만 이 이야기는 빅뱅 이전에, 정확히 우주가 탄생하기 이전에 무슨 일이 있었냐는 질문이 실제로는 성립하지 않는다는 뜻을 담고 있다.

빅뱅우주론에 따르면 빅뱅은 공간의 시작일 뿐 아니라 시간의 시작이기도 하다. 엄밀히 말하면 빅뱅 이전에는 시간도 존재하지 않았기 때문에 빅뱅 이전이라는 말도 성립하지 않는다. 북극점에 서서 북쪽이 어디인지를 묻는 질문과 같다. 북극점에서 움직일 수 있는 곳은 남쪽뿐이다.

상상하기 어렵지만 시간이라는 개념은 사실 우주가 시작하기 이전에는 아무런 의미가 없다. 이를 처음으로 지적한 사람은 빅뱅 개념이 나오기 훨씬 전에 살았던 아우구스티누스다. 그는 "우주가 시작되기 전에는 시간이 존재하지 않았다"고 말했다. 그렇다면 빅뱅과 함께 시간이 생긴 이래 우주는 어떤 변화를 겪었을까. 우주의 탄생 이후 137억 년 동안 일어난 일을 한눈에 살펴보자. ◪

1. 허블의 우주팽창실험

우주팽창이 발견되기까지

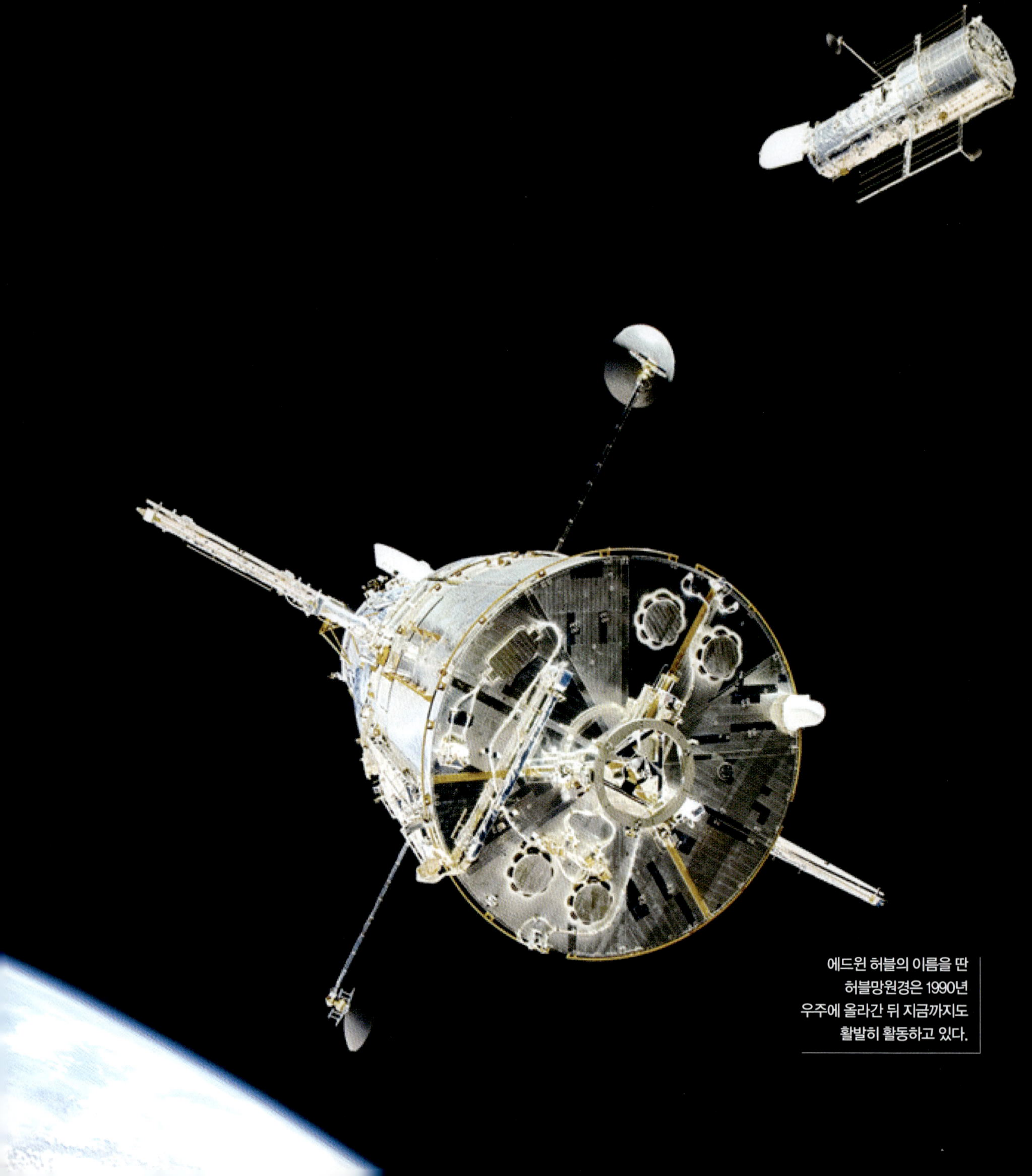

에드윈 허블의 이름을 딴
허블망원경은 1990년
우주에 올라간 뒤 지금까지도
활발히 활동하고 있다.

❶ 거대망원경 제작에
평생을 바쳤던 조지 헤일.
❷ 에드윈 허블은 조지 헤일의
뜻을 이어받아 윌슨 산 천문대에서
우주를 관측해 큰 업적을 남겼다.
❸ 조지 헤일이 끝내 완성을
보지 못한 5m 반사망원경이 들어선
팔로마 산 천문대의 모습.

1890년 미국의 천문학자 조지 엘러리 헤일이 미국 MIT를 졸업하고 당시 막 설립됐던 시카고대 교수로 초빙됐을 때다. 남캘리포니아대에서 세계 최대의 굴절망원경을 만들려다가 자금난으로 포기한다는 소식이 들려왔다. 망원경 제작에 관심이 많던 22세의 젊은 천문학 교수에게는 구미가 당기는 얘기였다.

헤일은 대학 총장을 찾아가 남캘리포니아대가 만든 40인치(약 1.02m) 렌즈를 구입해 망원경을 만들자고 설득했다. 헤일은 전차 사업으로 큰 돈을 번 시카고의 거부 찰스 여키스의 도움을 받아 1896년 미국 최대의 망원경을 만들었고, 이듬해 위스콘신주에 여키스 천문대를 세웠다.

망원경 제작에 대한 헤일의 야심은 여기서 끝나지 않았다. 잇달아 지름이 1.5m와 2.5m인 망원경을 만드는 데 도전했다. 1.5m 반사망원경은 철강왕 카네기가 만든 재단의 도움으로 1908년에, 2.5m 반사망원경은 LA의 금속부품 상인인 존 후커의 도움으로 1917년 11월 2일에 캘리포니아주 윌슨 산에 들어섰다. 헤일은 1904년부터 1923년까지 윌슨 산 천문대장을 맡았다.

그런데 헤일은 건강에 큰 문제가 있었다. 만성적인 두통과 불면증에 시달렸던 것이다. 게다가 가끔씩 정신착란을 일으켜 몇 달 동안 요양소 신세를 지기도 했다. 그래서 헤일은 결국 윌슨 산 천문대장을 사임해야 했다. 그 뒤에도 헤일은 5m 반사망원경을 만드는 꿈을 꾸기 시작했지만, 완성을 보지 못하고 죽었다. 그의 이름을 딴 5m짜리 헤일망원경은 1947년 11월 팔로마 산 천문대에 들어섰다.

허블에 이르러 피운 꽃

허블은 윌슨 산 천문대의
후커망원경으로 은하의
거리를 측정해 우주의
팽창 정도를 계산했다.

헤일이 뿌린 씨앗을 화려하게 꽃피운 사람은 미국의 천문학자 에드윈 파월 허블이다. 허블은 헤일이 2.5m 망원경을 만든 다음 특별히 스카웃한 천문학자였다. 1889년 변호사의 아들로 태어난 허블은 어린 시절 공부와 운동에서 모두 두각을 나타냈다.

허블은 1906년에는 높이뛰기로 일리노이주 신기록을 세웠고, 대학 시절에는 헤비급 권투 선수로 이름을 날리기도 했다. 시카고대에서 수학과 천문학을 공부한 뒤 영국 옥스퍼드대에서 로즈 장학생으로 법률을 공부했다. 허블은 1913년 미국으로 돌아온 뒤 1년간 켄터키주 루이빌에서 변호사로 일했다.

그러나 법률이 천직이 아니라는 생각에 1914년 다시 시카고대에서 천문학을 공부했고 1917년 박사학위를 받았다. 곧 캘리포니아주 패서디나에 있는 윌슨 산 천문대의 설립자이자 대장인 조지 헤일로부터 연구원으로 초청받았다.

하지만 때마침 미국이 제1차 세계대전에 참전했다. 그러자 허블은 헤일에게 군대를 제대하면 가겠다는 전보를 보내고 보병으로 입대했다. 제대 후 그가 윌슨 산 천문대로 온 것은 1919년, 나

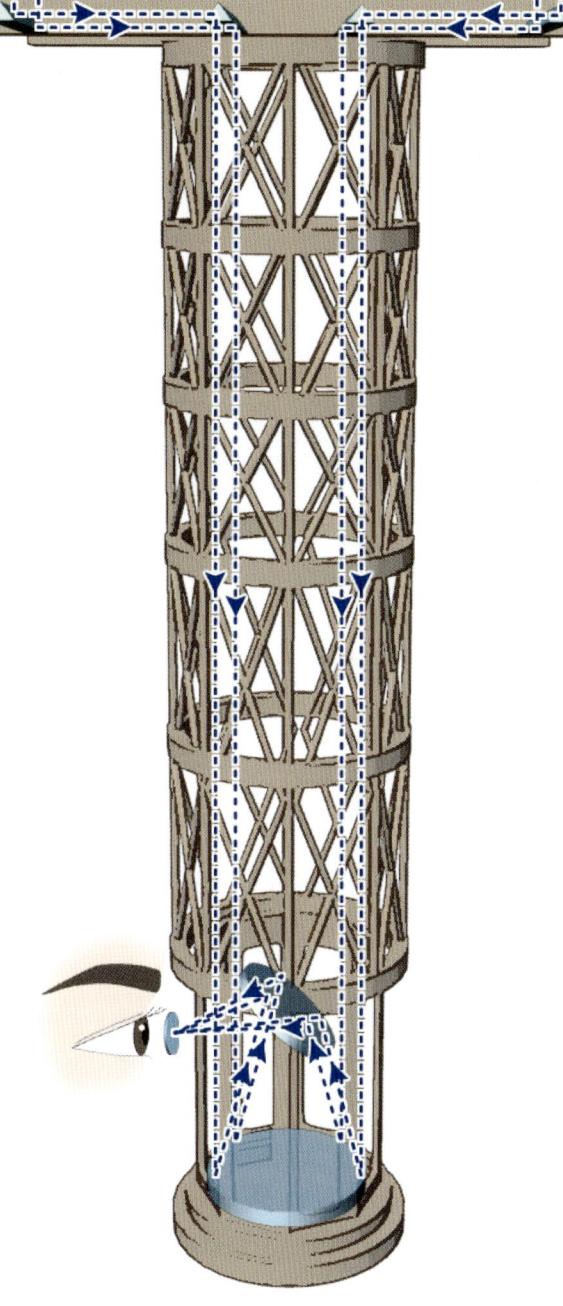

후커망원경의 원리
망원경이 관측할 별을 향한다. 별빛이 입사하면 제일 먼저
20피트(약 6m) 떨어진 평평한 거울을 따라 반사되고, 이어서
100인치(약 2.54m) 반사경을 지나 마지막에 관찰자의 눈으로
전달된다. 원래 후커망원경에는 100인치 반사경 밖에 없었지만
1919년 물리학자 알버트 마이컬슨이 지구에서 멀리 떨어진 별을
좀 더 잘 관측하기 위해 망원경 꼭대기에 거울을 설치했다.

이 30세 때였다.

허블은 대부분의 천문 관측을 윌슨 산 천문대에서 수행했다. 1919년 허블이 처음 그곳에 왔을 때 마침 당시 세계에서 가장 큰 망원경인 지름 2.5m짜리 반사경이 달린 후커망원경이 설치돼 있었다. 이후 그는 이 망원경으로 우리 은하 밖 우주에 대해 많은 정보를 얻어냈다.

당시 천문학계에서는 우주의 크기와 모양에 관한 논의가 뜨거웠다. 미국의 천문학자 할로 섀플리와 히버 커티스 사이에서 벌어진 논쟁은 아주 유명하다. 1920년 4월 26일 섀플리는 미국 과학 아카데미에서 우주의 크기가 우리 은하수 정도라고 주장했고, 커티스는 우주가 그보다는 훨씬 더 크다고 반박했다. 4년 뒤 이 논쟁에 종지부를 찍은 인물이 허블이었다.

1923년부터 2년 동안 허블은 거대 성운인 안드로메다 성운에서 세페이드 변광성을 관측했다. 1912년 하버드대 천문대의 헨리에타 리비트는 세페이드 변광성의 변광 주기와 최대 광도 사이에는 일정한 관계가 존재한다는 것을 발견했는데, 이는 변광성까지의 거리를 알려주는 중요한 발견이었다.

허블망원경으로 찍은
불규칙 은하인 NGC 4214.
별이 태어나는 모습을
볼 수 있는 곳이다.

1. 허블의 우주팽창실험

변광성으로 은하의 거리를 알아내다

천문학자들은 변광성의 주기를 측정해 절대 광도를 계산했고 그로부터 별의 절대 등급을 알아냈다. 그리고 그 결과와 변광성의 겉보기 등급을 비교해 별까지의 거리를 추산할 수 있었다. 섀플리 역시 은하수를 둘러싼 구상성단의 거리와 크기를 결정하기 위해 이 방법을 사용했다.

이런 사실을 잘 알고 있던 허블은 나선성운 속에 있는 세페이드 변광성을 관찰해 그 천체까지의 거리를 계산했다. 당시 우리은하의 지름은 10만 광년이라고 알려져 있었는데, 허블의 계산에 따르면 놀랍게도 안드로메다 성운은 약 90만 광년 떨어진 은하수 너머 우주에 있었다. 안드로메다 성운으로 알고 있던 천체가 사실은 우리은하 밖의 외부 은하라는 뜻이었다. 1924년 12월 30일 허블은 미국 천문학회에서 섀플리와 커티스가 참석한 가운데 이 발견을 발표됐다. 두 사람의 논쟁은 끝이 났고, 커티스의 주장대로 우주가 생각

허블이 관측했던
처녀자리은하단에 속한
은하인 NGC 4660의 모습.
허블망원경으로 촬영했다.

허블망원경으로 찍은
나선은하인 NGC 2841.
허블은 나선은하에 있는 별을
관측해 거리를 측정했다.

보다는 매우 크다는 사실이 세상에 알려졌다.

이후 허블은 은하의 일반적인 구조와 우주에 있는 은하의 분포와 운동을 연구하기 위해 관측을 계속했다. 성운의 특성에 대한 이해를 넓혔고, 그 결과 지금까지도 널리 쓰이는 성운의 분류 체계를 세웠으며, 우주가 팽창한다는 증거도 찾아냈다.

1920년대 말 허블은 후커망원경으로 외부 은하까지의 거리를 측정하는 데 몰두했다. 이는 우주에 은하가 어떻게 분포돼 있는지를 이해하기 위한 사전 작업이었다. 허블이 관측해보니 거리가 멀어지면 제일 먼저 세페이드 변광성이 보이지 않게 되고, 다음으로 불규칙 변광성이, 그리고 청색거성이 차례대로 시야에서 사라졌다. 그리고 마지막에는 가장 밝은 별들만 관측할 수 있었다.

허블은 나선은하에 있는 가장 밝은 별들을 관측한 결과 그들의 절대 광도가 거의 같다는 사실을 알아냈다. 이 별들의 최대 광도는 무려 태양의 5만 배에 달했다. 이로부터 허블은 별들의 겉보기 등급을 알아내 별까지의 거리를 추정할 수 있었고, 외계 은하까지의 거리를 600만 광년까지 확장했다.

별까지의 거리를 더욱 확장하기 위해 허블은 처녀자리은하단의 나선은하에 있는 별에 집중했다. 그 별들을 이용해 은하의 평균적인 특성을 알아내면 이를 토대로 더 멀리 떨어진 은하까지의 거리를 추정할 수 있는 통계 기준값을 만들 수 있기 때문이었다.

허블은 은하단에서 가장 밝은 은하에 주목했다. 은하단이 모두 서로 비슷하다고 간주하고 한 은하단 속에서 가장 밝은 은하 10개의 평균 광도(또는 간단히 5번째로 밝은 은하의 광도)를 거리 측정의 척도로 사용했다. 이런 방식으로 그는 우주의 거리를 2억 5000만 광년까지 넓혔다.

1929년 허블은 고립된 은하 18개와 처녀자리은하단에 속한 은하 4개까지의 거리를 알아냈다. 다소 제한된 자료였지만 이를 이용해 그는 마침내 자신의 가장 위대한 발견을 이뤄냈다. 바로 '허블의 법칙'이었다. 허블은 은하까지의 거리와 은하의 시선속도 사이의 그래프를 그린 결과 둘이 서로 비례 관계에 있다는 사실을 발견했던 것이다. 이때 비례 정도를 나타내는 비례상수가 허블상수(H)다.

1. 허블의 우주팽창실험

우주 팽창의 증거

허블망원경으로 조그만 영역을
오랜 기간에 걸쳐 찍은 '울트라 딥 필드'.
보름달 면적의 10분의 1에 불과하지만,
이 사진에는 우주 탄생 이후
얼마 되지 않아 태어난 천체가
1만 개 이상 찍혀 있다.

허블 울트라 딥 필드에 잡힌 아주 초기의 은하.
사람이 볼 수 있는 은하 중 가장 초기의 은하.

UDFj-39546284

1912년 미국 애리조나주에 있는 로웰 천문대의 베스토 슬라이퍼가 세계 최초로 안드로메다은하의 시선속도를 측정한 이후 1929년까지 모두 46개 은하의 후퇴 속도가 알려져 있었다. 이를 이용해 허블은 600만 광년 안에 있는 천체에 대해 속도–거리 그래프를 그렸다. 그 결과는 직선에 가까운 형태였다.

지구에서 비교적 가까운 은하는 은하마다 갖고 있는 고유한 운동 때문에 서로 비교하기가 쉽지 않았다. 그래서 허블은 멀리 떨어진 처녀자리 하단에 속한 은하에서 얻은 데이터를 사용했다. 그는 거리가 100만 광년 늘어날 때마다 후퇴 속도가 대략 초당 160km씩 증가한다는 결과를 얻었다. 이때 허블상수는 500(km/s)/Mpc(메가파섹, 1Mpc=10^6pc =10^6×3.26광년)였다.

허블의 발견은 의미가 매우 컸다. 우리은하가 우주의 중심이 아니므로 모든 방향으로 은하가 동일한 속력으로 멀어지고 있다는 것은 우주의 모든 부분이 서로에 대해 상대적 거리가 증가하면서 우주가 팽창하고 있다는 뜻이기 때문이다.

이는 코페르니쿠스의 발견으로 우주의 모습이 뒤집어진 이래 우주에 관한 가장 중요한 개념 전환을 가져왔다. 우주는 변하지 않는다는 정적인 관점이 폐기되고 우주가 팽창하고 있다는 동적

관점이 채택됐던 것이다. 오늘날 널리 받아들여지고 있는 빅뱅 우주론도 여기서 시작됐다.

허블이 우주 팽창의 증거를 발견한 뒤 아인슈타인은 우주상수를 만들어 정적 우주를 유지하려고 했던 자신의 시도가 '생애 가장 큰 실수'라고 말하기도 했다. 아인슈타인이 1916년 발표한 일반상대성이론은 우주가 팽창하든지 수축해야 한다는 점을 암시했지만, 그는 정적 우주론을 고수하기 위해 일부러 우주상수를 만들어 자신의 방정식에 도입한 적이 있었기 때문이다.

1931년 윌슨 산 천문대로 허블을 찾아간 아인슈타인은 허블이 현대 우주론의 경험적 기초를 제공했다며 그의 공로를 치하했다. 그러나 정작 허블 자신은 팽창우주론에 다소 회의적인 입장을 보이기도 했다.

허블의 법칙은 천문학사에 한 획을 그을 만큼 중요한 발견이었다. 하지만 허블도 100% 정확하지는 않았다. 허블이 처음에 얻은 허블상수 500(km/s)/Mpc은 그가 거리를 잘못 추정해 오차가 매우 큰 값이었다. 물론 이 때문에 은하의 거리와 후퇴 속도 사이에 존재하는 비례 관계가 무너진 것은 아니었다. 이후 허블상수를 좀 더 정확히 측정하기 위해 다양한 방법들이 고안됐다.

20세기 후반에는 허블상수가 50~90(km/s)/Mpc이라고 알려졌다. 1990년 허블우주망원경이 우주에 설치된 뒤 허블상수는 더욱 정확해졌다. 2001년 5월 허블상수는 72±8(km/s)/Mpc로 추정됐다. 2003년 2월에는 미국 항공우주국(NASA)에서 발사한 윌킨슨 탐사위성(WMAP)이 허블상수를 71±4(km/s)/Mpc로 계산하기도 했다. 최근인 2011년에는 허블 우주망원경에 실린 적외선 카메라로 관측해 73.8±2.4 (km/s)/Mpc라는 값을 얻었다. 앞으로도 허블상수는 계속해서 정확해질 것이다. 하지만 우주가 팽창한다는 것만은 여전히 사실로 남을 것이다. ◩

빅뱅을 발견한 과학자

2. 빅뱅이론의 창시자, 조지 가모프

원자핵이론에서 빅뱅이론까지
현대물리학 전반에 걸쳐 큰 영향을 미쳤던 가모프.
과학대중화에도 관심이 커 소설을 쓰고
삽화도 직접 그린
다재다능했던 그의 삶을 들여다보자.

가모프는 1904년 3월 4일
러시아의 항구도시
오데사에서 태어났다.

흑해연안, 현재는 우크라이나

아버지 안톤 가모프는
고교 러시아어 교사였다.

러시아혁명을 일으킨
레온 트로츠키가
바로 내 제자였지.

내가
제일 싫어하던
선생님이었지.

내 답안지를
불쏘시개로
썼었대

가모프는 일곱살에
쥘 베른의 소설을 읽고
달 여행을 꿈꾸기도 했다.

내 꿈은
달나라
여행♪

달나라
여행

9살 때 어머니가
세상을 떠나고 만다.

내 유년시절은
집안이
꽤 혼란스러웠지….

1914년 제1차 세계대전에 이어
러시아 혁명과 내전으로 오데사는
조용할 날이 없었다.

내 10대 시절은
세상이
꽤 혼란스러웠지….

기하학 수업 중 부근에서 폭발한 포탄의 충격파로
창문 유리가 날아가기도 했다고.

SCHOOL

이 포도주는 주님의 피요, 빵은 살이니….

신부님 말씀, 정말일까?

어린 가모프는 빵과 포도주를 살과 피와 비교해보는 실험을 하기도 했는데.

엥? 아니잖아! 역시 과학은 실험이 왔다야.

이 실험이 그를 과학자로 만든 최초의 경험이라고 한다.

가모프는 점점 수학과 물리학에 관심을 갖게 된다.

시 읽기도 좋아했다고….

가모프는 오데사의 노보로시아대 물리수학과에 입학한다. 그러나 내전 때문에 시설이 형편없었다.

그래도 수업은 했지! 열정을 갖고!

이듬해 대도시인 상트 페테르부르크로 유학한다.

네 여비 마련하려고 집안의 은그릇을 다 팔았다.

가모프는 기상학자인 오보렌스키 교수 덕분에 아르바이트로 기상관측을 한다.

하루 세 번 온도계, 풍향계, 기압계 기록!

저 친구, 꽤 성실한데.

그러나 수년 뒤 그만두게 된다.

자네 내 뒤를 이어 기상학자가 되게.

죄송하지만, 저는 이론물리학을 하고 싶습니다.

가모프는 '팽창우주론'의 창시자인 수학자 프리드만 교수 밑에서 연구하게 된다.

아인슈타인의 방정식에 따르면 우주는 팽창해야 해….

그러나 1925년 프리드만 교수는 기상관측용 기구를 탔다가 폐렴에 걸려 사망한다.

결국 팽창우주론 연구가 중단되고 만다.

아… 프리드만 교수님….

이후 연구분야를 바꿨지만 그다지 흥미를 느끼진 못한다.

재미없어!

유한한 진폭을 가진 양자화된 저자의 단열 불변성 연구

게다가 당시 소련의 혁명정부는 2가지 필수과목을 추가한다는 법령을 발표한다.

이건 또 뭐야?

세계혁명사   변증법적 유물론

대학원에서 고전하고 있는 가모프에게 기회가 찾아온다.

가모프군, 외국 대학에서 몇달 지내보지 않겠나?

가모프의 재능을 아낀 노교수, 크로프울손 →

1928년 여름 이론물리학의 중심지 독일 괴팅겐대를 방문한다.

과연 독일 생맥주는 끝내주는군!

독일 맥주집

당시 괴팅겐은 이론물리학의 중심지였다. 카페에는 온통 물리학자들이 들어차 양자론에 대해 토론을 벌이고 있었다.

행렬역학… 파동역학… 불확정성 원리 어쩌고 저쩌고

Cafe

가모프는 양자론을 도입해 원자핵을 연구하기 시작한다.

번   뜩

귀국하는 길에 가모프는 덴마크에 들러 양자론의 창시자 닐스 보어를 면담하게 되는데…

오호! 뛰어난 인재로군! 자네 여기서 1년 정도 같이 일해 보겠나?

제 연구결과입니다.

보어의 주선으로 가모프는 칼스버그 장학금을 받으며 핵물리학 연구를 계속하게 된다.

이 맥주집도 끝내주는군!

덴마크 맥주집

칼스버그 장학금? 칼스버그 맥주의 설립자가 기부한 재산으로, 과학도들에게 주는 장학금

가모프는 이때 별의 내부에서 일어나는 열핵반응 이론을 연구한다.

태양이 빛을 발하는 이유지.

1년간의 연구를 마치고 귀국하자 대대적인 환영을 받게 된다.

RUSSIA SINMUN 노동계급의 한 아들이 원자핵을 밝혀냈다 소련을 벗낸 대단한 정20운이!!

이듬해에는 영국 캐번디시연구소에서 어니스트 러더퍼드와 연구한다.

세계 최고의 과학자들을 다 만나고 오겠네…!

1931년 봄 귀국한 가모프는 분위기가 이상함을 느낀다.

?

널기가
Red물
아니야

혁명 ★

과학은 자본주의와 싸우는 무기다!

자본주의국가 과학자와의 교류는 범죄다!

과학에 대한 소련 정부의 입장이 바뀐 것이다.

심지어 아인슈타인의 상대성이론도 금지됐다.

우리 이념에 안 맞아!

게다가 정부는 가모프의 해외여행을 불허한다.

1932년 미국 미시간대 여름강의 요청도 못감

1931년 10월 이탈리아 원자물리 국제회의 참석못함! ✗

닐스보어초대 여권이 안나와 못감 ✗

외국 과학자들도 못 만나게 하고…, 히잉.

여권을 내주지 않으니…

이때 장차 아내가 될 물리학자 류보프 보크민체바를 만나게 된다.

대신 훌륭한 여인을 만났군….

과학 동아 기자

진짜 부럽다

결국 가모프는 소련을 탈출하기로 결심한다.

세계적인 과학자가 이래서야 살겠나!

탈출계획서
배타고 흑해 건너 터키로…

가모프와 아내는 2인승 소형보트를 구해 바닷길로 탈출을 시도한다.

참 낭만적인 탈출극이야

그러나 실패에 그치고 만다.

덕분에 돌고래는 실컷 봤네. 쩝….

우리만 몰랐네요. 태풍주의보였다는데.

서방의 자유로운 생활에 익숙해진 가모프에게 소련은 숨막히는 곳이었다.

이제 어떻게 탈출해야 하나? 풍선? 땅굴?

1933년 가모프는 벨기에 브뤼셀에서 열리는 '제8회 솔베이 핵물리학 국제학술회의'에 소련 대표로 선발되는데…

가모프 동무, 잘 다녀오시오!

빠이빠이

귀국하지 않고 미국으로 건너가 조지 워싱턴대 교수가 된다.

잘 다녀오긴…, 그냥 가는 거지.

다시 연구에 몰두한 가모프는 1936년 에드워드 텔러와 함께 베타붕괴 이론을 내놓는다.

이제야 제대로 연구하는 것 같네….

베타붕괴에 고눈하는 가모프-텔러 선택법칙

이후 천체물리학으로 관심을 돌려 별의 진화를 연구하기 시작한다.

1939년 브라질 코파카바나 해변에서 여름휴가를 지내는데.

유명한 카지노인 '다 우르카'에 놀러 갔다가 이론물리학자 마리오 쉔베르크를 만난다.

에구, 다 잃었어.

오홋, 자네는 떠오르는 물리학자 쉔베르크?

CASINO URCA

그 후 쉔베르크를 워싱턴으로 초청해 함께 별이 연소하고 난 뒤 대폭발하는 과정을 밝힌다.

우리가 만난 카지노 이름을 따 '우르카 과정'이라고 부른다.

Urca Process

역시 넘치는 유머감각의 소유자

가모프는 제2차 세계대전부터 미국의 육·해·공군과 원자력위원회의 고문으로 일하기도 한다.

소련 스파이는 아니겠죠?

너 주글래?

그는 핵변이 과정과 우주론 연구를 계속했다.

이론물리학을 실제 우주로…

마침내 팽창우주론을 수정해 빅뱅이론으로 체계화했다!!

THE BIG BANG THEORY

그는 빅뱅이 100억 년 전에 일어났다고 계산했다.

거의 맞췄지?

현재는 137억년으로 추정

또 이때 생긴 마이크로파가 우주에 퍼져있을 것이라고 예견했다.

어딩가 흔적이 있을거야.

1965년 벨연구소의 펜지어스와 윌슨은 우주배경복사를 발견한다.

우리가 찾았다!

가모프 짱!

그는 분자생물학을 기웃거리기도 했다.
1953년 왓슨과 크릭의
DNA이중나선구조 논문을 읽고 나서

4가지 염기가
어떻게 20가지
아미노산의
정보를 가질까?

자신의
이론을
내놓는다.

염기 3쌍이
아미노산 정보를
갖지 않을까?

그의 이론이 옳다는 것이
얼마 뒤 증명됐다.

역시 가모프 교수님은
다방면에 천재셔!

가모프 짱!

유머가 뛰어나고 다재다능했던 그는
6개 언어를 말할 줄 알았다고 한다.

게다가
유머가 넘치는
자네의 언어,
가모프어!

한국어는
못하지?

한편 가모프는
일찍부터
과학대중화에도
뛰어들었다.

풍
당

그는 일반인을 위한 과학책
20여권을 저술했는데
처음부터 순탄한 것만은
아니었다고 한다.

여기저기 출판사들로부터
거절당하고 난 뒤에야
마침내 날 알아주는 곳에서
첫 번째 책을 냈지롱….

거절 거절
거절 거절

1940년 출판한 책
'신비한 나라의 탐킨스 씨'는
대성공을 거둔다.

Bestseller
신비한
나라의
탐킨스씨
조지가모프 씀

이 책은 어린
스티븐 호킹에게도
큰 영향을
미쳤다고.

물리학자가
되기로
결심했어!

어린시절의
호킹균

가모프는 삽화도 직접 그렸을 뿐 아니라
책의 홍보책임자 바바라 퍼킨스와 재혼까지 하는
놀라운 능력(?)을 선보였다.

정말 멋진 남자…!

뿅….

능력도
좋구나

<?

국가와 이념을 뛰어넘어
자유로운 연구를 꿈꿨던 그는
1968년 8월 20일
영면했다.

보람있는
삶이었어….

그는 죽기 직전 꿈 속에서
뉴턴과 아인슈타인을 만나
함께 궁극적인 과학적 진리를
탐구했다고….
(바바라의 회상)

[Ⅱ] 빅뱅 들여다보기

3. 빅뱅의 재현

1. 배경복사

2. 원소의 탄생

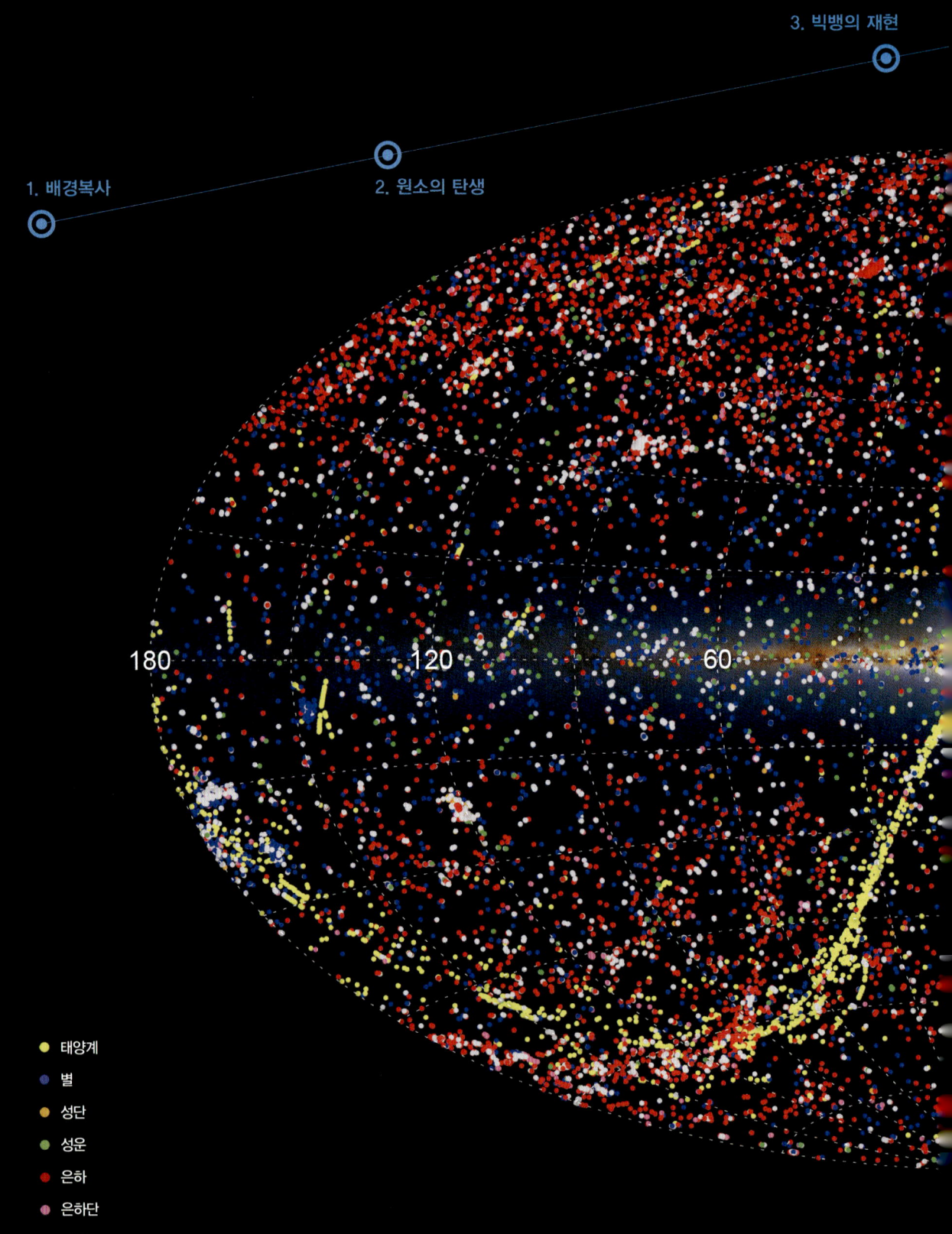

180 ········· 120 ········· 60

- 태양계
- 별
- 성단
- 성운
- 은하
- 은하단
- 기타

빅뱅과 우주

137억 년 전에 일어난 빅뱅을 직접 본 사람은 없다. 볼 수도 없다.

하지만 과학자들은 갖가지 방법을 동원해 빅뱅 이후 벌어진 일을 재구성하려 애쓰고 있다.

우주 초기에서 온 전자기파를 측정하거나 커다란 망원경을 우주에 올려

과거의 우주를 관측한다. 혹은 거대한 입자가속기를 만들어 빅뱅 당시의 상황을

재현해 보기도 한다. 과학자들은 지금까지 빅뱅과 우주의 비밀을 얼마나 밝혀냈을까.

우주 태초의 순간으로 함께 시간여행을 떠나보자.

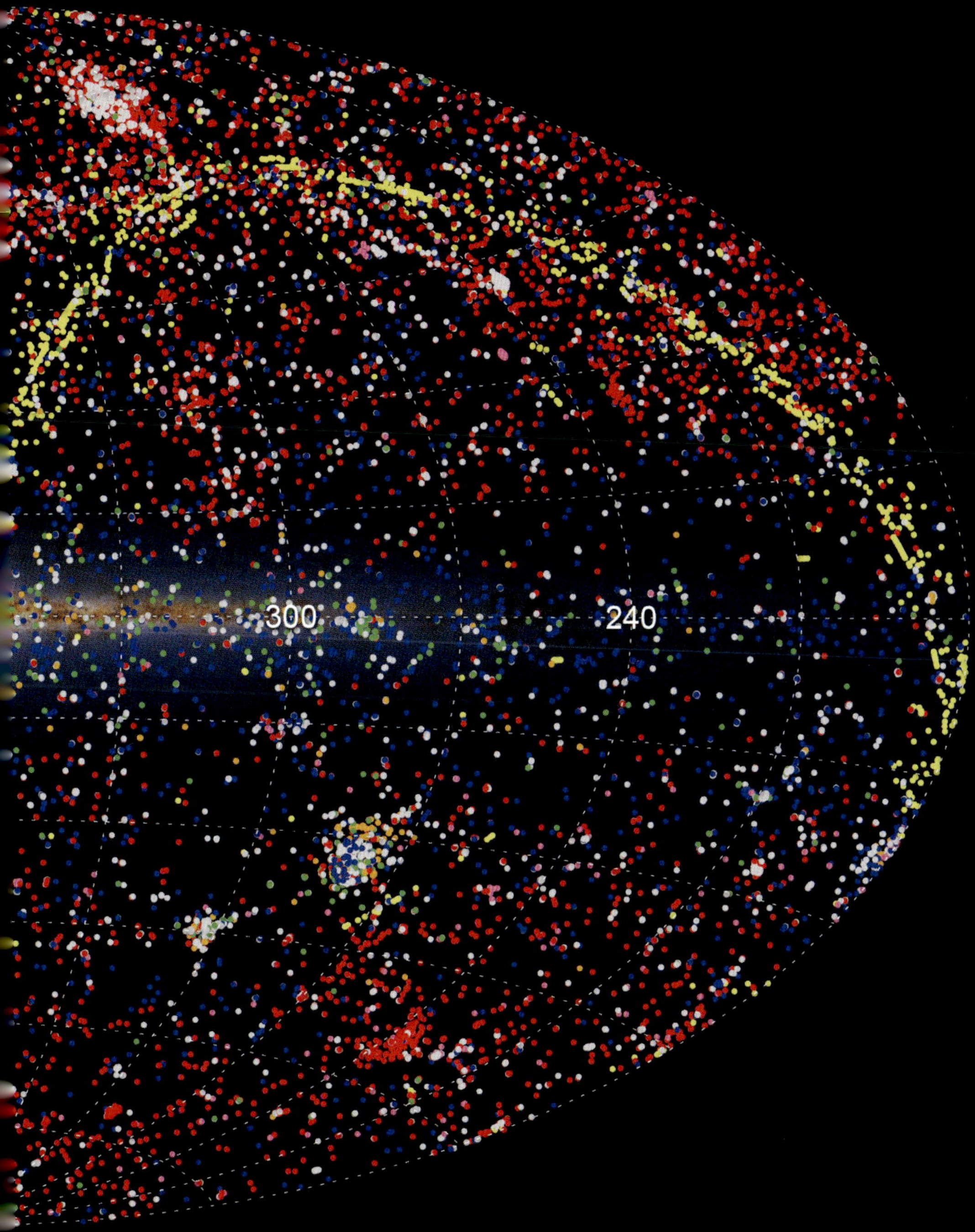

• 빅뱅의 흔적을 관측하다

우주는 어떻게 생겼을까

❶ 부메랑 실험에 쓰인 기구를 준비하고 있는 모습.
❷ 부메랑 실험으로 관측한 우주배경복사.

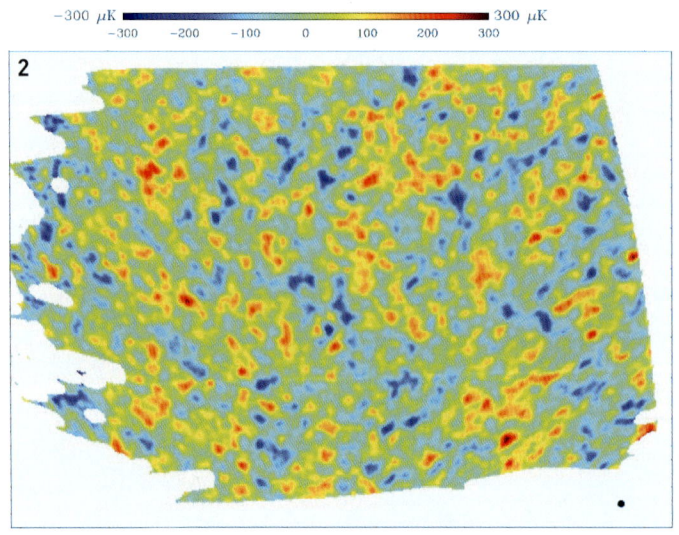

천문학자들은 우주를 알기 위해 우주의 모양을 연구하기도 한다. 우주의 모양은 어떻게 알 수 있을까. 지구의 모양을 알기 위해 배를 타고 지구를 한 바퀴 돌던 탐험가들처럼 우주의 모양을 알기 위해 방대한 우주를 직접 가볼 수도 없는 노릇이다. 숲속에서 전체 숲을 알기 힘드니 장님이 코끼리 만지듯 더듬거릴 수밖에 없다. 다행히 우리에겐 우주에서 날아오는 빛이라는 정보가 있다. 아인슈타인의 상대론에 따르면 공간이 휘어지면 빛도 휘어진 공간을 따라 움직인다. 즉 공간이 빛을 휘게 하는 정도를 측정하면 우주공간의 모양을 확인할 수 있다.

물론 우주공간의 모양을 파악하기 위해 천문학자들이 관측하는 빛은 눈에 보이는 빛이 아니다. 온 하늘에서는 우주배경복사라는 빛이 발견된다. 우리가 볼 수 있는 가장 멀고 오래된 빛인 우주배경복사는 현재 전자기파의 형태로 관측된다. 이 전자기파 신호에 나타나는 뒤틀림의 정도가 중간에 거쳐 온 우주공간의 모양을 무심결에 드러낸다. 말안장형 우주에서는 우주배경복사의 특징적 조각이 예상보다 작게 보일 것이고, 구형 우주에서는 예상보다 크게 보일 것이다. 물론 평탄한 우

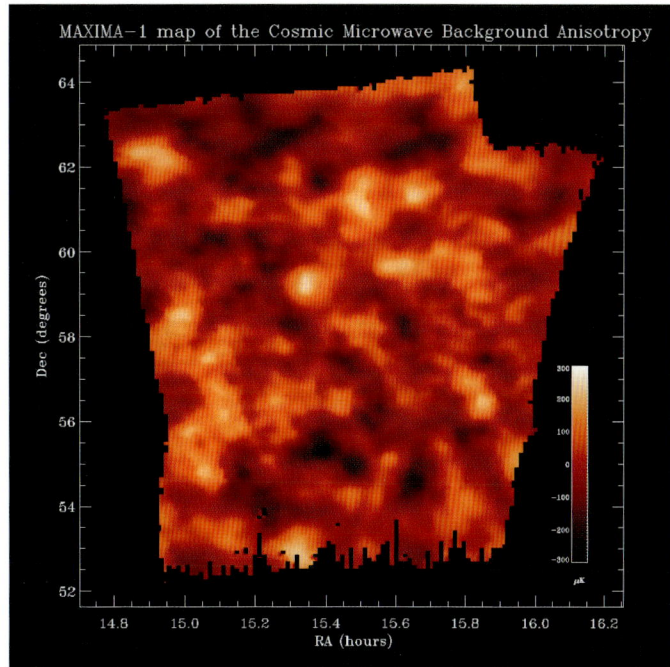

MAXIMA-1 map of the Cosmic Microwave Background Anisotropy

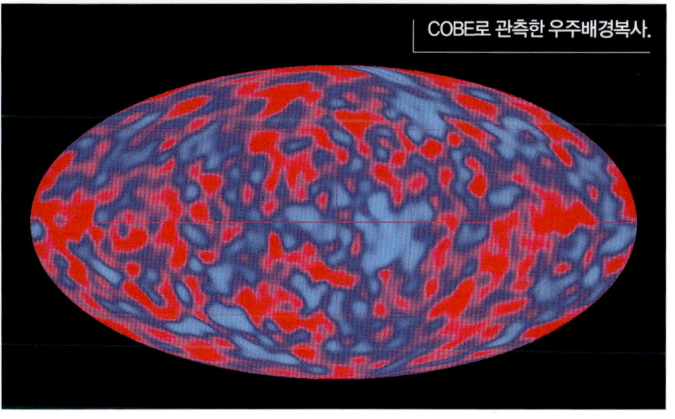

COBE로 관측한 우주배경복사.

주에서는 예상된 크기에 가장 가까울 것이다.

우주배경복사에 대한 최근 관측결과에 따르면 우주는 믿기 어려울 만큼 평탄하다. 2000년 봄 우주배경복사를 관측한 국제공동연구진 두 팀이 나란히 설득력 있는 증거를 '네이처'와 '천체물리학 저널 레터'에 각각 내놓았다. 부메랑(BOOMERANG)과 맥시마(MAXIMA)라 불리는 두 팀은 지구대기의 방해를 피하기 위해 남극 상공 37km, 미국 텍사스주 상공 40km에 각각 기구를 띄워 태초의 빛을 관측했다.

이들의 결과가 1991년 지구궤도에서 활약한 우주배경복사탐사선 코비(COBE)보다 더 정밀하다는 점도 놀랍지만, 독립적으로 관측하고 분석한 결과가 완전히 일치한다는 사실이 더욱 놀라웠다. 지금까지 얻을 수 있는 가장 정확한 측정결과가 평탄한 우주 모양을 드러냈던 것이다. 평탄한 우주는 빅뱅 직후 일어났던 인플레이션의 예측과 일치하는 결과다.

우주의 모양을 알면 우주에 존재하는 물질과 에너지의 양을 알 수 있다. 물질과 에너지가 공간을 휘게 한다는, 아인슈타인이 밝혀낸 사실을 생각하면 이해할 수 있는 내용이다. 아인슈타인의

이론에 따르면, 우주의 전체 밀도(물질과 에너지 모두 포함)가 특정한 값과 같으면 우주는 평탄한 모양, 이 값보다 크면 공 모양, 이보다 작으면 말안장 모양이 된다. 평탄한 우주를 말해주는 최신 자료는 우주의 전체 밀도가 특정한 값을 가진다는 의미다.

불행히도 이 결과는 현재까지 알려진 물질 밀도와 일치하지 않는다. 천문학자들이 빛으로 직접 관측하거나 중력 효과를 통해 예측했을 때 은하, 행성, 가스, 사람 등의 보통 물질은 우주배경복사에서 관측된 전체 밀도의 4.6% 정도에 불과하다. 빛을 내지 않고 중력 효과만 나타내는 색다른 물질인 암흑물질도 전체 밀도의 23%를 차지할 뿐이다. 이들을 모두 합해도 우주배경복사 관측결과를 설명하지 못한다. 우주 밀도의 나머지를 차지하는 존재는 무엇일까. 과학자들은 다시 우주 곳곳에 숨겨진 진공에너지를 강력한 후보로 떠올린다.

빅뱅의 흔적을 관측하다

막 태어났을 때
우주의 모습은 어땠을까

우주 초기에는 굉장히 높은 온도와 압력에서 모든 물질과 빛이 한데 엉켜 있었다. 그런데 우주가 탄생 이후 팽창하면서 점차 온도가 식어갔고, 특정 시기에 물질과 빛이 분리됐다. 드디어 빛이 자유롭게 돌아다닐 수 있게 된 것이다. 이때 나온 빛이 바로 우주배경복사다. 대폭발의 흔적이자 증거인 셈이다.

2003년 NASA는 그때까지 찍은 사진 가운데 가장 선명한 우주의 '아기사진'을 공개했다. 2001년 6월에 발사된 NASA의 탐사선 WMAP이 12개월 동안 찍은 이 사진은 우주가 태어난 지 38만 년밖에 지나지 않았을 때의 모습을 담았다. 사람이라면 탄생 당일에 찍은 사진에 해당한다.

이번 사진은 1992년 NASA의 우주배경복사탐사선(COBE)이 찍은 비슷한 사진보다 35배 더 선명하다. WMAP 관련과학자들은 새로운 사진으로부터 전례없이 정확하게 우주를 설명할 수 있었다. 우주가 137억 년 전에 태어났고, 기하학적으로 평평하며, 대부분 우리가 제대로 이해하지 못하는 물질과 에너지로 구성돼 있다는 사실을 밝혀냈던 것이다.

우주배경복사에 나타나는 미세한 온도편차는 우주초기의 물질 밀도가 미세하게 불균일했다는 의미다. 이 미세한 물질 밀도의 불균일함은 나중에 별과 은하, 그리고 우주의 거대구조로 자라났다. 결국 우주에 다양한 구조가 태어날 수 있는 씨앗이었던 셈이다. WMAP은 물질 밀도의 불균일함으로 인해 나타나는 온도편차를 100만분의 1K 수준의 정확도로 식별할 수 있다.

WMAP의 관측결과에 따르면 우주의 나이가 1%의 오차범위에서 137억 살이며, 많은 과학자들의 예상을 깨고 별들이 빅뱅 2억 년 뒤에 처음 빛을 발했

음이 밝혀졌다. 또한 우주를 구성하는 요소의 경우 빛을 내는 보통 물질이 4.6%에 불과하고, 23%는 빛을 내지 않는 차가운 암흑물질이며, 나머지 72%는 불가사의한 암흑에너지임이 드러났다. 한 천문학자가 말했듯이 우주에는 별이나 행성 같은 평범한 물질은 하찮은 불순물에 지나지 않는 셈이다. 🔣

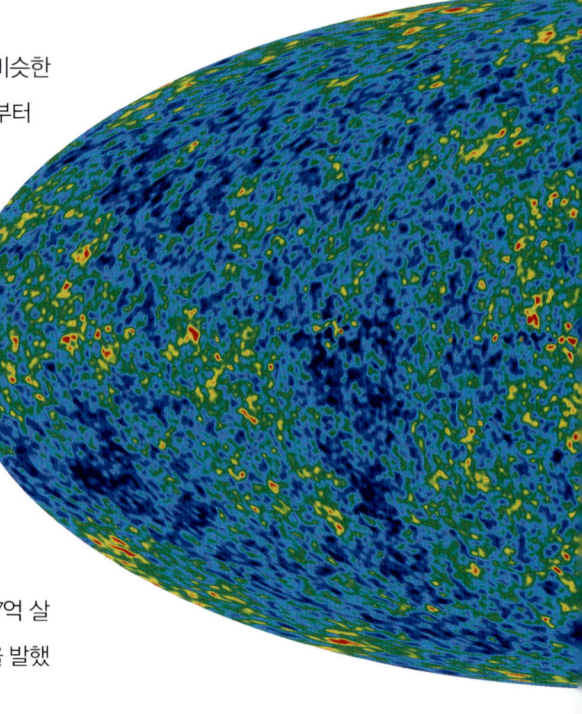

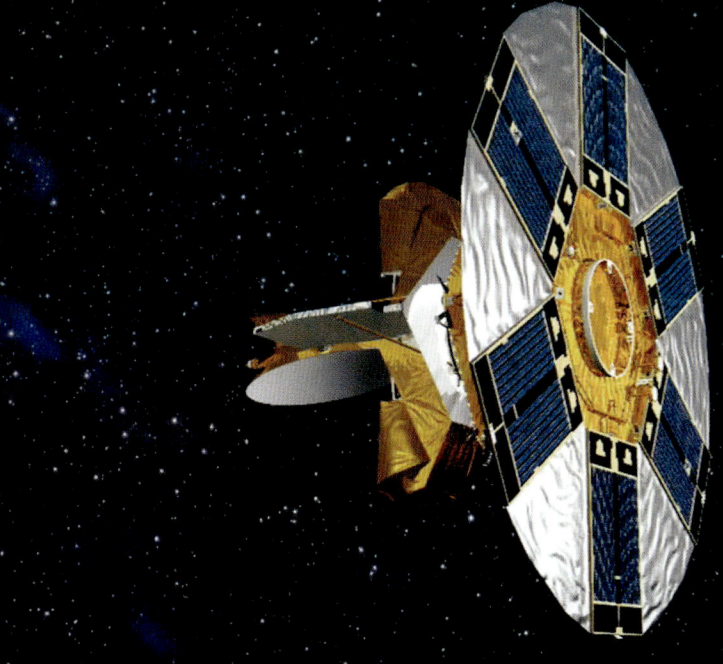

WMAP 위성 상상도.

WMAP으로 바라본
우주배경복사.
COBE로 얻은
결과보다 훨씬
자세하다.

우주배경복사를 발견한
전파망원경.

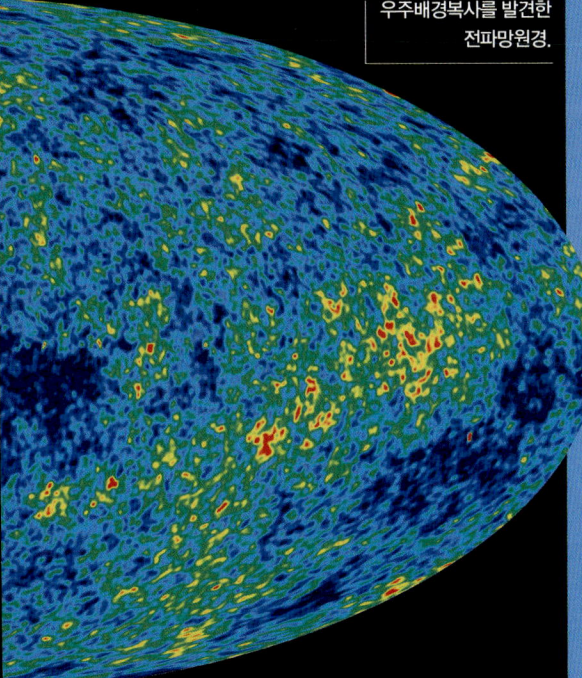

비둘기똥 치우며 밝힌 노벨상 업적

빅뱅우주론에 따르면 우주초기에는 매우 높은 밀도와 온도 때문에 빛과 물질이 뒤엉켜 있었다. 우주가 팽창하면서 우주의 밀도와 온도는 낮아지고 빅뱅이 일어난 지 30만 년 후 빛과 물질이 분리되는데, 이때 최초로 물질을 빠져나온 빛이 바로 우주배경복사다. 당시 3000K(절대온도 K=섭씨온도 ℃+273.15)였던 우주배경복사는 우주가 팽창하면서 식었기 때문에 현재 약 3K여야 한다. 우주배경복사는 이 문제에 관심도 없었던 공학자들이 최초로 발견했다. 주인공은 1965년 미국의 벨연구소에서 근무하던 펜지아스와 윌슨이었다. 이들은 원래 정밀한 전파망원경을 사용해 전하늘을 관측하며 통신위성과 간섭현상을 일으키는 전파신호를 측정하려 했다. 그런데 예측 못하던 잡음이 사방팔방에서 잡혔다. 원인이 망원경에 있지 않을까 하는 생각에서 망원경의 부품을 모두 분해했다. 심지어 망원경 안에 사는 비둘기집을 발견하고 비둘기 똥을 치우기도 했다. 그래도 이 잡음은 없어지지 않았다. 다름아닌 우주배경복사였던 것이다. 이 사실은 당시 가모프의 이론을 연구하던 프린스턴대의 피블스가 확인해주었다.

우연히 우주배경복사를 발견한 펜지아스와 윌슨은 행운아들이었다. 현재 우주배경복사는 빅뱅우주론을 지지하는 가장 중요한 관측 증거로 받아들여지고 있기 때문이다. 또 1978년 우주배경복사를 발견한 공로로 노벨물리학상을 수상하기도 했으니 이보다 더 좋을 순 없겠다.

독수리 성운(NGC 6611)의
성간 가스. 이곳에서
새로운 별이 활발히 태어난다.

원소의 탄생

● 1. 만물의 근원은 수소

수소로 가득 찬 우주

우리가 살고 있는 지구에서 수소는 매우 희귀한 원소이다. 우리가 숨쉬고 있는 공기에는 질소와 산소가 대부분이고, 지구의 내부는 산소, 규소, 알루미늄, 철 등의 무거운 원소로 이루어졌다. 수소 원자는 다른 원자와 결합해 물, 수증기, 메탄 등으로 극히 미량이 있을 뿐, 순수한 수소는 거의 발견되지 않는다.

그러나 수소는 명실공히 우주의 지배자요, 자연물의 근원이라고 할 수 있다.

우선 지구가 속한 태양계부터 살펴보자. 지구는 태양 둘레를 돌고 있는 여덟 행성 중의 하나다. 행성의 질량은 태양의 질량에 비하면 무시할 정도로 작다. 여덟 행성의 질량의 합은 태양 질량의 0.13%에 불과하다. 태양은 지구와 달리, 대부분이 수소(73%)와 헬륨(25%)이며, 약간의 탄소, 산소, 철 등의 무거운 원소로 돼 있다. 따라서 태양계를 이루고 있는 물질의 대부분은 수소인 셈이다. 지구의 조성이 태양과 크게 다른 이유는, 46억 년 전 태양계가 생성될 당시 태양에 가까운 곳에서는 온도가 높기 때문에 오직 무거운 원소만이 고체로 응결할 수 있었기 때문이다. 태양에서 멀리 떨어진 목성이나 토성과 같은 행성들은 태양과 조성이 거의 비슷하다.

별 만드는 연금술사

태양은 우리은하를 이루고 있는 1000억 개의 별들 중 하나다. 그리고 거의 모든 별들이 태양과 비슷한 질량과 조성을 갖고 있다. 따라서 우리은하 안에는 태양 질량의 1000억 배의 수소가 있는 셈이다. 또 우주에는 헤아릴 수 없을 만큼 많은 은하들이 있으며, 우리은하는 그 중의 하나다. 허블망원경 사진에 따르면, 사방 1°인 하늘의 작은 영역 안에 약 수백만 개의 은하가 있는 것으로 추정된다(사방 1°인 영역은 대략 보름달이 4개 들어가는 크기이다). 전체 하늘의 크기는 그러한 영역을 4만 1000개 포함하므로, 우리가 볼 수 있는 우주에 있는 은하의 개수는 대략 1000억 개인 셈이다. 따라서 우주에 있는 수소의 전체 질량은 태양 질량의 1000억 배의 1000억 배, 즉 10^{22}배이며, 개수로는 모두 10^{79}개의 수소 원자가 있는 셈이다.

태양을 이루고 있는 원소의 대부분은 수소이다. 수소는 태양의 내부에서 H^+ 이온으로, 표면에서는 수소 원자로 존재한다. 사진에서 검게 나타나는 흑점은 온도가 주변보다 2000℃ 정도 낮으며, 수소 분자가 발견된다. 태양에는 또한 H^- 이온도 있다.

수소의 가장 잘 알려진 상태는 양성자와 그 둘레를 돌고 있는 전자로 구성돼 있는 수소 원자이다. 그러나 자연의 수소는 원자 이외에 여러 가지 상태로 발견된다. 우선 전자가 떨어져 나간 수소 이온(H^+)이 있으며, 수소 원자 2개가 결합한 수소 분자(H_2)가 있다. 우주에 있는 수소의 99.999%는 위의 세 가지 중 하나이다. 그 이외에 극히 미량이기는 하지만 전자가 하나 더 붙은 H^- 이온과, 양성자와 중성자가 결합돼 원자핵을 이루고 있는 중수소도 있다.

태양의 경우, 내부는 매우 뜨겁기 때문에 모든 수소는 H^+ 이온, 즉 양성자로 존재한다. 그러나 바깥쪽으로 나올수록 온도가 낮아져, 태양 표면 근처에서는 수소가 원자 상태로도 있다.

우주에는 수없이 많은 은하와 별이 있다. 이들을 이루는 물질들 중에서 가장 많은 것이 바로 수소다.

한편 태양 사진에서 검게 나타나는 흑점은 주변보다 온도가 2000℃ 정도 낮으며, 이곳에서는 수소 분자가 발견된다. 태양에는 H⁻ 이온도 있다. 비록 그 개수는 1000만 개의 수소 원자 중 하나에 불과하지만, H⁻ 이온은 수소 원자와 달리 빛을 효율적으로 흡수할 수 있기 때문에 매우 중요한 역할을 한다. 즉 H⁻ 이온에 의한 흡수 때문에 빛에너지가 효율적으로 전달될 수 없으므로, 마치 냄비의 물이 끓는 것과 같이 태양의 바깥쪽에서는 대류가 발생한다. 대부분의 별들도 온도에 따라 차이가 있지만, 태양과 비슷한 구조를 하고 있는 것으로 추정된다.

이제는 상식이 됐듯이 별이 빛나는 것은 중심부에서 수소가 헬륨으로 핵융합하기 때문이다. 태양의 경우 매초 6억t의 수소를 헬륨으로 핵융합하고 있다. 그 과정에서 질량의 일부가 아인슈타인의 등가방정식 $E=mc^2$에 의해 에너지로 전환된다. 그리고 그 에너지는 태양 밖으로 아주 천천히 전달돼 나온다. 이 모든 과정은 절묘하게 조절돼 있어, 태양은 지난 46억 년 동안 거의 일정한 밝기로 빛날 수 있었다.

태양은 앞으로 50억 년은 더 안정되게 빛날 것이다. 그러나 50억 년 뒤에 중심부의 수소가 고갈되면, 태양은 현재 크기의 200배로 팽창해 수성을 휩쓸 것이다. 지구는 다행히 현재보다 1.7배만큼 태양으로부터 멀어져 휩쓸리는 것은 면하나, 지구의 온도가 1300℃로 상승해 생명이 살 수 없는 고열의 지옥으로 변할 것이다. 이렇게 따지고 보면 우리가 살고 있는 것도 수소 덕분이라 할 수 있다.

허블망원경이 찍은 용골자리 성운
(NGC 3372). 성간 먼지와 가스가
산처럼 솟아 있는 모습이다.
3광년 길이로 펼쳐진 수소가
근처의 별에 의해 열을 받고 있다.

원소의 탄생

1. 만물의 근원은 수소

별과 별 사이에는 무엇이 있을까?

별과 별 사이, 은하와 은하 사이의 광활한 공간에도 수소가 존재한다. 성간에는 평균적으로 1cm³당 1개의 수소 원자가 있으며, 은하와 은하 사이는 이보다 훨씬 희박하다. 별의 경우 1cm³당 10^{24}개의 수소 원자가 있는 것에 비하면, 성간은 그야말로 진공 그 자체임을 알 수 있다. 그러나 별들은 우주 공간에서 보면 아주 작은 점에 불과하다. 태양에서 가장 가까운 별까지의 거리는 4.2광년으로서 태양 지름의 3000만 배이다. 따라서 우주에 있는 희박한 수소 기체의 양을 모두 합하면, 별에 있는 수소의 양을 합친 것에 비해 적기는 하지만 무시할 수 없는 양이다.

별과 별 사이의 수소 기체는 마치 파란 하늘의 흰 구름과 같은 모습을 하고 있다. 이들 '성간운' 가운데는 수소 원자로 된 것도 있고, 수소 분자로 된 분자운도 있다. 분자운에는 1cm³당 수백개 정도의 수소 분자가 있으며, 온도는 영하 260℃로 아주 차갑다. 분자운은 새로운 별의 모체이기도 하다. 분자운 안에는 군데군데 수소 분자가 밀집해 있는 덩어리들이 존재하며, 이들 덩어리가 어느 순간 자신의 무게를 지탱하지 못해 함몰하게 되면, 수백만 년 안에 그 중심부에서 새로운 별이 생성된다. 새로 탄생한 별은 자신이 태어난 분자운을 파괴하고, 오리온성운과 같은 아름다운 성운으로 그 모습을 드러내게 된다. 많은 은하들의 경우 나선 모양으로 밝게 빛나는 것을 볼 수 있는데, 그 이유는 그곳에 성간운들이 많이 모여 있어 밝은 별들이 나선팔을 따라 태어나기 때문이다.

성간에 상당한 양의 수소 원자가 존재한다는 사실은 1951년에 미국의 천문학자 해롤드 에웬과 에드워드 퍼셀이 수소 원자가 방출하는 21cm 파장의 선스펙트럼을 발견함으로써 밝혀냈다. 천문학의 가장 중요한 발견 중의 하나라고 할 수 있는 수소 21cm선의 발견으로, 우리는 은하의 자전, 즉 은하 내의 희박한 수소 기체를 포함한 모든 천체가 은하 중심 둘레를 회전하고 있다는 사실도 알게 됐다. 태양은 초속 220km로 돌고 있으며, 한

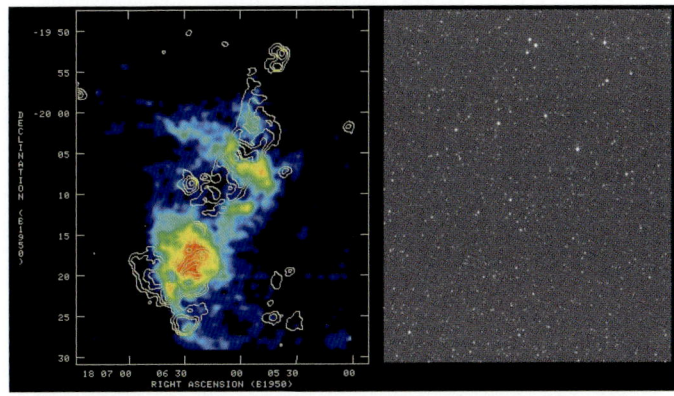

우리은하 중심 부근의 분자운의 모습. 왼쪽 사진에서 색은 수소 분자의 양을 나타낸다. 붉은색이 많은 곳이고, 푸른색은 적은 곳이다. 분자운은 새로운 별들이 태어나는 곳으로서, 등고선은 갓 태어난 별 주변의 H⁺ 이온이 있는 뜨거운 영역이다.
오른쪽 사진은 동일 영역의 광학 사진으로 분자운의 존재를 전혀 짐작할 수 없다.

수소가 모여 새로운 별이 태어나고 있는 NGC 604. 이온화된 수소 원자로 돼 있다.

바퀴 도는 데 걸리는 시간은 2억 2500만 년이다. 태양의 나이가 46억 년이므로, 태양은 생성된 이후 지금까지 은하 중심 둘레를 25바퀴 돈 셈이다.

은하의 자전은 은하 안에 얼마만큼의 질량이 있는지를 알려 준다. 이는 마치 행성들의 공전 운동으로부터 태양의 질량을 구할 수 있는 것과 같은 이치다. 이렇게 구한 우리은하의 질량은 놀랍게도 별과 기체의 질량을 모두 합한 것보다 10배나 많다. 즉 은하를 구성하고 있는 물질의 90%는 우리가 그 '정체를 모르는 물질'인 것이다. 이렇게 빛을 내지는 않지만 다른 천체에 미치는 중력 때문에 그 존재를 알 수 있는 물질을 '암흑물질'이라 부른다.

별의 종말은 원소의 시작

NGC 4526 은하에서 발견된 초신성.
왼쪽 아래 밝은 점이 초신성이다.

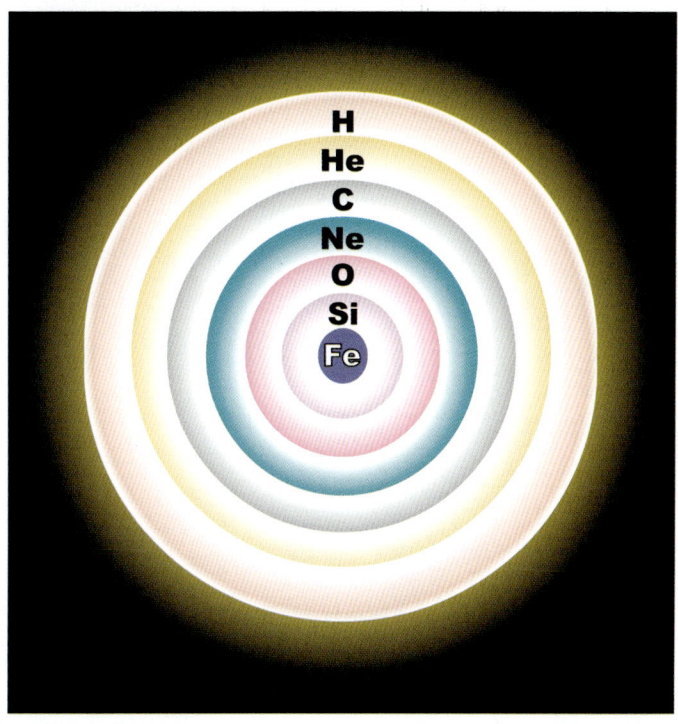

별의 내부 껍질 구조를 보여 주는 그림. 안쪽으로 갈수록 무거운 원소가 자리한다. 핵융합으로 만들어지는 무거운 원소는 철(Fe)이 한계다.

우주는 영원 불변의 존재가 아니다. 현대 우주론에 따르면, 우주는 지금으로부터 137억 년 전에 대폭발에 의해 생성됐으며, 현재도 팽창하고 있다. 우주 생성 초기에는 무한히 뜨거웠으며, 지금의 원소는 존재할 수 없었다. 따라서 모든 원소는 우주 생성 뒤 만들어진 것이다.

현재까지 발견된 원소는 가장 간단한 수소로부터 2006년 발견된 원자번호 118의 원소 우누녹튬(Uuo)까지 모두 118종이다. 실험실에서 새로운 무거운 원소들을 융합하면서 원소의 수는 계속 늘어나고 있다. 118종의 원소 가운데 94종만이 지구를 비롯한 운석, 혜성, 태양, 별 등 우주에 자연적으로 존재하는 것으로 추정된다.

자연의 원소 만들기는 대폭발 바로 직후 시작됐다. 에너지로부터 기본 소립자인 쿼크가 생성되고, 그들이 결합해서 양성자가 만들어졌다. 이때 양성자의 반입자인 반양성자도 만들어졌으나, 그들은 모두 양성자와 결합해서 빛으로 변했다. 이 과정에서 살아남은 양성자들이 현재와 같이 물질로 이루어진 우주를 이루게 된다. 대폭발 뒤 100초가 되면 핵융합에 의해 헬륨이 만들어지며, 이때 극히 적은 양(수소의 0.01%)의 중수소와 리튬(Li), 베릴륨(Be), 보론(B) 등의 가벼운 원소도 생성된다. 이 모든 과정은 대폭발 후 3분 안에 종결됐으며, 그 후에는 우주의 온도가 낮아져 더 이상의 원소는 생성될 수 없었다.

그렇다면 나머지 원소는 어떻게 만들어졌을까. 그들을 만드는 자연의 연금술사는 바로 별이다. 무거운 별들은 중심부의 수소가 고갈되면, 헬륨에 이어 탄소를 산소 등으로 계속 가벼운 원소를 무거운 원소로 융합하며 격렬하게 진화한다. 결국 가장 안정한 원소인 철에 이르게 되면 더 이상의 에너지를 추출하기가 불가능해지며, 별은 폭발한다.

우리가 '초신성'이라 부르는 이 폭발 현상은 사실 새로운 별이 아니라, 별의 종말이다. 별의 내부에서 생성된 다양한 원소는 초신성 폭발을 통해서 우주 공간으로 퍼져 나간다. 철보다 무거운 금, 납, 우라늄과 같은 무거운 원소는 폭발하는 순간 만들어진다. 우주는 지난 137억 년간 수없이 많은 초신성 폭발을 통해서 다양한 원소로 가득 차 있으며, 인간을 포함한 지구의 모든 생명체는 바로 별이 만들어 낸 원소로부터 태어난 것이다.

수소가 대부분인 우주에서, 수소가 거의 없는 '창백한 푸른 한 점'의 지구가 태어났고, 그곳에 우리가 살고 있다는 사실에 새삼 우주의 경이로움을 느끼게 된다. ☑

● 2. 우주는 왼손잡이

반입자의 등장

모든 입자는 반물질을 갖고 있다는
연구결과를 발표해 물리학계에
큰 파문을 일으킨 이론 물리학자 폴 디랙.
오른쪽 음화는 반물질로 이뤄진 그를 상징한다.

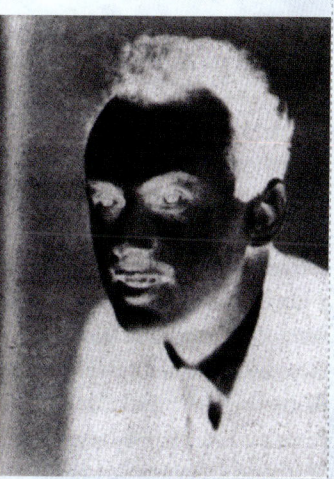

영국의 저명한 이론물리학자인 폴 디랙은 물리학에 대한 철학적 의미를 묻는 태도에 대해 늘 회의적이었다. 물리학자는 엄밀한 수식을 통해 자연의 법칙을 드러낼 뿐이라는 것이다. 그러나 역설적으로 디랙이야말로 물리학에서 최대의 철학적 난제 중 하나를 던진 장본인이다. 디랙은 현대물리학의 중요한 두 축인 양자역학과 상대성이론을 결합한 새로운 이론을 창시하는 과정에서 '반입자'의 존재를 최초로 예언했기 때문이다.

반입자란 간단히 말해서 현재 우주를 이루고 있는 입자와 질량 등 물리적 성질은 동일하지만 전하가 반대인 입자다. 예를 들어 음의 전하를 갖는 전자의 반입자인 양전자는 양의 전하를 갖는다. 입자와 반입자가 만나면 빛의 형태로 많은 에너지를 내며 소멸한다. 역으로 고에너지 입자들이 반응하면서 입자-반입자 쌍이 생성되기도 한다. 디랙에 따르면 모든 입자에 대해서 반입자가 있어야 한다는 것은 상대성이론과 양자역학으로부터 나오는 피할 수 없는 결론이다.

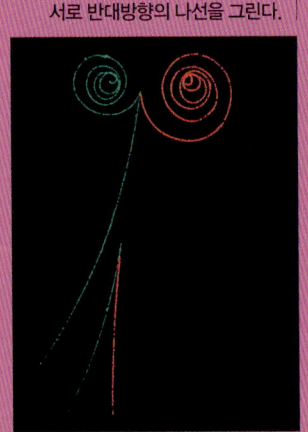

빛에서 전자-양전자 쌍이
생겨나는 과정. 전자와 양전자가
서로 반대방향의 나선을 그린다.

우주는 비대칭

'양전자라니. SF소설을 쓰나…'.

1928년 발표된 디랙의 논문에 물리학자들은 실소를 금치 못했다. 세미나에 디랙이 나타나기라도 하면 누군가가 "도대체 양전자는 어디에 있소?"라는 물음을 던져 좌중은 웃음바다가 됐다고 한다. 그러나 1932년 미국 캘리포니아공대의 칼 앤더슨이 우주로부터 오는 소립자의 흐름인 우주선이 지구 대기와 충돌할 때 순간적으로 생겼다 사라지는 양전자의 존재를 포착하자 디랙은 몽상가에서 일약 물리학계의 전설이 됐고 1933년 노벨 물리학상은 그에게 돌아갔다. 한편 앤더슨은 3년 뒤인 1936년 노벨 물리학상을 수상했다.

그 뒤 디랙의 이론을 면밀히 검토한 물리학자들은 모든 물질에는 반물질이 있다는 자연 법칙에 내재된 심오한 대칭성을 깨달았다. 특히 관찰이 아니라 수식이 먼저 그 비밀을 밝혔다는 데서 이 이론의 우아함이 더 돋보였다. 그러나 그들은 곧 깨달았다. 자신들이 디랙을 비웃던 이유, 즉 물질만으로 이뤄진 현재의 우주가 존재한다는 것 자체가 대칭성이 깨졌음을 의미한다는 것을.

우주 탄생 초기에는 입자와 반입자가 같은 양으로 생성됐을 것이다. 따라서 대칭성이 완벽히 유지되는 우주에서는 이들이 충돌해 빛을 내고 소멸하거나 입자-반입자 쌍이 생겨나는 현상이 반복될 뿐 입자만으로 이뤄진 현재의 우주는 존재할 수 없기 때문이다.

결국 우주가 존재한다는 것은 입자와 반입자 사이에 본질적인 비대칭이 있다는 뜻이다. 즉 어떤 이유에서인지 입자와 반입자 사이의 수에 차이가 생겼다는 것이다. 물리법칙의 대칭성을 추구하는 물리학자들에게 이 부분은 설명할 수 없는 미스터리로 남아있었다.

그럼에도 대다수 물리학자들은 우주가 존재한다는 현상의 비대칭 이면에는 좀 더 심오한 법칙의 대칭성이 있으리라는 믿음을 잃지 않았다. 즉 어느 물리계를 전하(C, Charge)나 패러티(P, Parity), 시간(T, Time)에 대해 변환시켰을 때 그 시

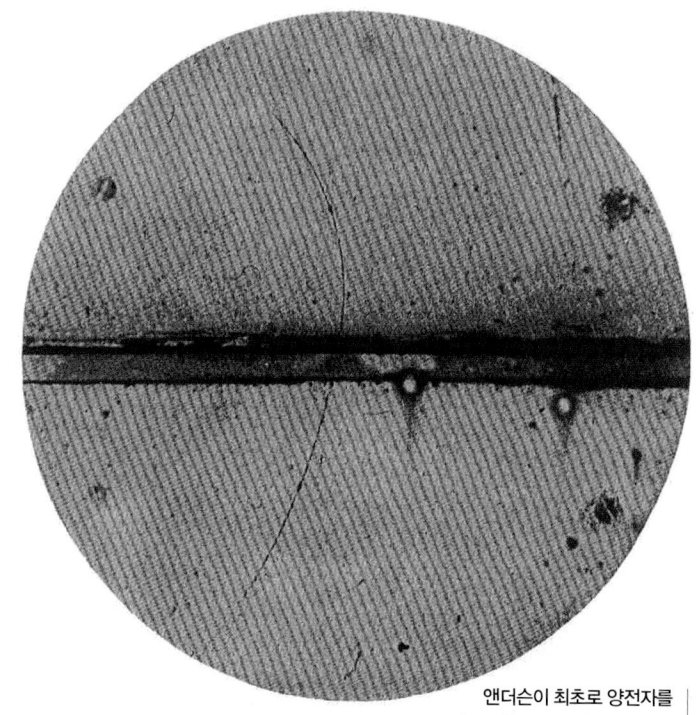

앤더슨이 최초로 양전자를 확인한 실험 장치(구름상자)를 찍은 사진. 원 안에 머리카락처럼 보이는 게 양전자의 궤적이다.

스템에는 원래의 물리법칙과 똑같은 물리법칙이 적용된다는 것이다.

전하만 바뀐 경우, 즉 'C변환'은 입자가 반입자로, 반입자가 입자로 바뀐 경우다. 예를 들어 물질로 이뤄진 당구공끼리 충돌할 때 적용되는 물리법칙과 반물질로 만들어진 당구공끼리 충돌할 때 적용되는 물리 법칙은 동일하다. 따라서 당구공의 움직임만 봐서는 물질로 만들어진 당구공인지, 반물질로 만들어진 당구공인지 구분할 수 없다. 이를 'C대칭성'이라고 부른다.

'P변환'은 자연계를 거울에 비춰 바라보는 것이다. 당구공들은 물리 법칙에 따라 움직인다. 그런데 거울 속 당구공의 움직임을 분석해도 실제와 똑같은 법칙이 적용될 것이라고 여겨진다. 이 경우 당구공의 움직임만으로는 이게 실제인지, 거울 속에서 일어난 일인지 구분할 방법이 없다. 이를 'P대칭성'이라고 부른다.

한편 'T변환'은 시간을 거꾸로 되돌린 것이다. 영화 필름을 거꾸로 돌린다면 우리는 누구나 이것이 실제 사건의 역순이라는 걸 알기 때문에 폭소를 터뜨릴 것이다. 그러나 미시 세계의 자연법칙에서는 이를 구분할 수 없다. 당구의 예를 다시 들면 흰 공이 서 있는 빨간 공을 때려 자신은 멈추고 빨간 공이 움직였을 경우에 적용된 법칙이나 시간을 거꾸로 돌렸을 때의 상황, 즉 빨간 공이 서있는 흰 공을 때려 자신은 멈추고 흰 공이 움직였을 때 적용된 법칙은 동일하다. 물론 공기나 당구대 바닥과의 마찰력은 없는 이상적인 경우다. 이를 'T대칭성'이라고 부른다.

2. 우주는 왼손잡이

계속 깨지는 대칭성

1956년 중국계 미국인인 젊은 물리학자 양전닝과 리정다오는 이런 믿음에 의문을 제기했다. 이들은 P변환의 대칭성이 깨질 수 있다는 이론을 내놓고 이를 증명할 실험까지 고안해 실험물리학자들에게 실험을 촉구했다.

당시 물리학자들은 자연의 법칙은 실제 사건과 거울 속의 사건을 구분할 수 없다고, 즉 P대칭성이 보존된다고 믿고 있었다. '파울리의 배타 원리'로

거울 속에서는 실제와 동일한 법칙이 성립하지 않을 수 있다는,
즉 P대칭성이 깨질 수 있다는 이론을 처음 제시해 노벨상을 받은
중국계 물리학자 양전닝(오른쪽)과 리정다오.

유명한 오스트리아의 이론물리학자 볼프강 파울리는 이들의 주장을 입증하는 실험은 시간낭비라며 다음과 같은 내용의 편지를 친구에게 보냈다.

"난 신이 약간 왼손잡이라는 이들의 주장을 믿을 수 없네. 이 실험이 대칭적인 결과를 얻는다는 데에 큰 돈을 걸 준비가 돼 있네."

이처럼 많은 물리학자들은 이들의 이론을 수식의 장난이라고 무시했다. 하지만 미국 컬럼비아대 우젠슝 박사는 이 실험을 해보기로 했다. 이듬해 그녀는 실험을 통해 이들의 이론이 옳음을 증명했다.

1957년 방사성 동위원소인 코발트60의 베타 붕괴를 관찰한 결과 방출되는 전자의 스핀이 비대칭인 것으로 밝혀졌다. 즉 왼쪽으로 도는 전자의 개수가 오른쪽으로 도는 것보다 많았던 것이다. 한편 베타 붕괴에서 전자와 함께 방출되는 뉴트리노의 경우는 모두 왼쪽 방향의 스핀을 갖고 있다는, 즉 '왼손잡이'라는 사실이 훗날 밝혀졌다. 우리가 아는 한 우주에서 오른손잡이 뉴트리노는 없다. 뉴트리노는 우주가 왼손잡이라는 것을 보여주는 가장 분명한 예인 셈이다.

이 실험 결과는 물리학계에 충격을 일으켰고 파

우주는 물질로만 이뤄져 있지만 현재의 물리학 지식으로는 그 과정을 제대로 설명하지 못하고 있다.

울리는 스웨덴을 찾아가 이 발견이 '물리학의 역사적 사건'임을 설명했다. 결국 양과 리는 노벨 물리학상을 받았다. 노벨상의 역사상 이론이 나온 바로 이듬해에 상이 수여된 것은 이때가 처음이었고 그 뒤에도 이런 일은 일어나지 않고 있다.

물질과 반물질이란 대칭성의 우아함에 감탄하다가 세상이 물질로만 이뤄졌다는 엄연한 사실 앞에서 당황하던 물리학자들은 물질에서 일어나는 현상에서조차 대칭성이 깨진다는 사실에 상심이 깊어졌다. 얼마 뒤 C대칭성도 깨질 수 있다는

실험결과도 나왔다.

그러나 물리학자들은 좀 더 심오한 자연의 법칙은 여전히 대칭성을 보일 거라는 믿음을 잃지 않고 연구를 계속했다. 그 결과 새로운 이론이 나왔다. C대칭성과 P대칭성이 깨졌더라도 CP변환, 즉 전하와 패러티를 같이 바꿔주면 대칭성이 유지된다는 내용이다. C대칭성 깨짐의 효과와 P대칭성 깨짐의 효과가 서로 상쇄되기 때문이다. (−1)×(−1)=1이 되는 것과 비슷한 원리다. 이런 그럴듯한 이론을 내놓고 만족해하던 것도 잠시뿐이었다.

1994년 미국 브룩헤이븐연구소의 제임스 크로닌과 밸 피치가 CP대칭성이 깨진다는 실험결과를 발표했다. 이들은 'K⁰ 입자'라는 중간자의 붕괴과정을 추적하다가 이 사실을 발견했다.

대칭과 비대칭의 모순

이 실험은 물리학자들에게 실망과 희망을 동시에 안겨줬다. 물리 법칙의 측면에서는 CP대칭성이 깨졌으므로 우아함에 금이 갔지만 실제 물리 세계, 즉 현재 우주가 보여주고 있는 물질과 반물질의 불균형이 생긴 데 관련이 있을지도 모르는 과정이 최초로 관찰됐기 때문이다. 즉 이때까지는 도무지 실마리도 찾을 수 없었던 우주의 비대칭이 꼬리를 살짝 보여준 것이다.

P대칭성과 C대칭성이 깨졌고, 믿었던 CP대칭성마저 깨졌다. 그러나 CPT대칭성, 즉 C변환, P변환, T변환을 다 할 경우 대칭성이 유지된다는 것은 디랙의 이론에 따르면 필연적인 결과다. 따라서 물리학자들은 CPT대칭성에 대한 믿음을 여전히 갖고 있다. 비록 CP변환으로 대칭성이 깨질 수 있지만 여기에 T변환을 추가하면 다시 대칭성이 유지된다는 설명이다. 아직까지 CPT대칭성을 입증하거나 반증한 실험은 없다.

현재 입자물리학 이론을 종합한 '표준이론'은 CPT대칭성을 기본으로 삼고 있다. 표준이론은 지난 40여 년 동안 거의 모든 입자물리 실험 결과를 정확하게 예측한 매우 성공적인 이론이다.

그럼에도 물리학자들은 표준이론이 궁극의 완전한 이론이 될 수는 없다는 데 대체로 동의하고 있다.

표준이론이 제대로 설명하지 못하는 몇 가지 문제점이 있기 때문이다. 특히 현재 우리 우주가 보여주는 물질 대 반물질의 심각한 불균형을 제대로 설명하지 못하고 있다. 즉 왜 우리 주변의 만물이 양성자, 중성자, 전자로만 이뤄져 있고 그들의 반물질인 반양성자, 반중성자, 양전자들은 모두 어디로 갔느냐는 것이다.

물론 표준이론의 체계 안에서 CP대칭성 깨짐의 물리적 원인을 규명하는 이론은 이미 나와 있다. 최초의 이론은 1973년 일본의 고바야시 마코토와 마스카와 도시히데가 발표했다. 6가지 쿼크 각각의 고유한 성질이 입자와 반입자의 약한 상호작용에 미묘한 차이를 유발했다는 것이다. 그 뒤 이를 보완한 이론들이 나왔지만 이 정도로는 지금 같은 물질의 압도적 우위를 설명하기 어렵다.

물리학자들은 또 다른 중간자인 B^0입자를 갖고 CP대칭성이 깨져 있는지 알아보기 위한 실험을 진행하고 있다. 이론에 따르면 B^0입자는 K^0입자보다 대칭성이 깨지는 정도가 훨씬 커 그 원인을 규명하는 데 유리하기 때문이다.

B^0입자는 다운쿼크와 반보텀쿼크로 이뤄져 있는데 수명이 매우 짧아 1피코초(1조분의 1초) 후에는 다른 입자로 붕괴된다. 그런데 붕괴 방식이 다양해 100가지가 넘는다. 2001년 두 연구팀은 B입자가 참쿼크를 거쳐 제이/프사이입자와 Ks입자로 붕괴하는 과정에서 표준이론이 예측하는 값의 범위 내에서 CP대칭성이 깨진다는 결과를 동시에 발표했다.

그러나 또 다른 실험에서는 표준이론의 예측값과 일치하지 않는 결과가 나와서 물리학자들의 관심을 끌고 있다. 이번 실험은 B^0입자의 반보텀쿼크가 스트레인지쿼크로 바뀌는 일련의 과정을 거치면서 결국 파이입자와 Ks입자로 붕괴하는

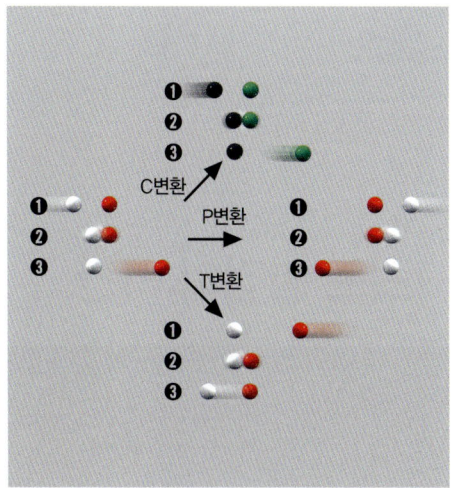

변환과 대칭성
많은 물리학자들은 입자가 반입자로 바뀔 때(C변환), 거울상으로 바뀔 때(P변환), 사건의 전후가 뒤바뀔 때(T변환)도 동일한 물리법칙이 적용된다고, 즉 대칭성이 있다고 믿었다. 그러나 이 3가지 변환 모두에서 대칭성이 깨지는 경우가 관찰됐다. 흰공이 다가와(❶) 정지한 빨간공과 충돌해(❷) 멈추고 빨간공이 이동하는(❸) 과정에 대한 3가지 변환. 반입자는 보색으로 표현했다.

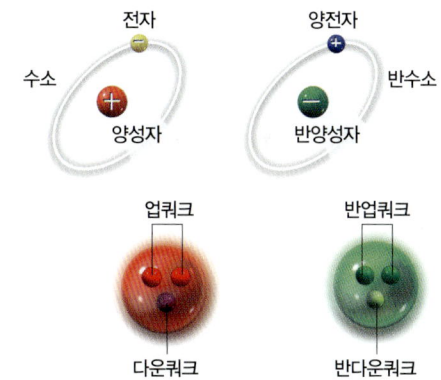

수소와 반수소
수소원자는 양성자와 전자로 이뤄져 있다. 한편 양성자는 2개의 업쿼크와 1개의 다운쿼크로 이뤄져 있다. 각각의 입자에 대한 반입자로 원소를 구성하면 반수소가 만들어진다.

과정을 추적한 것이다. 그 결과 두 실험 모두 표준이론이 예측하는 값을 벗어난 결과를 얻었다. 이를 어떻게 설명해야할까.

표준이론에 따르면 이 붕괴반응은 W입자와 반톱쿼크로 이뤄진 원형 고리를 거쳐 이뤄진다. 결국 실험값이 표준이론의 예측값과 다르다는 것은 이 과정이 표준이론을 초월하는 새로운 물리법칙에 따르기 때문일지도 모른다. 여기에는 현재 이론물리학자들이 진지하게 논의하고 있는 초대칭이론이 적용될지도 모른다.

초대칭이론은 표준모형이 설정한 12개의 기본입자와 힘을 전달하는 입자 각각에 초대칭입자가 존재한다고 가정하고 있다. 즉 위의 과정에서 W입자나 반톱쿼크 대신 초대칭입자가 관여할지도 모른다. 그러나 현재의 결과만으로는 어떤 결론도 내리기 어렵다.

대칭성을 추구하는 물리 법칙과 너무나 비대칭적인 물리적 현실. 이 모순을 극복하고 해석하기 위한 물리학자들의 집념이 우주의 신비를 벗기는 노력의 원동력이 되고 있는 셈이다. ▣

● 3. 번개처럼 사라지는 입자

1초도 영겁의 시간

1초를 무시할 정도로 짧은 시간이라고 생각할 수도 있지만 통신이나 항해, 항공, 금융시스템에서는 엄청나게 긴 시간이다. 1초 차이로 항로를 벗어나 엉뚱한 곳으로 갈 수 있고, 금융 거래에서는 기업의 생사가 결정되기도 한다.

과학에서도 마찬가지다. 물리에서 대부분의 입자에게도 1초는 영겁의 시간이다. 지금까지 발견된 입자는 200개가 넘지만 이 중 1초 이상 존재하는 입자는 손가락에 꼽을 정도다. 나머지는 태어나는 그 순간 바로 사라져버린다. 왜 그럴까.

쿼크가 발견되기 전까지는 광자와 전자뿐만 아니라 메존과 바리온도 더 이상 쪼갤 수 없는 기본입자라고 생각됐다. 하지만 가속기 실험과 함께 수백 개의 메존과 바리온이 발견되면서 기본입자 수가 엄청나게 늘어나자 물리학자들은 의심을 품기 시작했다.

1960년대 후반 미국 스탠퍼드선형가속기센터에서 진행된 일련의 실험으로 양성자와 중양성자(양성자 하나와 중성자 하나가 결합된 핵)가 전자 전하의 −1/3 또는 +2/3를 갖는 더욱 작은 입자로 이뤄져있다는 사실이 밝혀지면서 1970년대 초 메존과 바리온이 쿼크라고 불리는 기본입자로 구성된다는 점에는 의심의 여지가 없어졌다.

그런데 왜 처음부터 쿼크를 찾지 못했던 것일까. 쿼크와 반쿼크가 모여 메존을 이루고 쿼크 세 개가 합쳐져 바리온을 이루는 등 쿼크가 절대 혼자 존재하는 법이 없다는 것도 문제지만, 무엇보다도 이들이 너무 빨리 변환되는 게 처음부터 쿼크의 존재를 알아차리지 못한 가장 큰 걸림돌이었다. 생성되자마자 수명이 다해 붕괴해버리면서 이들의 일생도 끝난다. 그 찰나를 잡지 못하면 태어나지 않은 것과 매한가지다.

그런데 이들이 찰나의 일생을 사는 것은 '운명'이기도 하다. 우주가 생성되는 과정을 보자. 우주는 붕괴를 통해서 평형상태에 도달했다. 밀도와 온도가 무한대인 하나의 점이 일순간 붕괴되면서 에너지를 사방으로 분산시켰고 이로 인해 지금의 우주가 만들어졌다. 대부분의 입자가 찰나에 붕괴되는 것도 이런 평형상태를 유지하기 위한 것이다.

찰나의 순간에 입자들은 커뮤니케이션을 한다. 예를 들어 양성자와 중성자가 서로 변환될 때 파이중간자를 방출하거나 흡수하는데, 이 때 파이중간자의 수명은 약 1억분의 1초다. 이 짧은 순간에 입자들은 서로 '적'인지 '친구'인지 정보를 교환하고 결합할지 여부를 결정한다.

입자의 수명을 알아내면 입자에 작용하는 힘에 대한 결정적인 정보를 얻을 수 있다.

자연계에는 중력, 전자기력, 약력, 강력의 네 가지 힘이 존재한다. 모든 입자들은 중력에 의해 서로 끌어당긴다. 전하를 띤 입자는 전자기력에 의해 끌리거나 밀린다. 중력과 전자기력은 모두 무한대의 거리까지 작용하는 힘이며, 질량이 0인 중력자나 광자에 의해 전달된다.

반면 강력과 약력은 핵반응 현상에 관여하면서 매우 근접한 거리에서만 효력이 있다. 강력은 쿼크들을 결합시켜 바리온을 만들고, 다시 바리온들을 결합시켜 핵을 만든다. 약력은 입자를 붕괴시킨다.

강력과 약력이라는 이름은 전자기력과 비교해 상대적인 힘의 크기에 따라 붙었다. 강력은 전자기력보다 약 1000배 이상 크고, 약력은 전자기력보다 약 1만 배 이상 작다. 넷 중 가장 작은 힘은 중력으로 약력보다 약 10^{32}배나 작다.

입자 사이에 작용하는 힘의 크기에 따라 힘이 작용하는 시간이 결정된다. 강력이 관여하는 반응은 약 10^{-24}초 밖에 지속되지 않는다. 이 시간은 빛이 양성자 지름에 해당하는 1펨토미터(1000조 분의 1m)를 통과하는 시간에 불과하다. 강력보다 상대적으로 힘의 크기가 작은 전자기력이 관여하는 반응은 조금 길어져 10^{-20}∼10^{-16}초 정도 지속되고, 이보다 더욱 작은 약력이 관여할 경우에는 10^{-13}∼10^{-6}초 정도로 늘어난다.

렙톤 중 하나인 뮤온은 평균 2.2×10^{-6}초를 산 다음 전자 1개와 중성미자 2개로 깨진다. π^+나 π^-처럼 전하를 가진 파이중간자는 평균 2.6×10^{-8}초를 산 다음 뮤온 1개와 중성미자 1개로 붕괴하고, 이 뮤온은 다시 전자 1개와 중성미자 2개로 붕괴된다. 이들의 반응시간을 보면 뮤온과 전하를 가진 파이중간자는 모두 약력에 의해 붕괴된다는 사실을 알 수 있다. 반면 같은 파이중간자라 하더라도 중성의 파이중간자(π^0)는 평균수명이 8.4×10^{-17}초이며 광자 2개로 깨지므로 약력이 아닌 전자기력에 의한 붕괴라고 할 수 있다. 또 페르미가 처음으로 발견한 델타 바리온은 생성된 뒤 평균 5.5×10^{-24}초밖에 살지 못하고 이내 양성자 1개와 파이중간자 1개로 붕괴하기 때문에 이는 강력에 의한 붕괴라는 사실을 짐작할 수 있다.

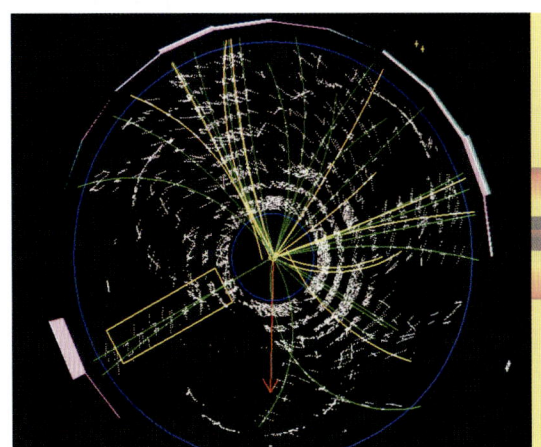

입자가 붕괴하면서 생성된 입자의 자취를 관측하면 원래 입자에 대한 정보를 얻을 수 있다.

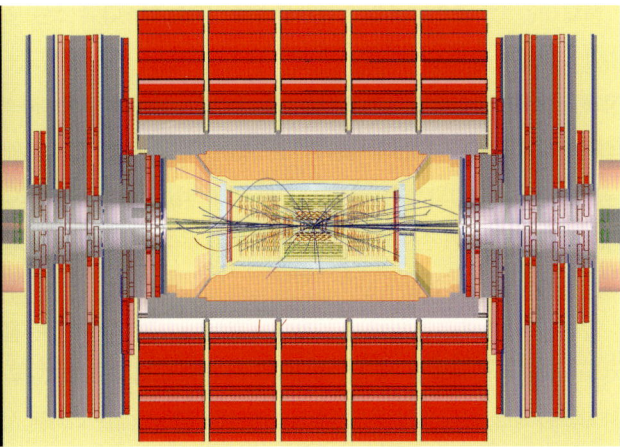

입자의 자취는 검출기로 확인한다.
사진은 집약형 뮤온 솔레노이드(CMS) 검출기.

3. 번개처럼 사라지는 입자

모든 것은 힉스 손에

입자의 찰나는 어떻게 측정할까. 델타 바리온은 약 10^{-23}초 안에 붕괴되고 사라지는데 현재 기술로는 이렇게 짧은 순간에 붕괴되기 직전의 델타 바리온을 직접 확인하고 그 성질을 연구하는 것은 불가능하다. 그렇다면 방법은 한 가지 밖에 없다. 델타 바리온이 붕괴하면서 생성된 양성자와 파이중간자를 측정하는 것이다. 호랑이는 죽어서 가죽을 남기고 입자는 죽어서 다른 입자를 남기는 격이다.

양성자와 파이중간자 각각의 운동량을 측정한 다음, 이들의 불변질량을 이용해 스펙트럼을 구한다. 이 스펙트럼의 최대치에 해당하는 불변질량이 델타 바리온의 질량이고, 봉우리의 폭이 델타 바리온의 평균수명의 역수가 된다.

현재 이런 방법을 이용해 알고 싶은 영순위 입자는 힉스다. 힉스는 모든 입자가 질량을 가질 수 있게 만드는 기본입자다. 입자들은 힉스가 만드는 힉스장과 상호작용해 입자 고유의 질량을 갖는 것이다. 예컨대 전자는 힉스장과 약하게 상호작용하기 때문에 질량이 겨우 9.1×10^{-31}kg 밖에 되지 않지만 양성자는 힉스장과 강하게 상호작용하기 때문에 질량이 전자질량의 2000배나 된다. 만약 힉스가 존재하지 않는다면 물질과 우주가 현재의 질량을 갖게 되는 과정을 설명할 수 없게 된다.

입자는 어떻게 질량을 갖게 되는 걸까. 조용히 얘기를 나누고 있는 물리학자들이 방을 가득 메우고 있다고 생각하자. 이 방은 마치 힉스장만으로 가득 찬 우주와 같다. 어느 유명한 과학자가 그 방으로 들어와 물리학자들 사이를 지나가면 그를 존경하는 사람들이 주위로 몰려들 것이다. 이 때문에 그는 움직임에 저항을 받게 되는데, 이는 마치 힉스장을 가로질러 움직이는 입자들

이 질량을 얻는 것과 같다. 만약 이때 어디선가 흥미로운 소문이 방 전체에 퍼지면 그 내용을 알고자 또 하나의 무리가 만들어진다. 하지만 이번에는 물리학자들만 모인 것. 여기서 이 무리가 바로 힉스 입자에 해당한다.

이렇게 중요한 입자임에도 불구하고 아직까지 실험으로 발견되지 않아 물리학자들의 애를 태우는 입자가 힉스이기도 하다. 힉스가 전자와 같이 수명이 무한대로 안정된 입자인지, 그렇지 않으면 뮤온처럼 일순간 존재하다 붕괴하는 불안정한 입자인지 정확히 알 수 없다.

CMS는 양성자끼리 충돌시켜 힉스 입자를 만든 뒤 힉스가 뮤온으로 붕괴되는 현상을 관측한다.

힉스의 수명에 대해서는 여러 가지 이론이 있지만 힉스가 여러 경로를 통해 붕괴할 것이라는 예상이 우세하다. 우리 주변에서 매우 무거우면서도 안정된 힉스입자를 발견할 수 없다는 사실 자체가 이를 뒷받침해 준다고 볼 수도 있다. 이 중 가장 대표적인 붕괴 형태는 힉스가 뮤온 4개로 붕괴하는 것이다.

현재로서는 충돌에 의해 생성되는 모든 뮤온의 운동량을 측정해 이들의 불변질량 스펙트럼을 얻는 것이 가장 시급하다. 이를 위해 물리학자들은 10년 동안 계획을 세우고 15년 동안 건설한 끝에 2009년 스위스 제네바 근처에 있는 유럽입자물리연구소(CERN)에 대형 강입자충돌가속기(LHC)를 완공하였다. 2009년 11월에 4500억 eV(전자볼트)로 처음 양성자를 가속한 이래 계속 빔에너지를 높여 현재 3조 5000억 eV에서 충돌실험을 수행하고 있다. 그리고 2014년까지 7조 eV로 가속된 양성자들을 1초에 수억 번 정면충돌시켜 빅뱅 직후의 고에너지 밀도 상태를 만든 뒤 이로부터 우주가 팽창하면서 입자가 만들어지는 과정을 실험실에서 재현할 계획이다. 만약 힉스입자가 존재한다면 불변질량 스펙트럼에서 힉스봉우리가 나타날 것이고, 그렇지 않다면 봉우리가 발견되지 않을 것이다.

이제 인간은 '왜'라는 질문을 거듭한 끝에 찰나보다 짧은 입자의 존재를 확인할 뿐 아니라 입자의 세세한 특징까지 정확하게 알아낼 수 있는 단계에 이르렀다. 우리는 어쩌면 이미 신의 영역에 한 발 들여 놓았는지도 모른다. 🜨

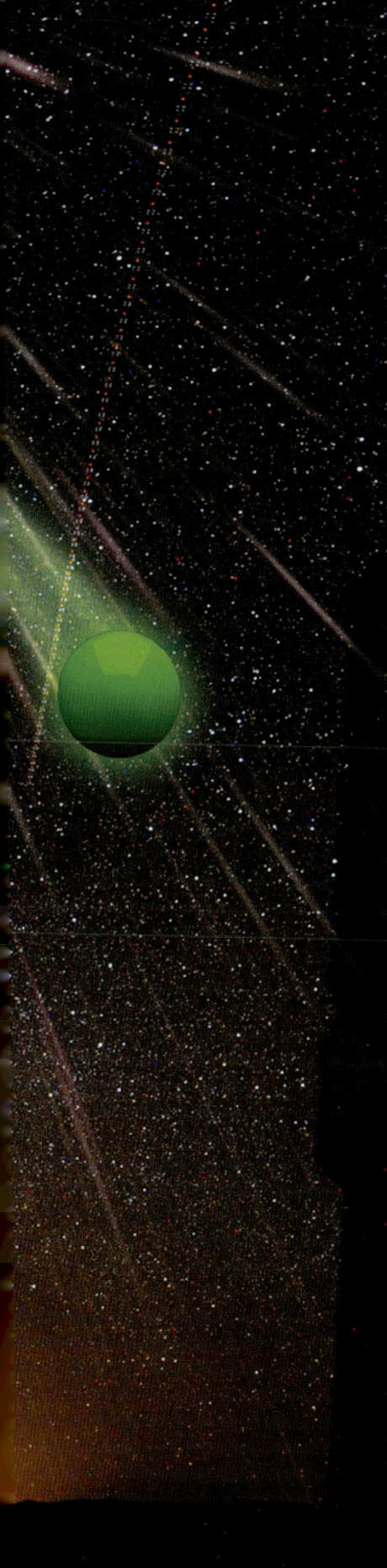

● 4. 반물질 지구 있을까?

음의 에너지

1931년 영국 케임브리지대. 이 대학 교수인 폴 디랙은 1902년생으로 당시 29세에 불과했지만 이미 영국에서 제일가는 이론물리학자였다. 특히 양자역학 분야에서는 전 세계를 통틀어도 그 앞에는 양자역학을 정립하고 불확정성의 원리를 내놓은 독일의 베르너 하이젠베르크 정도만이 있을 뿐이었다.

디랙은 수학에 천재적인 소질을 보였지만 아버지의 뜻에 따라 브리스틀대에서 공학을 전공했는데 경기가 좋지 않아 취직이 되지 않았다. 할 수 없이 학교에 남아 수학과 물리학을 공부했는데 그를 아깝게 여긴 은사들의 도움으로 1923년 케임브리지대에 들어가는 행운을 얻었다. 여기서 디랙은 상대성이론과 당시 막 떠오르던 양자역학을 공부하게 된다.

1925년 하이젠베르크가 행렬역학을 고안해 최초로 양자역학을 수식화하는 데 성공했다. 이듬해 오스트리아의 이론물리학자 에르빈 슈뢰딩거는 양자역학을 '슈뢰딩거 방정식'으로 불리는 파동역학으로 기술했다. 당시 무명의 신참 학자였던 디랙은 '변환이론'을 고안해 이들 두 방정식이 결국 같은 내용을 다르게 표현할 뿐이라는 걸 증명해 일약 스타가 됐다.

그 뒤 디랙은 독자적인 연구를 시작했다. 양자역학에 상대성을 도입한 새로운 방정식을 만들어내는 것. 이렇게 해서 그 유명한 '디랙 방정식'이 탄생했다. 그런데 디랙 방정식에는 치명적인 결함이 있었다. 양(+)의 에너지와 함께 물리적으로 의미가 없는 음(−)의 에너지도 나온다는 것. 디랙은 음의 에너지를 해석하기 위해 고심했고 이런 저런 설명을 제시했지만 그를 라이벌로 생각했던 오스트리아의 이론물리학자 볼프강 파울리 같은 사람들의 강한 반발만을 불러일으켰다.

● 4. 반물질 지구 있을까?

우주선의 이상한 궤적

반물질은 우리 일상생활에서도 쓰이고 있다. 양전자단층촬영(PET)이 대표적인 예로 양전자를 내놓는 방사성 동위원소 시약에서 방출된 양전자가 전자와 만나 소멸되면서 빛(감마선)을 낸다. 이 빛을 분석하면 체내 시약의 분포를 알 수 있어 암 같은 질병을 진단할 수 있다.

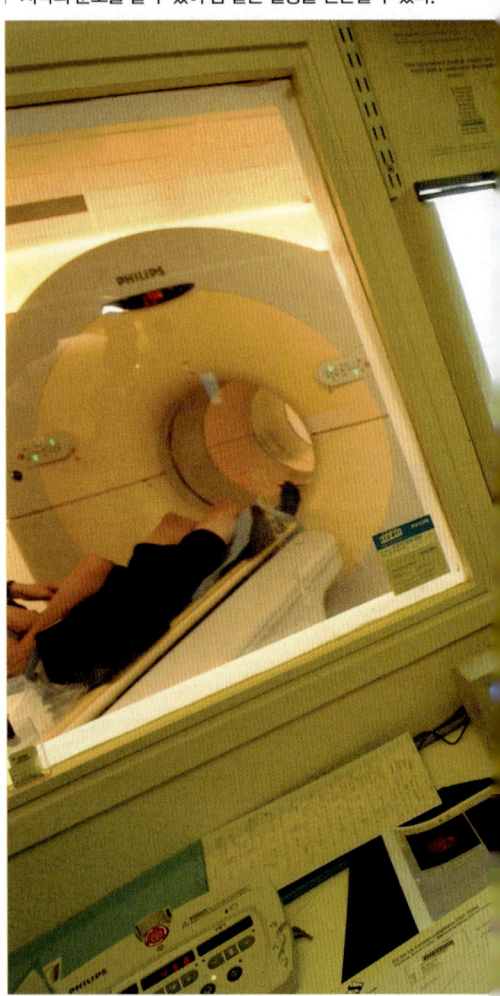

1931년 디랙은 음의 에너지에 해당하는 영역이 전자로 채워져있다고 가정하면 이 문제가 해결된다고 제안했다. 이 전자가 에너지를 흡수해 튀어나가 양의 전자가 되면 빈 자리(구멍)가 생긴다. 이 구멍이 바로 양전자(positron)다. 전자와 양전자는 전하만 반대일 뿐 질량이나 반지름 같은 다른 물리량은 동일하다. 그는 한 걸음 더 나아가 양성자의 짝이 되는 반양성자(antiproton, 음전하)도 존재할 것이라고 추측했다. 지금은 익숙한 용어인 반물질(antimatter)은 이렇게 태어났다. 그러나 정작 디랙 자신도 반전자가 당장 발견되리라고는 생각하지 않은 듯하다.

"우리는 자연에서 반전자를 찾을 수 있다고 기대해서는 안 됩니다. 전자와 만나 바로 사라지기 때문입니다. 하지만 진공에서 실험으로 만들어낼 수 있다면 매우 안정할 수 있고 관찰할 수도 있을 것입니다."

같은 해 11월 미국 캘리포니아공대의 대학원생 칼 앤더슨은 우주선의 궤적을 추적하는 실험을 하고 있었다. 그런데 기존 물리학의 지식으로 설명할 수 없는 데이터가 자꾸 나왔다. 검출기의 자기장 때문에 음전하를 띠는 전자는 특정 방향으로 휘어져야 하는데 정반대로 휘어지는 입자도 검출됐던 것. 그는 세미나 참석차 영국에 가 있던 지도교수 로버트 밀리칸에게 보낸 편지에서 "전자와 양의 입자가 동시에 방출되는 현상이 자주 일어난다"고 썼다.

이 현상은 전자와 질량은 같지만 전하는 반대인 입자가 있다고 해석하면 깔끔하게 설명이 되지만 문제는 그런 입자는 존재하지 않는다고 생각했던 것. 당시 디랙의 이론을 알지 못했던 밀리칸 교수는 만류했지만 추가 실험으로 결과를 재현한 앤더슨은 단독으로 학술지 '사이언스' 1932년 9월 9일자에

1931년 반물질의 존재를 처음 예측한 영국의 이론물리학자 폴 디랙.

미국의 실험물리학자 칼 앤더슨은 1931년 우주선의 궤적을 분석하다 양전자를 처음 찾았다.

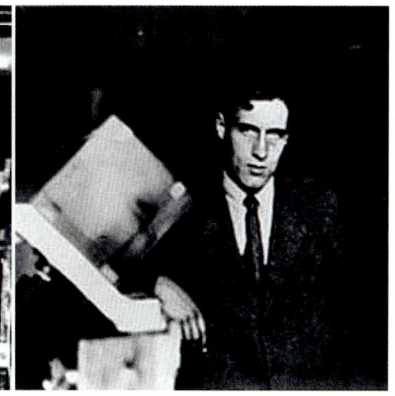

영국의 실험물리학자 패트릭 블래킷도 1932년 우주선의 궤적에서 양전자를 발견했다.

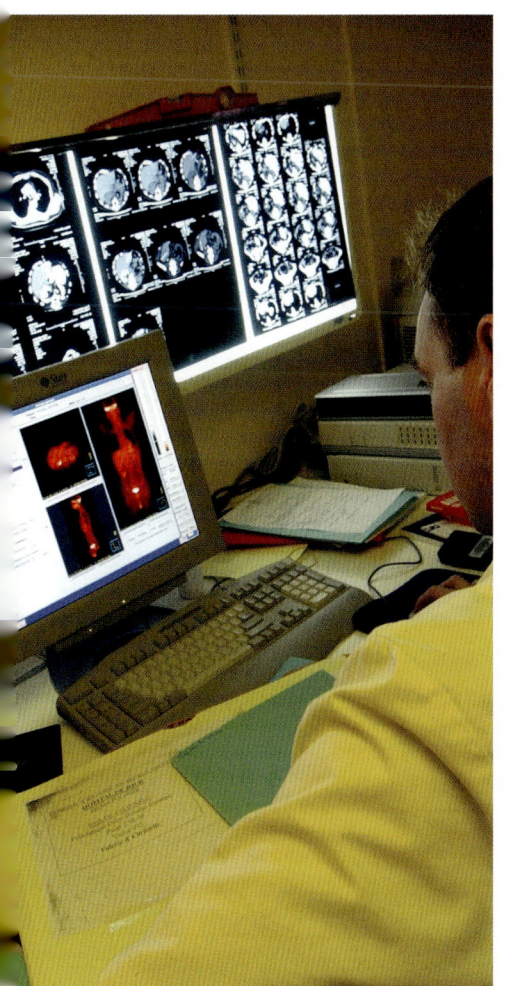

논문을 발표했다. 그러나 '난센스'란 평가를 듣는 게 고작이었다. 1933년 그는 이 입자를 양전자(positron)라고 명명했다.

한편 1931년 영국에 있을 때 밀리칸은 앤더슨의 발견을 잠깐 언급했는데 그 자리에 있었던 케임브리지대의 물리학자 패트릭 블래킷은 흥분을 감출 수 없었다. 그는 디랙의 반물질 이론을 알고 있었기 때문이다. 부랴부랴 우주선 검출장비를 만든 그는 역시 비슷한 패턴을 얻었다. 1932년 가을(아직 앤더슨의 논문을 보지 못한 상태였다) 그는 디랙이 참석한 가운데 자신의 관측 결과를 발표했다.

그러나 대다수 참석자들은 시큰둥한 반응을 보였고 디랙조차 "오, 하지만 양전하 전자(양전자)는 오랫동안 이론으로만 존재했던 것인데…"라며 조심스러운 반응을 보였다. 이론의 주창자조차 이처럼 신중했듯이 반물질의 발견은 물리학의 역사상 가장 믿을 수 없는 순간이라고 할 수 있다. 순수하게 수학적 이론으로 예상한 입자가 실제로 존재했기 때문이다.

디랙은 1933년 슈뢰딩거와 함께 양자역학을 정립한 공로를 인정받아 노벨물리학상을 수상했는데 반물질의 발견도 큰 영향을 미쳤다. 이때 그는 불과 31세였다. 한편 앤더슨은 양전자를 발견한 공로로 1936년 노벨물리학상을 수상했는데 역시 31세였다. 블래킷도 1948년 우주선 연구로 노벨물리학상을 받았다.

그렇다면 우주선에서 어떻게 반전자가 만들어질까. 빠른 속도로 움직이던 우주선 입자가 대기 중의 입자와 부딪치면서 그 충돌 에너지가 전자와 양전자 쌍을 만들어낸다. 따라서 더 큰 운동 에너지를 갖는 두 입자가 부딪칠 경우 질량이 더 큰 입자−반입자 쌍이 만들어질 수 있다.

4. 반물질 지구 있을까?

반수소를 찾아라

반수소 원자 포획 장치

CERN의 알파(ALPHA) 장치에서
반수소 원자를 포획하는 부분이다.
관 양쪽에서 각각 반양성자와 양전자가
들어오면 가운데 전극 내부에서 만나
반수소 원자를 이룬다. 팔중극자 자석은
전극 바로 안쪽에는 강한 자기장을,
가운데는 약한 자기장을 만들어
반수소 원자가 가운데 머무르게 한다.

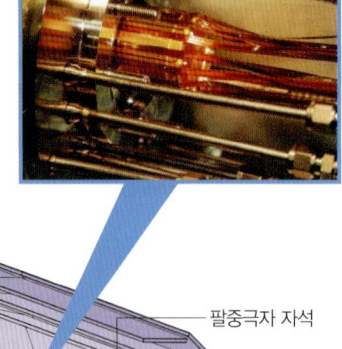

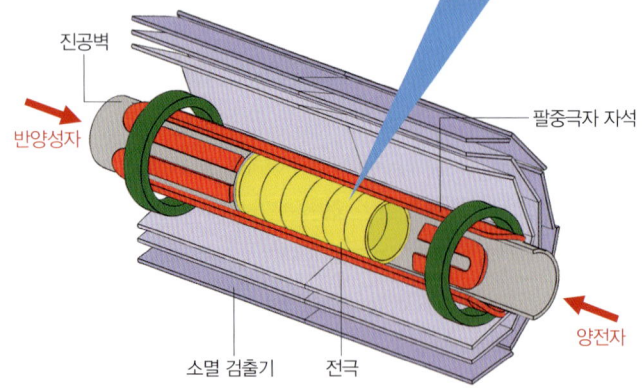

진공벽

반양성자

팔중극자 자석

양전자

소멸 검출기　전극

1955년 미국 로렌스버클리국립연구소(LBNL)에서 마침내 양성자의 반물질인 반양성자가 발견됐고 이듬해 같은 곳에서 반중성자(antineutron)가 발견됐다. 1965년 CERN의 과학자들과 미국 브룩헤이븐국립연구소(BNL)의 과학자들은 각각 중양성자(중수소의 원자핵으로 양성자 하나와 중성자 하나로 이뤄짐)의 반물질인 반중양성자(antideuteron)를 만드는 데 성공했다.

1995년 CERN에서 마침내 처음으로 반물질 원자인 반수소(antihydrogen)가 관측됐다. 반수소는 음전하인 반양성자 주위에 양전하인 양전자가 분포해 있는 구조다. 2002년 CERN은 반수소 원자 수천 개를 한꺼번에 만들어 내기도 했다.

2010년에는 BNL의 중이온가속기에서 금원자핵을 충돌시켜 초입자원자핵의 하나인 초삼중양성자(양성자, 중성자, 람다입자로 이뤄짐)의 반물

1931
영국 케임브리지대 폴 디랙,
반물질의 존재를 예측

1932
미국 캘리포니아공대
칼 앤더슨, 우주선에서
양전자 발견('사이언스'에 발표)

1955
미국 로렌스버클리국립연구소
(LBNL) 과학자들,
반양성자 발견

1956
LBNL 과학자들,
반중성자 발견

1965
유럽입자물리연구소(CERN) 과학자들과
미국 브룩헤이븐국립연구소(BNL) 과학자들,
각각 반중양성자 발견

e^+ 　　　$\bar{p}$ 　　　$\bar{n}$ 　　　$\bar{d}$

질인 반초삼중양성자(antihypertriton)를 발견하는 데 성공했다. 이 연구를 진행한 국제연구그룹 '스타(STAR)'에는 부산대 물리학과 유인권 교수팀과 이창환 교수팀이 포함돼 있다(자세한 내용은 과학동아 2010년 4월호 '빅뱅 직후 우주에는 쿼크가 흘렀다' 참조).

'네이처' 2011년 5월 19일자에는 스타 그룹이 헬륨원자핵(알파입자)의 반물질인 반알파입자(anti-α particle)를 발견했다는 연구결과가 실렸다. 반양성자 2개, 반중성자 2개로 이뤄진 원자핵이다. 이 연구에 참여한 유인권 교수는 "반알파입자가 만들어질 확률이 매우 낮음에도 불구하고, 이들이 생성되어 검출기에 직접 그 궤적을 남겼다는 일은 대단히 주목할 만한 일이다"라며 "당분간 이보다 더 무거우면서 방사성 붕괴로부터 안정한 반물질이 만들어지기는 힘들 것"이라고 말했다.

이처럼 다양한 반물질의 존재가 확인되고 PET(양전자단층촬영)처럼 일상에서도 반물질이 쓰이지만 반물질의 정확한 특성은 아직 제대로 알지 못한다. 반물질을 만들기는 어렵지 않아도 그 특성을 측정할 시간 동안 반물질을 '살려놓을 수' 없기 때문이다. 물질로 이뤄진 우리 세상에서 반물질은 생긴 지 얼마 되지 않아 물질과 충돌해 빛을 내고 사라진다.

예를 들어 CERN에서 만든 반수소는 불과 수 밀리초만에 (물질로 이뤄진) 주변 벽에 부딪쳐 사라진다. 따라서 반양성자 주위에 분포한 양전자의 특성을 조사해 물질인 수소와 다른 점이 있는지 실험해 볼 엄두를 내지 못했다. 그런데 '네이처 피직스' 2011년 6월호에는 자기장을 이용해 생성된 반수소를 용기 가운데 모아두는 데 성공했다는 연구 결과가 실렸다. 반수소의 수명은 1000초로 일상의 기준으로는 짧은 순간이지만 입자물리학에서는 엄청나게 긴 시간이다.

연구자들은 용기의 외벽에 자석을 교묘하게 배치해 용기 벽 근처는 자기장을 강하게 하고 가운데는 약하게 해 반수소 원자가 가운데에 모이게 했다. 이런 식으로 반수소 원자의 개수를 늘이고 수명을 충분히 길게 유지하면 이들이 물질인 수소와 똑같이 중력의 작용을 받는지, 전자기장의 효과는 어떻게 나오는지, 반수소원자의 스펙트럼이 수소원자의 스펙트럼과 같은지 다른지 등 다양한 실험을 진행할 수 있다. 반물질의 존재를 찾는 연구에서 반물질의 특성을 규명하는 쪽으로 연구가 한 단계 업그레이드되는 셈이다. 유인권 교수는 "우리는 물질로 이뤄진 세상에 살고 있지만 사실 빅뱅 초기 생성되는 물질-반물질 쌍에서 왜 물질만 살아남아 지금의 우주를 이루고 있는지는 여전히 미스터리"라며 이런 연구가 그 해답을 주기를 기대했다.

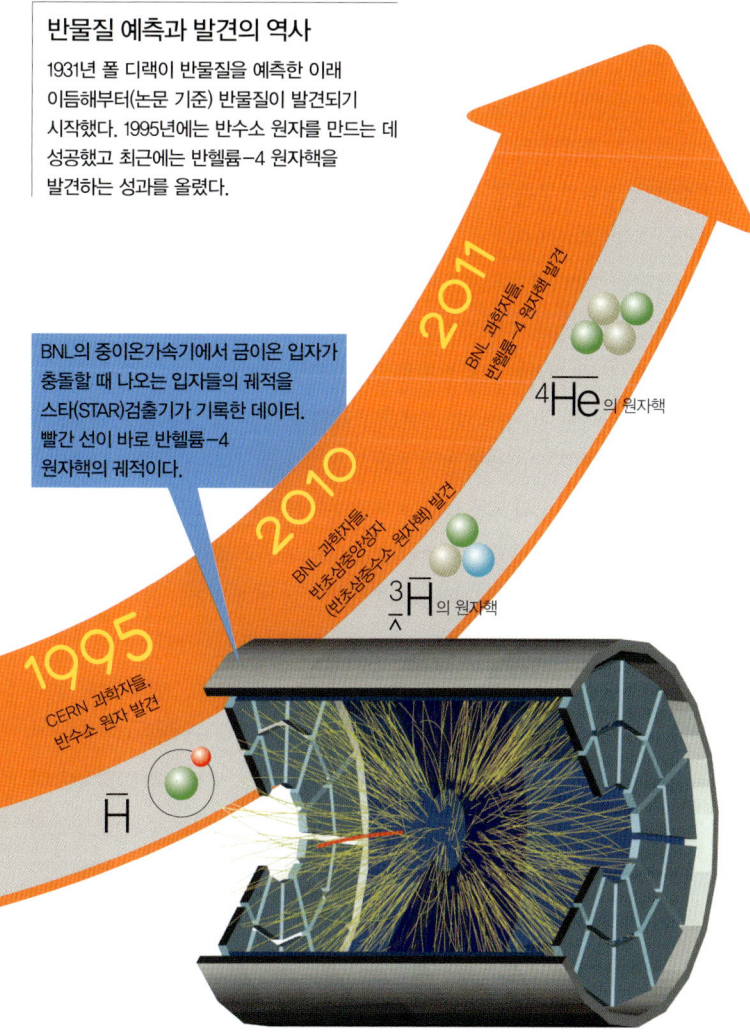

반물질 예측과 발견의 역사

1931년 폴 디랙이 반물질을 예측한 이래 이듬해부터(논문 기준) 반물질이 발견되기 시작했다. 1995년에는 반수소 원자를 만드는 데 성공했고 최근에는 반헬륨-4 원자핵을 발견하는 성과를 올렸다.

BNL의 중이온가속기에서 금이온 입자가 충돌할 때 나오는 입자들의 궤적을 스타(STAR)검출기가 기록한 데이터. 빨간 선이 바로 반헬륨-4 원자핵의 궤적이다.

2011 BNL 과학자들, 반헬륨-4 원자핵 발견
4He의 원자핵

2010 BNL 과학자들, 반초삼중양성자 (반초삼중수소 원자핵) 발견
3H의 원자핵

1995 CERN 과학자들, 반수소 원자 발견
H

1974 옛 소련의 과학자들, 반삼중양성자 (반삼중수소 원자핵) 발견
3H의 원자핵

1970 옛 소련의 과학자들, 반헬륨-3 원자핵 발견
3He의 원자핵

● 4. 반물질 지구 있을까?

반물질 지구는 언제

"우리가 어떤 발견을 하게 될지 누가 알겠습니까?"

소립자인 프사이입자를 발견해 쿼크 이론의 확립에 도움을 준 공로로 1976년 노벨물리학상을 수상한 미국 MIT의 사무엘 팅 교수는 우주관에서는 비주류다. 물리학자 대다수는 우주가 물질로 이루어져 있다고 생각하고 있지만 팅 교수는 우주 어딘가에 반물질로 이뤄진 별이나 은하가 존재할 수도 있다고 믿기 때문이다.

실제로 그렇다면 우리는 '왜 반물질은 사라지고 물질만 남았는가'에 대해 고민할 필요가 없다. 대신 '어떻게 물질과 반물질이 분리돼 각자의 천체를 이루며 존재하는가'라는 역시 만만치 않은 의문이 생기지만.

놀랍게도 팅 교수는 이런 궁금증을 관측을 통해 확인해보려는 거대 프로젝트(16개 나라, 600여 명의 과학자가 참여)를 지휘하고 있다. 무려 20억 달러(약 2조 원)가 드는 이 프로젝트의 핵심은 AMS-02(Alpha Magnetic Spectrometer, 알파자기분광계)라는 분석장비를 국제우주정거장에 설치하는 일이다. 17년의 준비 끝에(프로젝트가 중단될 뻔한 위기도 있었다) 미국의 우주왕복선 인데버호가 AMS-02를 싣고 2011년 5월 발사됐다.

우주공간에서는 대기가 없기 때문에 우주선 입자를 고스란히 검출할 수 있다. AMS-02는 전하를 띤 우주선을 검출할 수 있는데 이 가운데는 물질 뿐 아니라 반물질도 많이 포함돼 있을 것이고 그 가운데는 저 멀리 반물질로 이뤄진 별과 은하에서 온 다양한 원자핵들도 검출될 수 있다는 것. 만일 반헬륨 원자핵뿐 아니라 반탄소원자핵, 반산소원자핵도 발견된다면 정말 우주 어딘가에는 반물질로 이뤄진 별과 은하가 존재할지도 모른다.

물론 이 프로젝트에 대해 "쓸데없는 데 돈을 쓴다"며 마땅치 않게 생각하

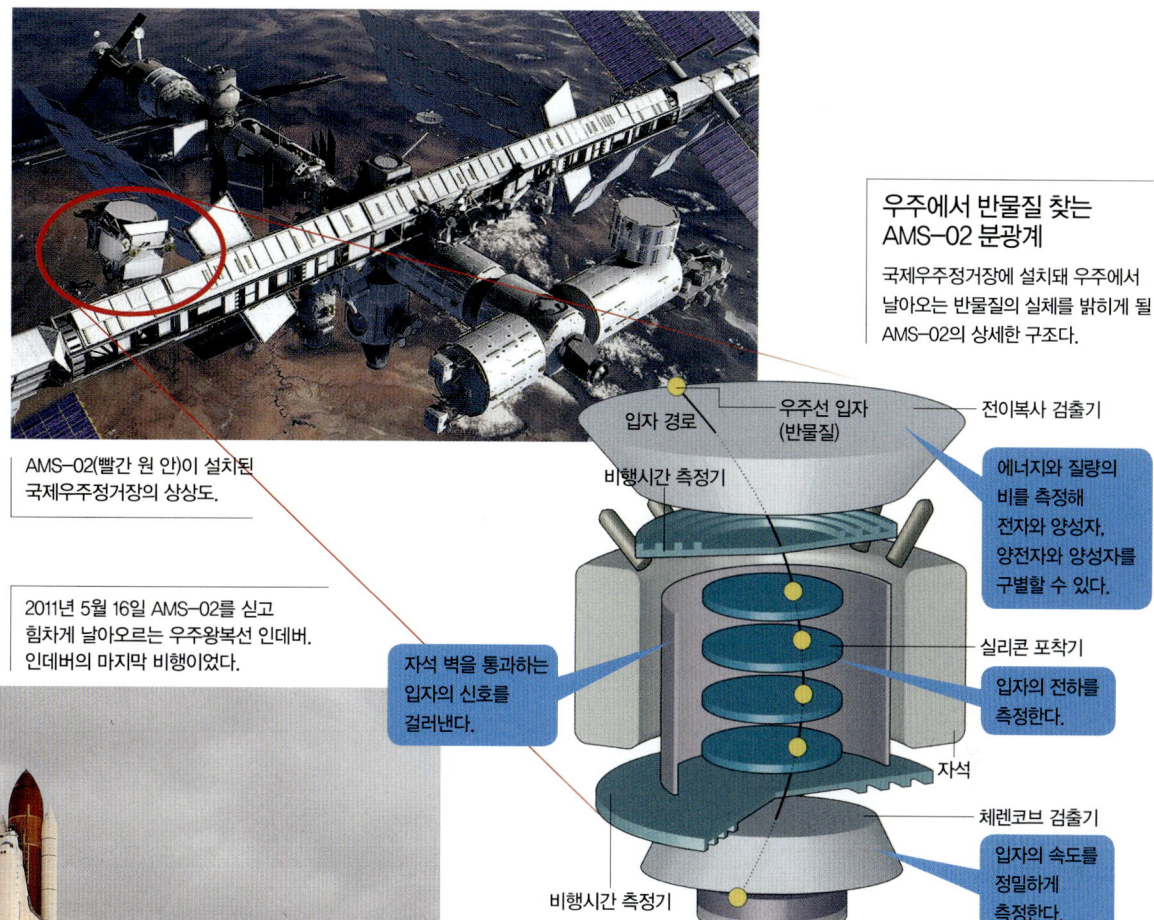

우주에서 반물질 찾는 AMS-02 분광계

국제우주정거장에 설치돼 우주에서 날아오는 반물질의 실체를 밝히게 될 AMS-02의 상세한 구조다.

AMS-02(빨간 원 안)이 설치된 국제우주정거장의 상상도.

2011년 5월 16일 AMS-02를 싣고 힘차게 날아오르는 우주왕복선 인데버. 인데버의 마지막 비행이었다.

입자 경로
우주선 입자 (반물질)
비행시간 측정기
전이복사 검출기

에너지와 질량의 비를 측정해 전자와 양성자, 양전자와 양성자를 구별할 수 있다.

자석 벽을 통과하는 입자의 신호를 걸러낸다.

실리콘 포착기

입자의 전하를 측정한다.

자석

체렌코브 검출기

입자의 속도를 정밀하게 측정한다.

비행시간 측정기

는 과학자들도 많다고 한다. 이 정도 실험이라면 검출기를 실은 기구를 띄워서도 충분히 할 수 있다는 것.

그러나 AMS는 지금까지 우주공간에 나가는 입자검출기 가운데 가장 정교한 장비다. 내부에는 지구 자기장의 3000배에 이르는 자기장이 형성돼 입자의 이동궤적을 크게 휘게 할 수 있어 빠른 속도로 지나가는 우주선 입자의 실체를 정확하게 규명할 수 있다. 폴 디랙은 1933년 노벨물리학상 수상연설에서 우주 어딘가에는 반물질로 이뤄진 세상이 있을지도 모른다고 말했다. 그 뒤 주류 물리학은 우주가 물질로 이뤄져 있다고 가정했으므로 디랙의 코멘트는 기억의 저편으로 사라졌다. 그런데 어쩌면 디랙의 이 말이 그의 또 다른 예언으로 부활하지 않을까.

"지구(그리고 아마도 태양계 전체)가 주로 음전하인 전자와 양전하인 양성자로 이뤄져 있다는 걸 우연으로 생각해야 할 것입니다. 주로 양전자와 음전하 양성자(반양성자)로 이뤄진 다른 별들이 있을 가능성도 있으니까요. 사실 별들이 절반씩 각각의 종류로 이뤄져 있을지도 모릅니다." 🔲

● 지상 최대의 입자 쇼

앨리스의 이상한 나라

앨리스는 납 원자핵을 충돌시켜
쿼크-글루온 플라즈마를 만들 수 있다.

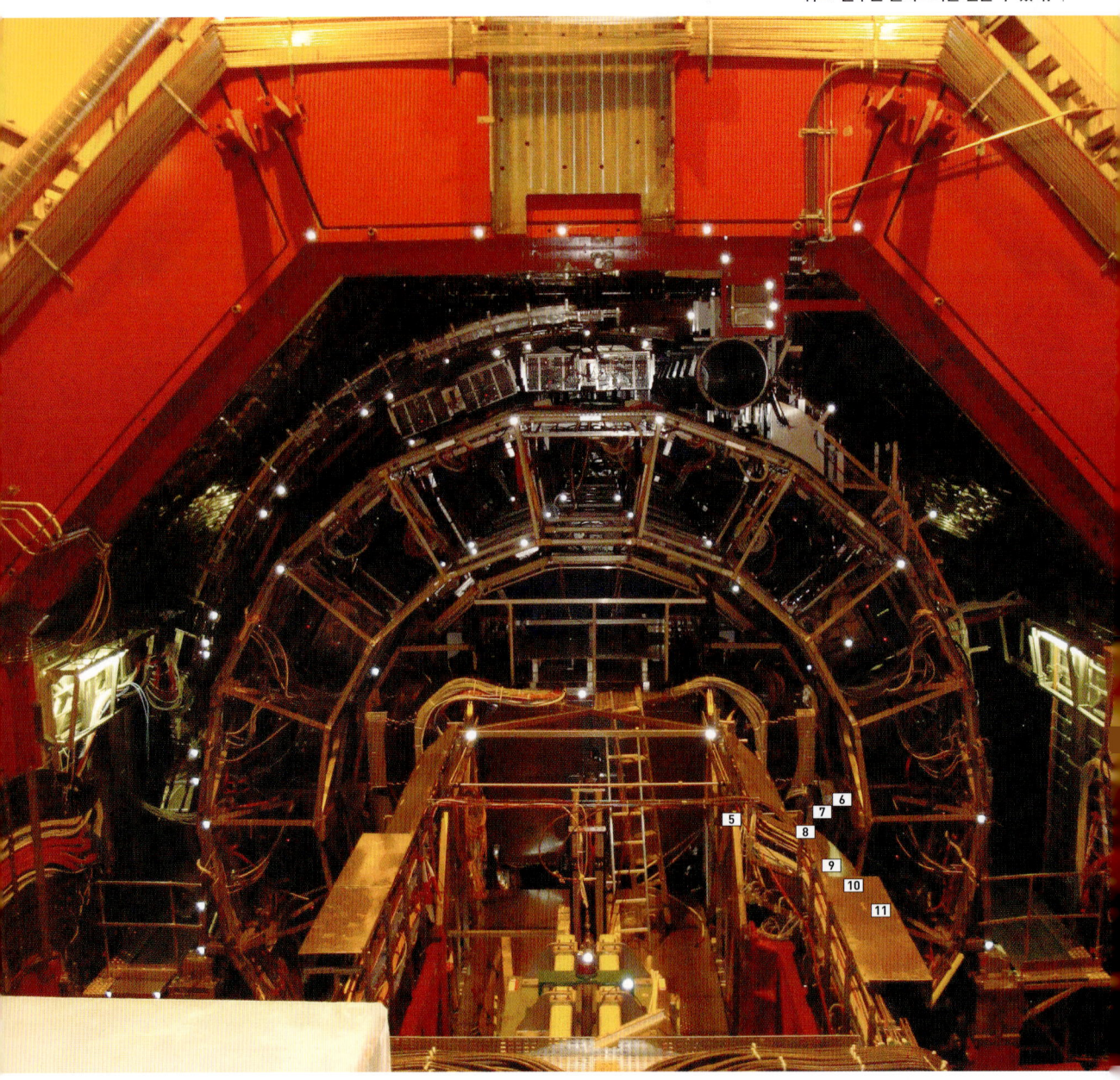

좀 이상한 나라가 있다. 여기 '주민'들에게는 사칙연산의 덧셈 법칙이 적용되지 않는다. 가령 1+2=62.7이라는 셈을 한다. '몸이 멀어지면 마음도 멀어진다'는 말도 이곳에서는 통하질 않는다. 거리가 멀어질수록 서로를 원하는 힘은 오히려 더 강해진다. 물리학자들은 이곳을 '앨리스의 이상한 나라'라 부른다.

사실 '앨리스'는 거대강입자가속기(LHC)의 검출기 중 하나다. 앨리스(ALICE, A Large Ion Collider Experiment)는 길이 26m, 높이와 폭이 각각 16m로 무게만 1만t에 이르는 거대한 기기다. 앨리스에서는 납 원자핵을 빛 속도의 99%로 가속시킨 뒤 충돌시켜 태양 중심보다 10만 배나 뜨거운 상태를 만든다. 현재 29개국 86개 기관에서 1000여 명의 연구자가 참여하고 있으며 국내에서도 강릉대, 부산대, 세종대, 연세대 연구진이 참여하고 있다.

앨리스가 '이상한 나라'가 된 이유는 쿼크와 글루온이라는 입자 때문이다. 지구의 모든 물질은 산소, 질소, 철 같은 원자로 이뤄져 있다. 원자 중심에는 원자핵(양성자와 중성자로 구성)이 있고 그 주위를 전자가 도는데, 원자 질량의 99.9%는 원자핵이 차지한다. 양성자와 중성자는 쿼크 3개로 이뤄진다. 덧셈 법칙에 따르면 쿼크의 질량을 더하면 양성자나 중성자의 질량이 나와야 한다. 그런데 지금까지 연구 결과로는 쿼크가 양성자(또는 중성자) 질량의 약 200분의 1에 불과하다. 쿼크 3개를 더해도 양성자(또는 중성자) 질량에 턱없이 부족한 셈이다. 왜 그럴까.

쿼크들 사이를 묶어주는 힘을 강력이라고 부른다. 강력은 글루온이라는 입자를 주고받는 과정에서 전달된다. 결국 물질의 질량은 쿼크와 글루온의 상호작용으로 만들어지는 셈이다.

문제는 쿼크와 글루온이 양성자와 중성자 안에 갇혀 산다는 것. 게다가 이들은 상식과 달리 거리가 멀수록 서로 당기는 힘이 커진다. 이 때문에 양성자나 중성자 안에 있는 쿼크를 떼어내기가 매우 힘들다.

어떻게 하면 이들을 양성자와 중성자 밖으로 끌어낼 수 있을까. 서로의 거리를 가깝게 만들어 당기는 힘을 약하게 만드는 방법이 현재로선 유일하다. 앨리스에서 납 원자핵을 빠른 속도로 충돌시키면 그 순간 쿼크들 사이의 거리가 가까워지고 서로 당기는 힘이 작아져 양성자나 중성자의 속박에서 벗어나 자유롭게 돌아다닐 수 있다. 이 상태를 쿼크-글루온 플라스마라고 부른다.

물리학자들이 쿼크-글루온 플라스마를 만드는 이유 중의 하나는 질량의 근원을 찾기 위해서다. 쿼크-글루온 플라스마는 온도가 내려가거나 밀도가 낮아지면 쿼크들이 다시 뭉쳐 양성자나 중성자를 만든다. 앨리스 실험에서 이 과정을 포착한다면 지구 질량의 99.9%를 차지하는 양성자와 중성자, 나아가 모든 물질의 질량 근원을 설명하는 새로운 단서를 찾을 수 있다.

앨리스 실험에서 구현하려는, 태양 중심보다 10만 배나 높은 온도는 바로 빅뱅 직후 100만분의 1초가 경과한 초기 우주(약 137억 년 전)의 온도와 같다. 빅뱅 직후 초기 우주에서도 쿼크-글루온 플라스마가 만들어진 셈이다. 이 때문에 앨리스 실험을 '미니 빅뱅'이라고 부르기도 한다. 앨리스 실험에서 쿼크-글루온 플라스마에 대한 의문이 풀리면 초기 우주에 관한 미스터리도 함께 해결된다.

쿼크-글루온 플라스마 연구를 통하여 블랙홀 형성 과정에 관한 단서도 잡을 수 있다. 은하 내부에는 중성자별이라는 밀도가 아주 높은 별이 있다. 중성자별의 질량은 태양의 2배에 이르지만 반지름은 10여km밖에 안돼 별 전체가 하나의 거대한 원자핵이다. 만약 중성자별 두 개가 충돌한다면 어떻게 될까. 우주에서 거대한 입자들의 충돌 실험이 일어나는 셈이다.

중성자별이 충돌하면 궁극적으로 하나가 되어 블랙홀이 만들어지지만, 이 과정에서 별 내부에 일시적으로 쿼크-글루온 플라스마가 만들어질 수 있다. 앨리스 실험에서 형성되는 쿼크-글루온 플라즈마가 중성자별 충돌에 의한 블랙홀 형성에 단서를 제공할 수 있는 것이다. 쿼크-글루온 플라스마는 대기 중에서도 만들어 질 수 있다.

지금 이 시각에도 우주에서는 무수히 많은 입자들이 지구를 향해 날아오고 있다. 이 입자들을 우주선(cosmic ray)이라 부르는데, 대표적인 입자가 양성자다. 양성자 중에는 빛 속도의 99.99%로 지구를 향해 돌진하는 녀석들도 있다. 이들이 지구 대기에 있는 원자핵과 충돌하면 앨리스 실험에서 입자를 충돌시키는 실험과 같은 현상이 나타난다. 하늘에서는 쿼크-글루온 플라스마가 형성됐다 사라지기를 반복하고 있는 셈이다.

현재 거대 강입자 가속기에서는 양성자 충돌 실험이 진행되고 있는데, 2012년에는 납 원자핵을 이용한 충돌 실험이 진행될 예정이다. 물리학자들은 '앨리스의 이상한 나라'를 '여행'한다는 생각에 흥분을 감추지 못하고 있다. 빅뱅 이후 초기 우주를 들여다보고 블랙홀의 비밀도 파헤칠 앨리스의 활약을 기대해보자. ◪

● 지상 최대의 입자 쇼

CP대칭성 깨짐과 입자 '맛'의 비밀

세상에서 가장 비싼 물질은 뭘까. 보석을 좋아하는 사람이라면 다이아몬드라고 말할 테지만 다이아몬드가 비싼 이유는 원석 자체의 값보다는 세공비가 비싸기 때문이다.

현재 세상에서 가장 비싼 물질은 '반물질'이다. 1995년 CERN에서 수소의 반물질인 '반수소'를 처음으로 만드는 데 성공했을 때 들어간 비용을 계산해 보니 반수소 10억분의 1g을 만드는 데 수조 원이 넘었다고 한다.

현재 우주는 정체를 전혀 알 수 없는 암흑에너지가 72%, 암흑물질이 23%를 차지하고 있다. 우리에게 친숙한 원자, 분자 등으로 구성된 보통 물질로 이뤄진 부분은 전체 우주의 4.6%에 불과하다. 암흑에너지의 정체에 관해서는 알려진 사실이 거의 없으며 이에 관한 실험도 거의 이뤄지지 않고 있다. 그나마 암흑물질은 상황이 조금 나아 새로운 입자 몇 개가 암흑물질 후보로 거론되고 있고(초대칭입자도 그 중 하나다) 이를 찾는 실험도 세계 곳곳에서 이뤄지고 있다.

문제는 우리가 알고 있다고 생각하는 우주의 4.6%마저도 제대로 모른다는 점이다. 초기 우주의 형성과정을 설명하는 빅뱅 이론에 따르면 우주 초기, 물질이 나타나던 시기에는 물질과 반물질의 양이 균형을 이루고 있었다.

그런데 지금까지 관측 결과를 보면 우주의 4.6% 대부분이 반물질이 아닌 물질로 이뤄져 있다. 주위를 둘러봐도 모든 물체는 양성자, 중성자, 전자가 결합한 원자나, 원자들이 다시 결합한 분자로 구성된다. 이들의 반입자인 반양성자, 반중성자, 양전자는 찾아보기 힘들다. 물리학자들은 현재 우주에서 반물질의 양은 물질의 100억분의 1 정도에 불과하다고 추정한다. 우주 초기에 만들어진 반물질들은 전부 어디로 갔을까.

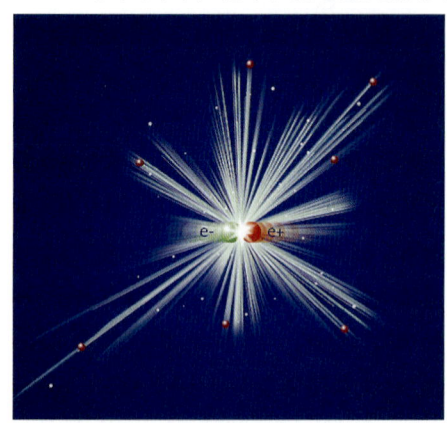

우주 생성 당시 물질과 반물질은 같은 수만큼 있었지만 반물질이 먼저 소멸하거나 수가 극히 적어 지금 우주에는 물질만 남았다.

이에 대해 옛소련의 핵물리학자인 안드레이 사하로프는 1967년 중요한 논문을 발표했다. 그는 핵무기 개발 연구에서 손을 뗀 뒤 옛 소련의 핵무기 개발과 인권 탄압에 저항하는 반체제 인권운동가로 활동하며 1975년 노벨 평화상을 수상한 인물로 유명하다.

하지만 물리학자들은 그의 1967년 논문 한 편을 노벨 평화상 못지않은 중요한 업적으로 평가한다. 그는 이 논문에서 우주 생성 당시 물질과 반물질이 같은 양으로 만들어졌더라도 몇 가지 조건만 맞으면 점차 반물질이 없어지고 물질만 남을 수 있다는 가능성을 제시했다.

LHCb에 쓰이는 실험장치가 설치된 모습.

그 조건 중 하나가 'CP대칭성 깨짐'이다. 결국 CP대칭성 깨짐이라는 현상을 이해하는 일은 우리 우주의 4.6%라도 제대로 파악하기 위해서 반드시 필요한 조건이다. CP대칭성 깨짐은 1964년 실험에서 처음 관측됐으며 LHC 실험의 주요 임무 중 하나도 바로 CP대칭성 깨짐을 증명할 유력한 단서를 찾는 일이다.

LHC 실험에서는 막대한 양의 입자가 생성되고 붕괴된다. 이 과정에서 CP대칭성 깨짐 문제를 해결할 수 있는 반응이 나타날 가능성이 크다. LHC 입자충돌기를 사용하는 4개의 주요실험 중에서도 LHCb는 CP대칭성 깨짐 문제를 연구하는 데 가장 유력한 단서를 제공할 것으로 예상되는 b쿼크를 집중적으로 찾기 위해 수행하는 실험이다. 실험 이름에 LHC 뒤에 b가 붙은 이유는 '바닥'(bottom)을 뜻하는 b쿼크를 연구하기 때문이다.

한편 CP대칭성 깨짐과 함께 LHCb 실험의 중요한 주제가 하나 더 있다. 입자의 '맛'(flavor)을 찾는 일이다. 사실 '맛'이란 단어는 쿼크 이론을 처음 제안한 미국 캘리포니아공대 머레이 겔만 교수와 그의 제자가 더운 어느 날 학교 인근의 베스킨라빈스 아이스크림 가게 앞을 지나다가 아이디어를 얻어 쓰기 시작했다.

현재 입자물리학의 표준모형에서는 우주의 모든 물질이 6종류(flavor)의 쿼크와 6종류의 경입자로 구성된다고 설명한다. 신기한 사실은 쿼크와 렙톤이 왜 하필 똑같이 6가지 '맛'으로 이뤄졌느냐는 점이다. 이 '맛'이 일정한 구조를 갖는다는 사실은 알아냈지만 왜 그런지 원인은 전혀 모른다.

물리학자들은 LHCb 실험으로 그 원인에 한 발짝 다가갈 수 있길 기대한다. 마치 멘델레예프가 주기율표에서 원소의 주기성을 발견했지만 주기성이 생기는 이유는 수십 년이 지나 양자역학이 완성되고 원자 구조를 이해한 뒤 설명할 수 있었던 것처럼 말이다. LHCb 실험에서 양자역학의 발견 같은 물리학의 혁명적인 발전을 이루는 계기가 마련될지도 모른다.

한편 1999년부터 2010년까지 가동된 일본 고에너지가속기연구소(KEK)의 '벨'(Belle) 실험과 1999년부터 2008년까지 가동된 미국 스탠포드 SLAC 연구소의 '바바'(BaBar) 실험도 CP대칭성과 기본입자의 '맛'에 관한 연구를 주요 목표로 진행한 실험들이다. 이 실험들에서 얻은 세계 최대의 b쿼크에 관한 실험 자료는 아직도 분석 작업이 진행 중이고 새로운 물리결과들이 속속 진행 중일 정도로 방대하다. 그리고 최근 KEK에서는 LHC 실험에서 얻어질 새로운 물리 결과들이 CP대칭성과 '맛' 문제 해결에 중요한 단서를 제공할 가능성에 대비해 성능을 100배가량 개선한 '벨Ⅱ'(Belle-Ⅱ) 실험을 준비 중이다. 또한 이탈리아에서도 '슈퍼 B-팩토리'라는 이름으로 이와 비슷한 실험을 계획 중이다.

우주의 반물질들이 모두 어디로 사라졌는지, 그 미스터리가 풀릴 시간이 점점 가까워지고 있다. 🔬

'블랙홀 공장' 짓는다

2008년 3월 미국 하와이주 수도인 호놀룰루 법원에는 이색 소송이 제기됐다. 물리학과 법학을 전공한 전직 공무원인 하와이의 월터 와그너와 스스로를 작가이자 시간이론 연구자라고 밝힌 스페인의 루이스 산초가 CERN을 상대로 LHC 실험을 당장 중지하라고 요구한 것. 이들은 LHC 실험에서 고에너지 입자가 충돌하면 조그만 블랙홀이 만들어질 것이며 결국 지구가 몽땅 그 속으로 빠져들어 멸망할 것이라고 주장했다. 과연 그럴까.

18세기 말 영국의 자연철학자 존 미첼은 뉴턴의 중력이론을 토대로 '너무 밀도가 높은 나머지 빛조차 빠져나올 수 없는 물체', 즉 블랙홀이 우주에 존재할 수 있다고 생각했다. 프랑스 수학자 라플라스도 같은 아이디어를 그의 유명한 역학 교과서에 실었다.

20세기에 들어와 블랙홀은 더욱 각광받았다. 아인슈타인의 일반 상대성이론에서 중력장 방정식이 실제로 블랙홀이 존재할 수 있음을 의미한다는 사실을 칼 슈바르츠실트를 비롯한 천체물리학자들이 밝혔기 때문이다. 그 뒤 천문학자들은 이미 발견된 100여 개 이상의 천체가 블랙홀이라는 증거를 포착했으며 거대한 블랙홀이 우리 은하 중심을 비롯해 우주 곳곳에 흩어져 있다는 사실을 알아냈다.

미국의 이론물리학자 킵 쏜에 따르면 블랙홀을 만들기 위해서는 다음의 과정이 필요하다. 일단 질량 혹은 에너지를 모은다. 그리고 그 에너지에 해당하는 블랙홀 크기인 슈바르츠실트 반지름을 갖는 반지모양 고리를 상상한다. 만약 그 고리로 둘러싸인 공간 속에 전체 에너지가 고스란히 들어갈 수 있으면 블랙홀이 만들어진다. 간단히 말해 큰 에너지를 작은 공간에 모으면 블랙홀이 생긴다.

물리학자들은 LHC 실험에서 이런 상황이 생길 수 있음을 눈치챘다. LHC 실험에서는 양성자가 각각 7TeV(테라전자볼트, 1TeV=10^{12}eV)의 에너지로 가속된 뒤 충돌한다. 충돌할 때 최대에너지가 14TeV나 되는 셈이다. 이때 양성자를 이루고 있는 쿼크들과 이들을 묶어주는 글루온 입자들도 함께 충돌하는데, 만약 두 입자가 충돌하는 순간 입자 사이의 거리가 슈바르츠실트 반지름보다 작으면 블랙홀이 생긴다. 어마어마하게 큰 에너지를 가진 입자들이 순간적으로 어마어마하게 작은 공간에 갇히기 때문이다.

그렇다면 LHC 실험에서 블랙홀이 얼마나 많이 만들어질까. 이 질문은 사실 양성자보다 크기가 작은 초미시세계에서 중력이 어떤 역할을 하느냐에 달렸다. 만약 초미시세계에서 중력이 거시세계와 정확히 동일한 역할을 한다면 LHC에서 블랙홀이 만들어질 가능성은 매우 낮다.

실제로 양성자와 비교하면 엄청나게 큰 길이인 1cm부터 지구와 태양 사이의 거리인 1AU(천문단위, 1AU=1억 5000만 km)까지 거시세계에서 실험과 관측으로 알아낸 내용에 따르면 중력이 강해지는 에너지 대역은 소위 플랑크에너지로 불리는

10^{19}GeV(기가전자볼트, 1GeV=10^9eV)에 이른다. 이는 LHC에서 도달할 수 있는 에너지보다 약 10^{16}배나 많다. 따라서 중력은 LHC에서 무시할 수 있을 정도로 작은 영향만 미친다.

하지만 초미시세계에서 중력의 역할이 미미하다고 가정하는 초끈이론은 매우 흥미로운 가능성을 제시한다. 초끈이론에 따르면 우리가 살고 있는 우주는 실제로 11차원 또는 10차원이며 따라서 6개 혹은 7개의 '여분의 차원'(extra dimension)이 존재한다.

1990년대 중반 이와 관련해 흥미로운 사실이 밝혀졌다. 초끈이론에서 중력은 시공간의 기하학을 결정지으며 어느 방향으로나 전파되지만 자연계의 다른 힘들, 즉 전자기력, 약한 핵력 그리고 강한 핵력은 여분의 차원 방향으로 전파되지 못하고 부분 공간인 3차원 '막우주'로만 전파되는 상황이 생길 수 있다는 것.

빛은 3차원으로만 퍼져나가는데 중력은 11차원으로 퍼져나가는 모습을 상상해보라. 만약 중력이 새나갈 수 있는 여분의 차원이 충분히 넓다면 중력은 전자기력에 비해 매우 약해질 수밖에 없다.

1990년대 말 물리학자들은 이런 아이디어가

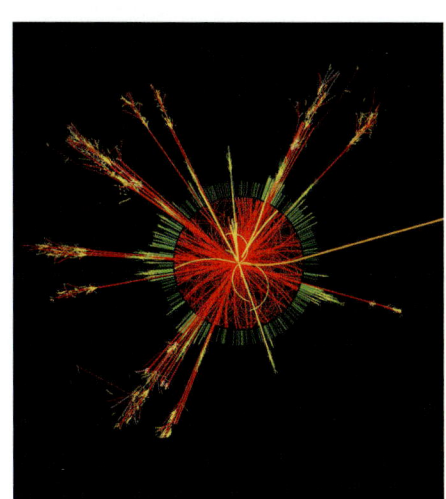

ATLAS 검출기에서 양성자가 충돌할 때 미니 블랙홀이 생성된 뒤 호킹 복사 과정을 거치며 순식간에 다양한 입자로 붕괴되는 장면을 시뮬레이션했다.

양성자끼리 충돌하면서 미니 블랙홀이 만들어지는 모습을 관측하는 ATLAS 검출기.

실제로 '왜 중력은 다른 힘에 비해 터무니없이 약한가?'라는 의문에 답을 줄 수 있다는 사실을 발견했다. 그리고 만약 여분의 차원이 존재한다면, 또 그것이 관측된 중력 세기를 설명할 수 있을 정도로 크다면, LHC의 고에너지 입자 충돌 과정에서 강한 중력 효과가 발생할 것이며 그 결과 블랙홀이 생길 확률도 매우 높아진다. LHC가 '블랙홀 공장'이 될 수 있다는 이야기다.

호놀룰루의 소송 사건이 있기 수년 전부터 물리학자들은 LHC에서 '미니 블랙홀'의 물리학적 성질을 연구했다. 미니 블랙홀은 매우 뜨겁고 수명은 10^{-23}초보다 짧아 눈 깜짝할 사이에 붕괴돼 사라진다. 와그너와 산초의 걱정과는 달리 LHC에서 관측할 현상은 지구의 붕괴 대신 빠르게 붕괴하는 블랙홀이 내놓는 빛과 에너지이며, 이는 LHC에서 고스란히 인류에게 다가올 것이다. 앞으로 인류를 흥분시킬 물리학 발견의 순간을 기다려보자. ▨

[Ⅲ] 은하

1. 은하는 우주의 세포

2. 은하의 탄생

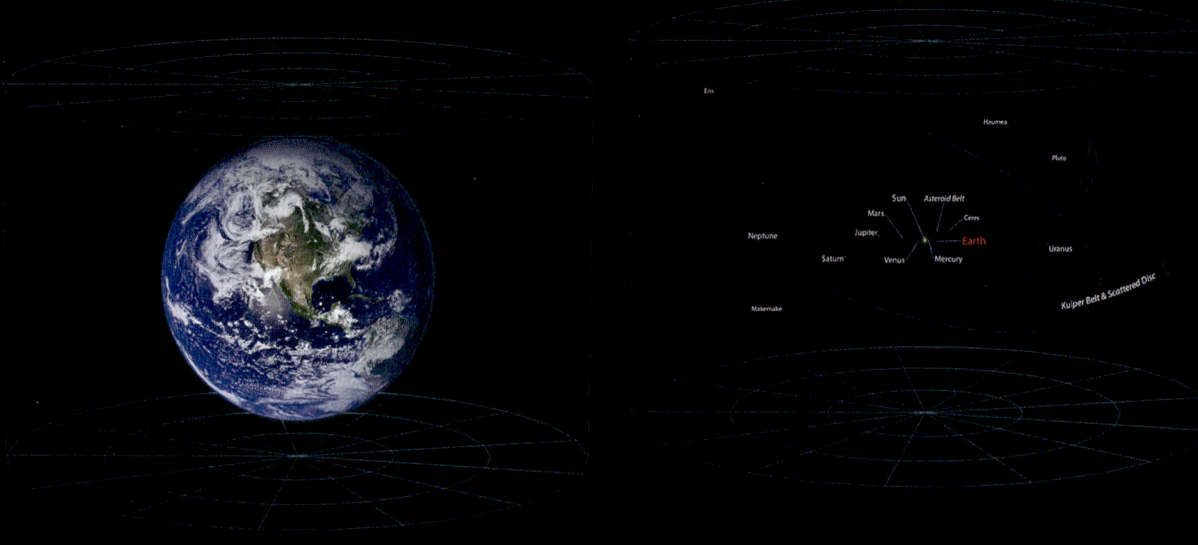

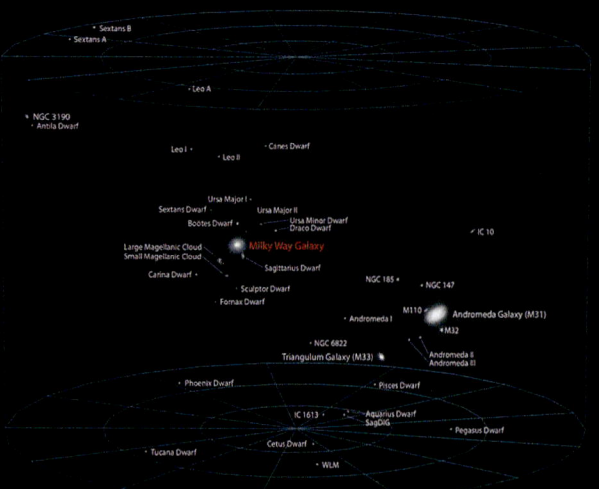

지구–태양계–우리은하–은하단–초은하단–우주. 지금은 누구나 상상하는

이런 우주의 모습을 그려볼 수 있게 된 것은 최근의 일이다. 20세기 들어 천문학자들은

우주가 수많은 은하로 이뤄져 있다는 사실을 알아냈고, 은하를 통해 우리가 존재하는 모습을 더 잘 볼 수 있게 됐다.

이제 살아있는 우주의 세포, 은하가 이루는 생동하는 우주의 모습을 살펴보자.

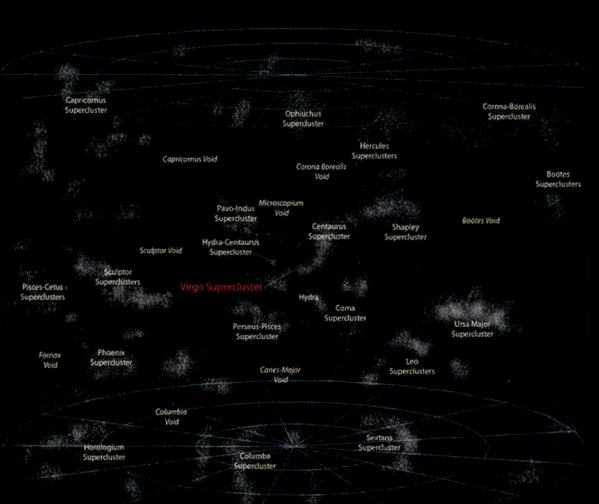

비눗방울 표면에 붙어 있는 은하

은하란 무엇일까?

6200만 광년 떨어진
나선은하 NGC 4414.

거대한 코끼리의 모습을 알아내려고 애쓰는 장님의 어려움에 관한 유명한 이야기가 있다. 여러 명의 장님이 모여 코끼리의 일부분을 만져보고, 각자 코끼리란 여차여차하게 생겼다고 결론을 내린다는 이야기다. 이에 비해 우주의 모습을 알아내려고 애쓰는 천문학자들의 어려움은 어떠할까. 놀랍게도 답은 '더 쉽기도 하고, 또한 더 어렵기도 하다'고 말할 수 있다.

장님은 코끼리의 모습을 알아내기 위해 촉각을 사용해 손으로 만져서 모양을 추정한다. 이 방법은 코끼리의 각 부위의 구조 연구에는 쓸만하지만, 코끼리의 전체 모습을 파악하기에는 어려움이 있다. 한편 천문학자들은 촉각 대신에 시각만을 이용해 전혀 만져볼 수 없는 우주의 모습을 밝히려고 애쓴다. 시각을 이용하면 일반적인 물체의 모습을 알아내는 것이 쉽다.

그러나 우주는 코끼리에 비교할 정도가 아니다. 우주는 보통 사람들이 상상할 수 없을 정도로 크며, 전체 모습이 영원히 보이지 않는다. 또한 관찰자인 우리가 우주 속에 있으므로 숲 속에서 숲 전체의 모습을 알아내야 하는 어려움이 있다.

그럼에도 불구하고 20세기에 이르러 인류는 우주의 모습에 관해 참으로 많은 것을 알게 됐다. 어떻게 거대한 우주의 모습을 밝혀낼 수 있었으며, 오늘날 우리가 알고 있는 우주는 과연 어떤 모습인지 알아보자.

우주는 삼라만상을 포함하는 거대한 물리공간이다. 우주는 기본적으로 물질과 빛, 두 가지 성분으로 이루어진다. 따라서 우주의 모습을 밝히기 위해서는 물질과 빛의 공간적 분포를 알아내면 된다. 천문학자들은 바로 이를 이용해 우주의 참모습을 알려고 노력한다.

물질을 이용해 우주의 거대 구조를 알아내려면 어떻게 해야 할까. 태양, 달, 행성 등의 분포를 이용할까. 아니면 별들의 공간적 분포를 이용할까. 모두 아니다. 태양계나 별만 봐서는 우주의 거대 구조를 알 수 없다. 답은 은하다.

은하란 수천억 개의 별들이 모여서 이루어진 거대한 항성계이며, 우리는 우리은하를 포함하는 하나의 나선은하에 속해 있다. 우주를 거대한 벽돌 건물에 비유한다면, 은하는 바로 건물을 이루고 있는 벽돌에 해당한다. 따라서 은하가 공간에 어떻게 분포돼 있는지를 조사하면 우주의 거대 구조를 알아낼 수 있다.

● 비눗방울 표면에 붙어 있는 은하

은하까지 거리 구하기

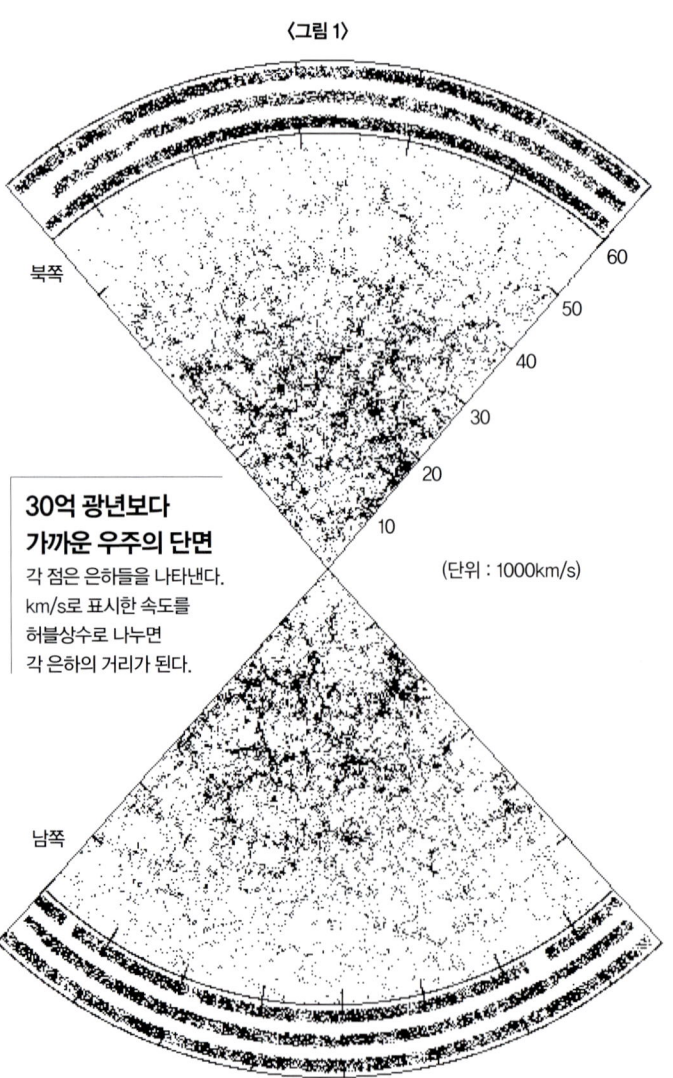

〈그림 1〉

북쪽

60
50
40
30
20
10

(단위 : 1000km/s)

30억 광년보다 가까운 우주의 단면
각 점은 은하들을 나타낸다.
km/s로 표시한 속도를
허블상수로 나누면
각 은하의 거리가 된다.

남쪽

밤하늘을 맨눈으로 살펴보면, 형형색색의 아름다운 별들이 수없이 많이 보이지만, 은하는 거의 볼 수 없다. 맨눈으로 볼 때 북반구 하늘에서는 안드로메다은하와 삼각형자리은하, 그리고 남반구 하늘에서는 마젤란은하 등만 볼 수 있을 뿐이다. 은하는 거대한 항성계이지만 대부분 워낙 멀리 떨어져 있으므로 매우 어둡고 작게 보인다. 따라서 이를 자세히 연구하기 위해서는 가능하면 큰 망원경과 좋은 관측 기기가 필요하며 시간 또한 많이 걸린다.

〈그림 2〉는 은하의 북극 근처의 하늘에 있는 밝은 은하들의 분포를 보여준다. 이 그림에서 한 점이 한 은하에 해당하며 그림에 있는 은하의 수는 100만 개가 넘는다. 이 그림은 우주에 있는 물질의 분포를 직접적으로 보여준다. 그러나 이 모습은 3차원 우주가 2차원 하늘에 투영된 것이므로 우주의 3차원 구조를 잘 알 수 없다. 우주의 3차원 구조를 알기 위해서는 각 은하까지의 거리에 대한 정보가 필요하다.

이렇게 많은 은하들의 거리를 모두 알 수 있을까. 현실적으로 불가능한 일이다. 현재로서는 이 은하들 중 일부만 거리를 알아낼 수 있다. 멀리 있

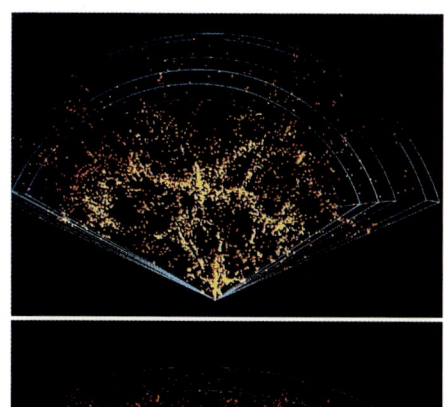

◀가까운 우주에 있는 은하들을 3차원 공간분포로 재현한 모습. 은하가 균일하게 분포하지 않고 있음을 알 수 있다.

〈그림 2〉

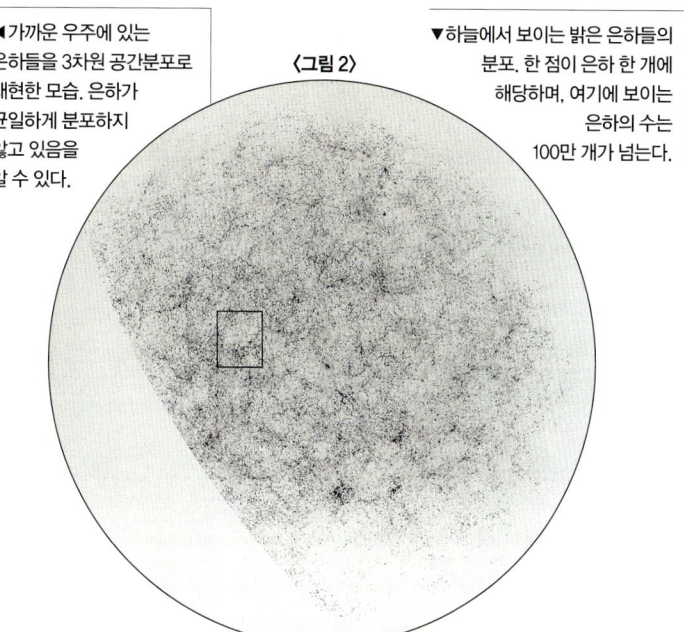

▼하늘에서 보이는 밝은 은하들의 분포. 한 점이 은하 한 개에 해당하며, 여기에 보이는 은하의 수는 100만 개가 넘는다.

는 은하의 거리는 적색이동을 측정해 구한다. 적색이동은 멀어지는 천체에서 나오는 빛을 관측할 때 파장이 긴 쪽으로 이동하는(원래보다 붉게 보이는) 현상이다. 이 때 이동하는 양은 멀어지는 속도에 비례하므로, 분광 관측을 이용해 적색이동량을 측정하면 천체가 멀어지는 속도를 측정할 수 있다. 적색이동량은 보통 z로 표시하며 정지 파장에 대한 관측 파장의 변화율을 나타낸다.

은하들이 서로 점점 멀어지는 것은 우주가 팽창하기 때문이므로, 은하의 후퇴 속도와 허블법칙을 이용하면 그 은하들의 거리를 알 수 있다. 은하의 거리와 속도를 각각 d와 v라 하고, 허블상수를 H라 하면, 허블법칙은 d(거리) = v/H로 나타낼 수 있다. 현재 알려진 허블 상수의 값은 대략 H=(70km/초)/Mpc이다(메가파섹, 1Mpc=326만 광년). 따라서 은하를 이용해 우주의 3차원 구조를 밝히는 연구의 핵심은, 은하를 찾아내고, 그 은하들의 적색이동을 측정하는 일이다.

분광 관측은 관측 특성상 가까운 은하에 한정되므로, 이런 방법으로 조사할 수 있는 우주의 범위는 가까운 우주에 불과하다. 〈그림 1〉은 이렇게 밝혀진 우주의 모습을 보여준다. 이 그림은 하늘

의 일부를 길게 자른 단면에서 30억 광년보다 가까운 은하의 분포를 보여준다. 이로부터 우주의 구조에 대해 다음과 같은 사실을 알 수 있다.

❶ 그림을 보면 첫눈에 은하, 즉 물질 분포는 매우 불균일하다는 것을 알 수 있다. 즉 어떤 곳은 은하들이 매우 많이 모여 있으며, 어떤 곳은 은하가 거의 보이지 않는다. 은하가 많이 모여 있는 지역은 은하단, 초은하단, 장성(Great Wall) 등에 해당한다. 우리은하도 국부은하군(Local Group)이라고 불리는 작은 은하군의 일원이며, 이 국부은하군은 다시 거대한 국부초은하단(Local Supercluster)에 속해있다. 은하가 거의 없는 지역은 공동(空洞, void)이라고 하며, 그림에서 대략적으로 원으로 보이지만 실제로는 약 3억 광년이나 되는 거대한 구형의 빈 공간이다.

❷ 그림을 보면서 상상력을 발휘하면 우주의 구조는 기본적으로 많은 비눗방울들이 서로 붙어 있는 것과 비슷하다고 느낄 수 있을 것이다. 즉 은하들은 비눗방울의 표면에 주로 분포하고, 비눗방울의 안쪽에는 거의 존재하지 않는 것처럼 보인다. 공동이 우주의 비눗방울에 해당한다.

❸ 그림을 공동보다도 더 큰 규모에서 살펴보면 은하의 분포는 거의 균일하다고 할 수 있다. 즉 사진에서 보이는 지역 중에서 비교적 가까운 지역을 크게 몇 개의 구역으로 나누어 은하의 평균 개수를 계산해보면 대략적으로 비슷하다. 우리로부터 먼 지역은 가까운 지역보다 은하의 수가 적게 보이는데, 이는 관측에 포함되지 않은 은하가 많이 있기 때문이다.

은하는 우주의 세포

● 비눗방울 표면에 붙어 있는 은하

우주의 심연

앞선 페이지의 결과는 30억 광년보다 가까운 우주의 모습을 잘 보여주고 있다. 그러나 이 영역은 전체 우주에서 매우 작은 부분에 불과하며, 이보다 먼 우주의 모습은 보여주지 못한다. 더 먼 우주의 물질 분포는 매우 어두운 은하의 분포를 조사해 알아낼 수 있다. 은하의 평균 밝기가 일정하다면, 멀리 있는 은하일수록 더욱 어둡게 보일 것이다. 따라서 어두운 은하를 조사하면 더욱 먼 우주에 대한 정보를 얻을 수 있다.

또한 이로부터 우주의 과거에 대한 정보를 얻을 수 있다. 왜냐하면 우리가 현재 보고 있는 먼 은하의 모습은 현재의 모습이 아니라 먼 과거의 모습이기 때문이다. 그 은하에서 과거에 출발한 빛을 오늘날 우리가 받고 있는 것이며, 그 은하의 현재 모습을 보려면 다시 억겁의 시간이 지나야 한다.

먼 우주에 있는 은하들은 매우 어둡기 때문에 관측하기가 매우 어려우므로, 대형 망원경이나 허블우주망원경과 같은 고성능 장비로 오랜 시간 동안 관측을 해야 보인다. 하늘의 넓은 지역에 대해 이런 관측을 하는 것은 현재 불가능하므로, 실제로는 하늘에서 매우 좁은 지역을 선정해 오랜 시간 관측을 하게 된다.

1995년에 허블우주망원경을 이용해 찍은 사진 중에 먼 우주의 모습을 잘 보여주는 것이 있다. 우주의 한 좁은 지역을 향한 채 오랫동안 노출시켜 얻은 사진이다. 하늘의 북극 근처에 있으며 북쪽 허블 딥 필드(Hubble Deep Field North)라고 불린다.

1998년에는 남쪽하늘에 대해 같은 방법으로 관측을 했는데, 그 지역은 남쪽 허블 딥 필드(Hubble Deep Field South)라고 불린다. 그 사진에서 보이는 영역은 하늘에서 매우 작은 지역으로서 한변이 각도로 2.5분이며, 이는 보름달 지름의 12분의 1에 불과하다.

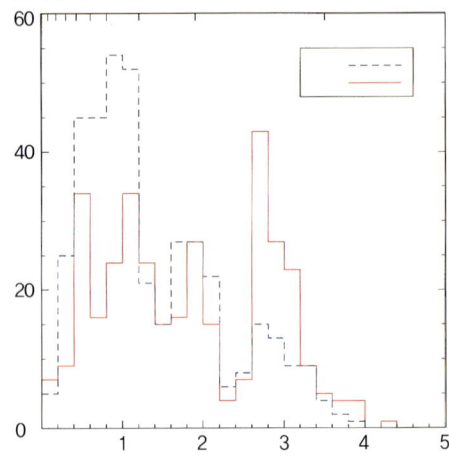

은하의 개수

적색이동량(Z)

허블 딥 필드에 있는 은하들의 적색이동 분포
허블 딥 필드 북쪽 은하들(푸른색)과 남쪽(붉은색)을 따로 표시했다.
(출처 : 황나래, 이명균의 논문)

우주의 등방성
천구의 북극 근처에서 보이는 전파원 분포도이다.
전체적으로 매우 균일하고 등방적으로 보인다.

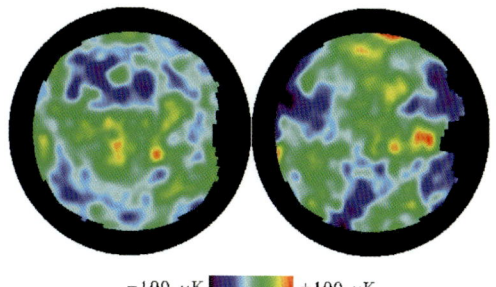

−100 µK　　　　　+100 µK

우주의 균일성
북반구(왼쪽)와 남반구(오른쪽) 하늘에 있는 우주배경복사의 온도 분포를 나타낸다.
사진에서 붉은색과 푸른색은 2.726K를 기준으로 1만분의 1K 높고 낮음을 나타낸다.
하늘 전역에서 우주배경복사의 온도가 2.726K로 거의 같다. 이는 우주배경복사가
나올 때의 초기 우주가 매우 균일하고 등방적이라는 것을 의미한다.
작은 규모에서는 10만분의 1K의 크기로 온도가 변한다. 이 미세한 변화는
이때 이미 물질의 분포가 국부적으로 불균일함을 보여주며, 이런 불균일한 부분이
진화해 우주의 거대 구조물이 태어나게 된다.

감마선 버스트(폭발)
하늘에 있는 감마선 버스트 2069개의 분포.
전체적으로 매우 균일하고 등방적으로 보인다.

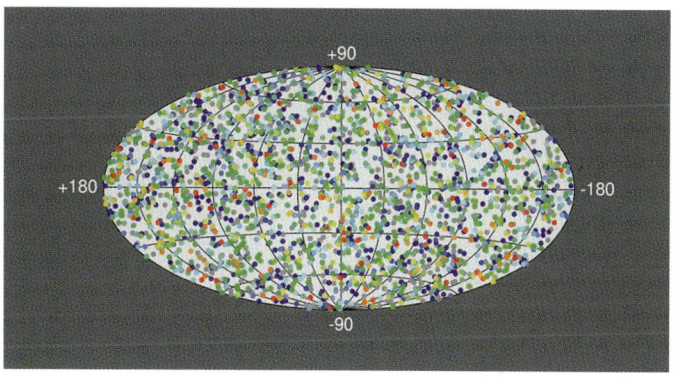

이 사진에는 놀랍게도 약 3000개나 되는 많은 천체가 보이는데, 이 천체들의 99% 이상이 은하며, 별은 거의 없다. 이 중에서 가장 밝은 은하는 밝기가 21등급으로서 처녀자리의 가장 밝은 별 스피카보다 1억 배나 어둡다. 은하들의 대부분은 워낙 멀리 있으므로 매우 작게 보인다. 이 사진은 우주가 다양한 은하들로 가득 차 있으며, 많은 은하들끼리 충돌하거나 합쳐지고 있다는 것을 실감나게 보여준다.

허블 딥 필드에 있는 은하들의 적색이동을 분광학적으로 측정하기 위해서는 미국의 케크(Keck) 망원경과 같은 구경 10m급 망원경이 필요하다. 그러나 다행히도 여러 파장에서의 밝기를 측정하는 측광학적 방법으로도 어두운 은하의 적색이동을 간접적으로 측정할 수 있다.

단순한 마음으로 우주의 구조를 생각해보면 우주에서 모든 만물은 고루 분포할 것이라고 추측할 것이다. 즉 어디에서나 밀도가 같고(균일성) 어느 방향으로 보아도 같게 보일 것이라고(등방성). 아인슈타인도 그렇게 생각했다. 은하와 우주의 거대 구조에 대해 전혀 아는 바 없이. 그러나 앞에서 살펴본 바와 같이 은하들의 분포를 보면, 균일하고 등방적인 특성이 쉽게 보이지 않는다. 오히려 은하의 분포는 비균일하고 비등방적이라고 느끼게 된다. 그렇다면 우주는 정말 비균일하고 비등방적일까.

하늘 전체에 퍼져 있는 매우 먼 천체나 빛의 분포를 살펴보면 이에 대한 답을 알 수 있다. 전 하늘에 있는 우주배경복사의 분포를 살펴보면 우주의 빛 분포가 매우 균일하고 등방적으로 보인다. 또한 멀리 있는 전파은하나 20세기 천문학의 최대 수수께끼인 감마선 버스트(폭발)의 분포를 보아도, 그 분포가 매우 균일하고 등방적으로 보인다. 결론적으로 말하면, 작은 규모에서는 우주가 매우 불균일하고 비등방적이지만, 큰 규모에서 보면 우주는 균일하고 등방적이라고 할 수 있다.

넓은 지역에 걸쳐 멀리 있는 은하들을 관측해 그 분포를 살펴보면 이런 점을 보다 자세히 조사할 수 있을 것이다. 미국과 유럽뿐만 아니라 중국을 포함한 여러 나라에서는 현재 막대한 투자를 해서 이런 연구를 수행하고 있으므로, 21세기에는 흥미진진한 결과들이 쏟아져 나올 것으로 예상된다. ◨

● 비눗방울 표면에 붙어 있는 은하

우주에서의 우리 위치

안드로메다은하

우리은하는 안드로메다은하와 함께
국부은하군의 일원이다.
우리은하와 안드로메다은하는
서로의 중력중심을 향해 초속
40km의 속도로 접근하고 있다.

40km/s

중력중심

40km/s

우리은하

우리은하

250km/s

태양계는 우리은하의 나선팔에 속해 있다.
태양계 전체가 속한 나선팔은
은하중심 주위로 초속 250km의
속도로 회전하고 있다.

태양계

지구

30km/s

목성

지구가 속한 태양계는
우리은하의 나선 팔에 있다.
지구는 초속 30km로
태양 주위를 공전하고 있다.

물뱀-켄타우로스초은하단

국부은하군

물뱀-켄타우로스 초은하단은
알 수 없는 거대한 끌개에
이끌리고 있다.

600km/s

우리은하, 안드로메다은하,
마젤란은하와 약 30여 개의
왜소은하들이 국부은하군을
형성한다.

국부은하군은 처녀자리은하단에 끌려가고 있다. 또한 국부은하군과
처녀자리은하단은 모두 물뱀-켄타우로스 초은하단에 끌려가고 있다.
국부은하군은 처녀자리은하단과 물뱀-켄타우로스 초은하단을 향해
초속 600km의 속도로 움직이고 있다.

처녀자리은하단

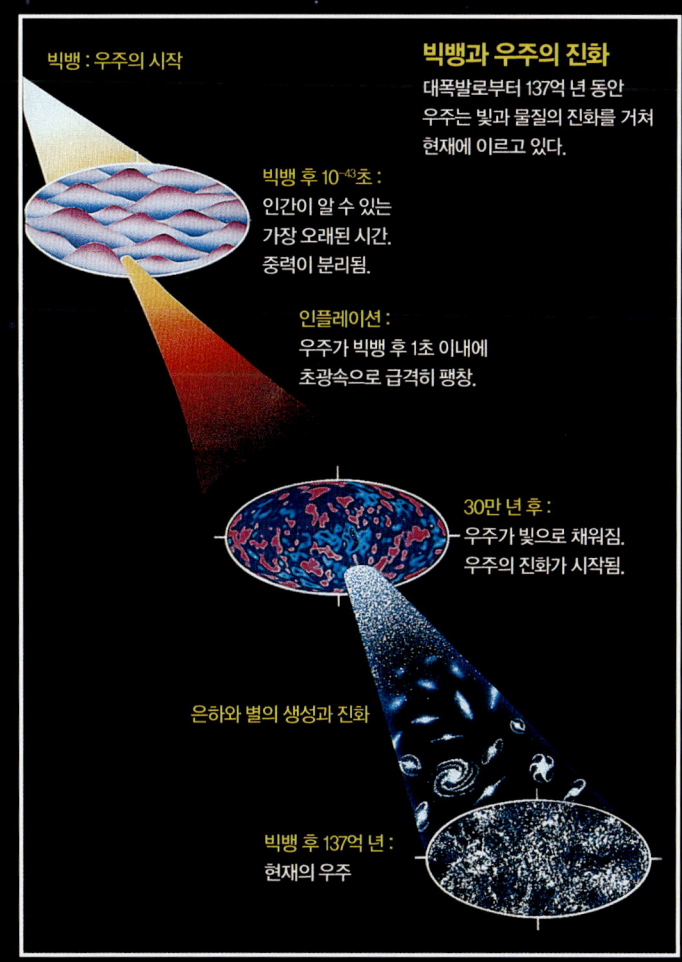

빅뱅 : 우주의 시작

빅뱅과 우주의 진화
대폭발로부터 137억 년 동안
우주는 빛과 물질의 진화를 거쳐
현재에 이르고 있다.

빅뱅 후 10^{-43}초 :
인간이 알 수 있는
가장 오래된 시간.
중력이 분리됨.

인플레이션 :
우주가 빅뱅 후 1초 이내에
초광속으로 급격히 팽창.

30만 년 후 :
우주가 빛으로 채워짐.
우주의 진화가 시작됨.

은하와 별의 생성과 진화

빅뱅 후 137억 년 :
현재의 우주

● 1. 충돌하며 크는 은하

은하는 충돌하며 큰다

은하들이 충돌한다고 해서 교통사고 현장을 떠올리면 은하들이 깨지고 부서지는 피비린내 나는 모습만 상상할지 모른다. 하지만 오해다. 은하와 은하가 충돌하는 현상은 은하의 본래 모습을 상당히 낯설게 바꾸는 파괴적인 일이지만, 새로운 별들을 탄생시키는 창조적인 일면을 지니고 있다.

또 은하 충돌은 은하 자체의 진화를 설명하던 밑그림에도 큰 변화를 가져왔다. 최근 과학자들은 은하끼리 충돌하는 사건이 우주에서 흔하게 나타나는 현상이며, 대부분의 은하는 일생 동안 수차례씩 다른 은하와 충돌하거나 상호작용하며 자신의 구조를 바꾸고 성장을 가속화시킨다고 생각한다. 물론 우리은하도 예외는 아니다. 은하가 충돌할 때 어떻게 별들이 탄생할까. 은하끼리 충돌해서 병합하면 은하는 어떻게 바뀔까.

은하가 충돌하는 동안 수많은 별들이 탄생한다는 증거는 1983년 우주공간으로 발사된 '적외선 천문위성(IRAS)'에 의해 명백히 드러났다. 적외선에서 가장 밝게 빛나는 은하들은 여지없이 충돌하거나 상호작용하는 은하들임이 밝혀졌던 것이다. 그런데 새롭게 탄생한 별들이 적외선과 무슨 상관이 있을까. 새로 태어나는 아기별은 항상 먼지와 가스 안에 잠겨 있다. 폭발적으로 태어난 별들은 원래 자외선과 가시광선을 방출하는데, 새로운 별들을 감싸고 있는 먼지가 별에서 나온 빛을 흡수한 뒤 다시 적외선만을 내놓는 것이다.

은하들이 충돌할 때 새로운 별들은 어떻게 태어날까. 은하가 충돌하더라도 은하에 속한 별들은 충돌하지 않지만, 대신 별과 별 사이에 있는 가스와 먼지는 충돌을 피할 수 없다. 성간가스와 성간먼지는 두꺼운 성간구름으로 압축된다. 성간구름은 자체 중력으로 여러 덩어리로 붕괴되며 각각의 덩어리는 더 작게 뭉친다. 여기서 새로운 별들이 무리지어 태어난다. 새로운 별들의 탄생은 갑작스럽고 폭발적으로 일어난다. 어떤 경우에는 가스가 수백만 년(천문학적 관점에서는 매우 짧은 시간) 내에 소모될 만큼 별들이 활발하게 탄생하기도 한다.

충돌하는 은하에서 탄생한 별들은 많은 성단을 이룬다. 각 성단은 많게는 100만 개의 별들을 품고 있으며, 뜨거운 젊은 별에서 나온 파란 빛으로 빛난다. 성단은 나이를 먹어감에 따라 점점 더 붉게 변한다. 파란 별들이 연료를 다 써버리기 때문이다. 결국 이들은 우리은하의 헤일로(은하 외곽을 둥그렇게 감싸는 구조)에서 발견되는 늙고 붉은 구상성단(10만여 개의 별이 구형으로 밀집된 무리)과 비슷해진다. 그렇다면 은하가 충돌하는 동안 젊은 구상성단이 대량으로 탄생하는 셈이다. 대표적인 충돌은하인 더듬이은하에 대한 허블우주망원경 관측에서 1000개 이상의 새로운 성단이 확인됐다는 사실만 봐도 알 수 있다.

최근에는 충돌하는 은하에서 발견된 젊은 구상성단들의 색과 밝기를 관측해 은하 충돌이 얼마나 오래 전에 일어났는지를 추정하고 있다. 이들 성단은 은하의 진화를 이해하는 데 중요한 역할을 하는 것이다.

두 나선은하가
충돌하려는 모습.

두 은하가 정면충돌한 특별한 모습.
오른쪽 두 은하 중 하나가 왼쪽의
수레바퀴를 통과한 것으로 보인다.

● 1. 충돌하며 크는 은하

나선은하 둘을 더하면?

은하들이 충돌한 후 하나로 합병될 때 결국 나중에 남는 은하는 어떤 모습일까. 1970년대부터 컴퓨터 시뮬레이션을 통해 두개의 나선은하가 충돌하면 결국 하나로 합쳐져 타원은하와 비슷한 별 덩어리가 만들어진다는 점이 알려졌다. 1977년 에스토니아 출신의 미국인 천문학자 알라 툼리는 모든 은하들의 10% 정도(현재 우주에서 관측되는 타원은하의 수와 대략 일치하는 비율)가 은하 충돌의 결과로 합병된 잔해라고 추정하기도 했다. 과연 나선은하들이 충돌해 타원은하가 형성된 것일까.

하지만 반론도 만만치 않았다. 나선은하에는 가스가 가득하고 구상성단의 수가 적은 반면, 타원은하에는 가스가 드물고 구상성단이 많은데, 어떻게 나선은하들이 합쳐져 타원은하가 될 수 있느냐는 주장이 있었다. 물론 이 문제에는 충돌하는 나선은하의 가스에서 태어나는 대량의 젊은 구상성단들이 해결책이었다. 즉 가스를 줄이면서 구상성단을 늘려 실제 타원은하를 설명할 수 있었던 것이다. 예를 들어 충돌하는 은하 NGC 7252를 허블우주망원경으로 자세히 관측하자 충돌로 새로 탄생한 젊은 성단이 500개 이상 드러났다.

또한 두 나선은하가 충돌해 합병을 일으킨 후 타원은하가 될 때 컴퓨터 시뮬레이션의 결과와 실제 관측결과가 맞지 않는 측면이 있었다. 컴퓨터에서 만들어진 타원은하가 실제 타원은하에서보다 훨씬 더 빨리 회전한다는 점이 한때 문제였다. 이 문제는 1990년대부터 컴퓨터 시뮬레이션에서 은하의 헤일로에 있는 암흑물질을 고려함으로써 해결됐다.

실제 은하의 헤일로에는 빛을 내지 않지만 중력으로 자신의 존재를 알리는 암흑물질이 상당히 존재한다. 암흑물질이 고려된 컴퓨터 시뮬레이션에서 은하의 암흑물질이 은하의 회전에 브레이크 역할을 하는 것으로 밝혀졌다.

실제 타원은하의 느린 회전을 제대로 구현할 수 있었다.

결국 우주 초기에 나선은하들이 먼저 탄생하고 나중에 나선은하들이 충돌해 타원은하를 만들었다고 생각할 수 있다. 물론 최근 허블우주망원경의 관측결과를 보면 은하의 진화는 이렇게 단순하지만은 않다.

큰 은하들이 상호작용하는 과정에서 작은 왜소은하들이 부수적으로 생성되기도 했다. 우주가 더 젊었을 때는 지금보다 더 비좁은 공간에 은하들이 바글거렸기 때문에 은하들의 충돌이 지금보다 더 빈번했을 것이다.

그렇다면 두개의 은하뿐만 아니라 셋 이상의 은하들이 충돌하는 일도 많지 않았을까. 예를 들어 적외선에서 굉장히 밝은 은하 123개를 허블우주망원경으로 3년 동안 관측한 결과를 보자.

놀랍게도 지구로부터 30억 광년 이내에 있는 은하들 가운데 30%가 예상을 깨고 셋 이상의 은하가 병합된 결과라는 사실이 밝혀졌다. 심지어 5개의 은하가 충돌해 합쳐진 모습도 있었다. 우주에서 조그만 천체가 합체돼 더 큰 천체가 되는 계층적 진화의 마지막 단계라고 볼 수 있다.

두 은하의 충돌로 형성된
NGC 4650A.

밀집 은하군의 하나인 HCG87.
네 은하가 중력에 맞춰
상호작용하고 있다.

M51 은하. 두 은하 사이의 다리는 상호작용의 증거다.

1. 충돌하며 크는 은하

이웃 은하가
흘리고 간 별무리

은하 충돌은 우리와는 아무 상관없는 일일까. 최근 몇년 사이에 밝혀지기 시작한 결과에 의하면 우리은하에도 충돌과 관련된 다양한 흔적들이 남아 있다. 은하 충돌의 역사에서 우리은하는 피해자라기보다 오히려 가해자의 입장이다. 다시 말하면 우리은하는 주변의 왜소은하들을 집어삼키는 '괴물'인 셈이다.

1994년 영국 왕립그리니치천문대의 천문학자들이 지구로부터 거리가 2만 2000광년에 지나지 않는 작은 은하를 발견했다. '궁수자리 왜소은하'라 불리는 이 은하는 우리은하에서 제일 가깝다던 대마젤란은하보다 훨씬 더 가까운 거리에 있었던 것이다. 10만 광년이라는 우리은하의 크기를 감안한다면 궁수자리 왜소은하는 우리은하 내

구상성단 '오메가 센타우리'는
우리은하에 잡힌 왜소은하다.

우리은하의 이웃인 대마젤란은하. 대마젤란은하에서
우리은하까지 연결된 30만여 광년 길이의 흐름이 있는데,
이 흐름은 약 2억 년 전 두 은하가 스쳐지나갔을 때
대마젤란은하에서 떨어져나온 꼬리라는 설명이 유력하다.

대마젤란은하가 우리은하를
지나가며 흘린 7개의 구상성단.

에 있다고 할 수 있다. 즉 우리은하가 이 은하를
잡아먹고 있는 셈이다.

1999년 영국의 과학저널 '네이처'에 실린 연세
대 이영욱 교수팀의 연구 결과는 그 동안 구상성
단으로 알려졌던 '오메가 센타우리'가 우리은하
에 잡힌 왜소은하였다는 사실을 보여줬다. 구상
성단을 이루는 별들은 보통 동시에 탄생돼 나이
나 화학조성이 동일한데 비해, 오메가 센타우리
를 구성하는 별들은 화학조성이 서로 다른 네 종
류로 구분되고 별들의 나이 차이가 최대 20억 년
으로 나타났다. 화학조성이 다양하고 나이 차이
가 최대 20억 년일 수 있는 천체는 다름아닌 은하
였던 것이다.

2002년 7월 미국의 과학저널 '사이언스'에 발
표된 연세대 윤석진 연구원과 이영욱 교수의 연구 결과에 따르면, 그 동안 우
리은하에서 나이가 가장 많다고 알려진 7개의 구상성단이 사실 우리은하보
다 10억 년 젊은 이웃은하에서 왔다. 이들 7개의 구상성단이 한 평면 내에 존
재하고 평면의 한쪽 끝에 대마젤란은하가 위치하는 것으로 밝혀졌기 때문
이다. 즉 이들 구상성단은 대마젤란은하가 우리은하를 지나가며 흘려놓았던
것이라고 볼 수 있다.

사실 대마젤란은하와 우리은하 사이의 상호작용이라는 인연은 이미 알려
져 있었다. 1973년 호주의 천문학자들이 대마젤란은하에서 우리은하까지 연
결된 30만여 광년 길이의 흐름이 발견됐기 때문이다. '마젤란 흐름'이라 불
리는 이 흐름은 약 2억 년 전 우리은하와 직접 충돌하는 일을 가까스로 모면
했을 때 대마젤란은하에서 떨어져 나간 꼬리라는 설명이 가장 유력하다. 대
마젤란은하가 스쳐지나가면서 구상성단도 흘리고 갔다. 이것이 사실이라면
대마젤란은하와 우리은하는 다시 충돌해 결국 하나의 은하로 합병될지도 모
른다. 🌌

• 2. 우리은하는 어떻게 탄생했을까

우리은하의 모습은?

숲의 역사를 알려면 먼 곳에서 숲이 변하는 모습을 오랫동안 관찰하면 된다. 하지만 우리은하의 진화를 연구하는 일은 숲의 연구와 본질적으로 다른 어려움이 있다. 은하는 공간적으로 너무 크고 시간적으로 너무 느리게 변하기 때문이다. 우리은하를 떠나 외부에서 관찰할 수 없고, 인간의 수명은 은하의 수명에 비하면 찰나에 지나지 않는다.

이러한 제약에도 불구하고 우리는 우리은하의 모습과 역사를 그려볼 수 있다. 숲의 모습을 알기 위해 먼저 관찰자를 둘러싼 주변의 나무와 풀을 자세히 관찰해야 하는 것처럼 천문학자들은 우리은하 내부의 성단, 성운, 별을 자세히 관찰한다. 그리고 먼 곳에 있는 다른 은하를 보고 우리은하의 모습을 유추한다. 또한 빛의 속도가 유한하기 때문에 먼 곳의 은하를 관측하면 우리은하의 과거 모습도 그려볼 수 있다. 더 먼 거리에 있는 은하를 본다는 것은 더 먼 과거에 떠난 빛을 보는 것이기 때문이다.

우리은하의 모습을 처음으로 설명한 사람은 윌리엄 허셜이다. 허셜은 모든 별이 본래 밝기가 같다고 가정하고, 하늘을 683구역으로 나누어 그 구역 안에 있는 별들을 하나하나 세어 분포를 조사했다. 그 결과 허셜은 태양이 우리은하의 중심에 있고, 길이가 폭의 5배 되는 납작한 원반 형태의 은하를 그려낼 수 있었다.

하지만 이것은 별들의 거리를 고려하지 않은 모습이었다. 1900년대 초 네덜란드 천문학자 야콥스 캅타인은 사진관측과 분광관측으로 별의 거리를 결정하고 허셜보다 더 정량적인 우리은하의 모습을 그려냈다. 태양이 은하의 중심으로부터 약 2200광년 떨어져 있고, 지름이 약 3만 광년, 두께가 약 1만 8000광년인 원반모양이었다. 그러나 이 모형도 지금에 비하면 매우 작았다.

1910년대 후반에 와서야 현재의 은하모형과 유사한 모델이 발표됐다. 미국 천문학자 할로 섀플리는 구상성단의 분포를 연구해 태양은 구상성단 분포의 중심으로부터 약 5만 광년 떨어져 있고, 지름이 약 30만 광년인 원반형의 우리은하 모습을 그릴 수 있었다. 섀플리가 생각한 우리은하는 캡타인의 은하보다 10배 큰 모형이었다.

1920년대 초반 스웨덴 천문학자 베르티 린드블라드는 구상성단의 시선속도를 측정해 우리은하가 적어도 초속 250km의 속도로 회전한다는 것을 알아냈다. 또한 별들은 은하계 중심에 대해 약 초속 200~300km로 회전하기 때문에 우리은하의 모양이 원반처럼 생겼다고 결론을 내렸다.

한편 1930년대부터 은하수로부터 오는 전파를

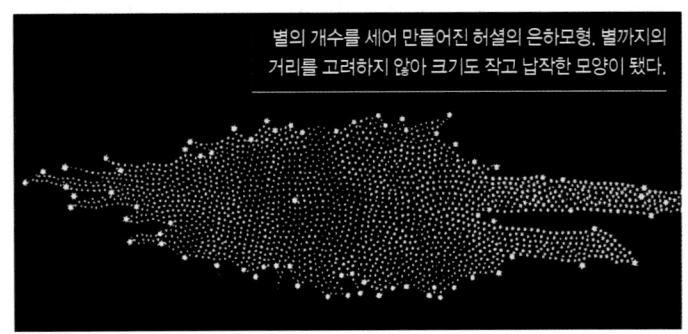

별의 개수를 세어 만들어진 허셜의 은하모형. 별까지의 거리를 고려하지 않아 크기도 작고 납작한 모양이 됐다.

감지하고 이것이 중성수소에서 발생한다는 것이 알려지면서 전파천문학적 방법이 도입됐다. 1958년에는 전파망원경을 이용해 우리은하의 중성수소 분포를 조사한 결과, 우리은하가 이웃 안드로메다 은하와 마찬가지로 나선은하임을 밝혀냈다. 1975년에는 더욱 정밀한 관측을 통해 우리은하 중심의 운동이 원운동이 아니라는 사실을 기초로 우리은하가 막대를 갖는 막대나선은하라는 주장이 나왔다.

은하수를 촬영해 우리은하의 모습을 구성한 그림.

2. 우리은하는 어떻게 탄생했을까

두 층의 원반

우리은하가 막대를 가졌다면
이와 같은 모습일 것으로 생각된다.

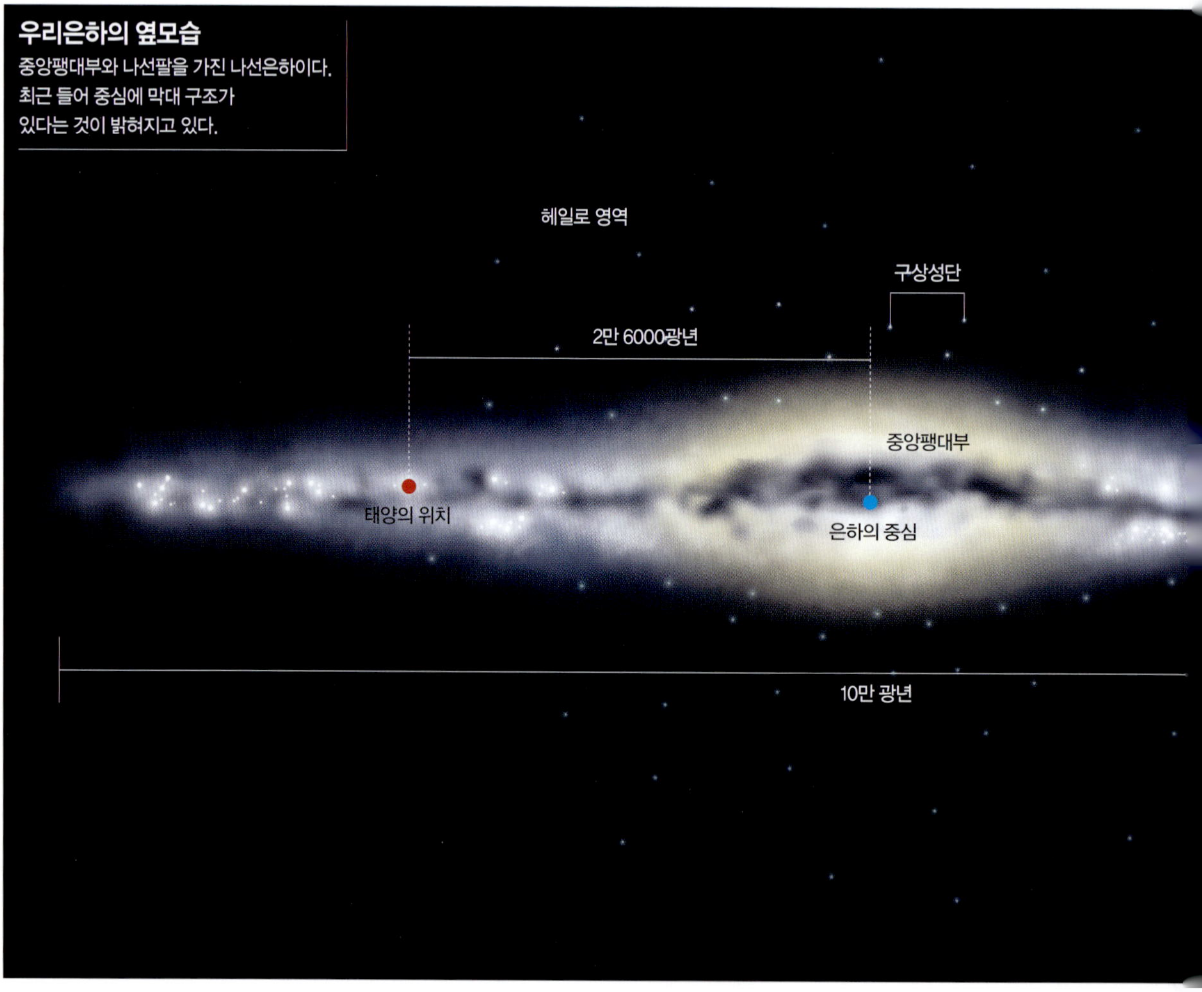

우리은하의 옆모습
중앙팽대부와 나선팔을 가진 나선은하이다.
최근 들어 중심에 막대 구조가
있다는 것이 밝혀지고 있다.

헤일로 영역

구상성단

2만 6000광년

태양의 위치

중앙팽대부

은하의 중심

10만 광년

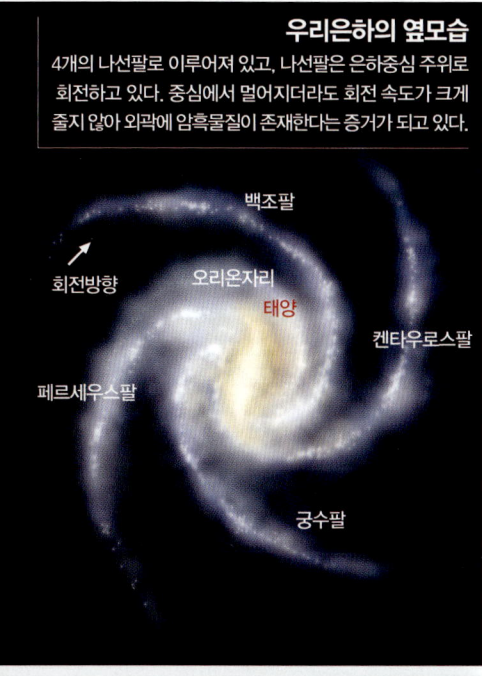

우리은하의 옆모습

4개의 나선팔로 이루어져 있고, 나선팔은 은하중심 주위로 회전하고 있다. 중심에서 멀어지더라도 회전 속도가 크게 줄지 않아 외곽에 암흑물질이 존재한다는 증거가 되고 있다.

백조팔

회전방향

오리온자리

태양

켄타우로스팔

페르세우스팔

궁수팔

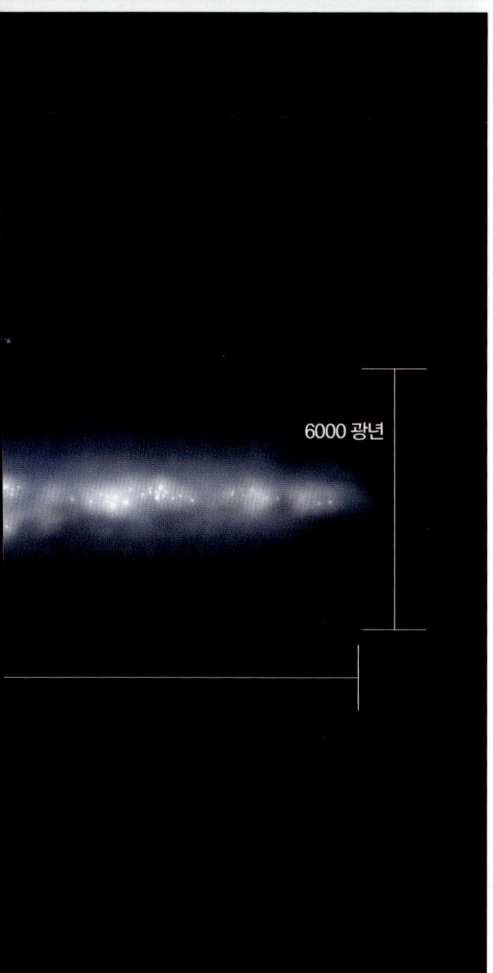

6000 광년

1970년대 이전까지 우리은하 원반이 태양보다 안쪽에서는 중심으로부터 거리에 따라 회전속도가 비례해 증가하는 강체회전을 하고, 태양보다 바깥쪽에서는 행성의 운동처럼 거리가 멀수록 속도가 느린 케플러 운동을 하는 것으로 믿어 왔다. 이것은 밖으로 갈수록 별의 밀도, 즉 질량 분포가 줄어든다는 것을 의미한다.

그런데 1970년대에 우리은하의 외곽부분의 운동이 그동안 생각해왔던 것과 달리 밖으로 갈수록 속도가 크게 감소하지 않는 것으로 밝혀졌다. 이렇게 속도가 떨어지지 않는 것은 결국 외곽에도 물질이 많이 있다는 것을 뜻한다. 때문에 천문학자들은 은하의 외곽부에 관측되지 않는 암흑물질이 있다고 믿게 됐다. 하지만 암흑물질의 존재는 우주론과 은하천문학의 숙제로 남아 있다.

1983년 길모어, 1987년 호주의 켄 프리만 등은 은하 원반의 수직방향에 대한 별의 분포를 연구해 지금까지 생각했던 것과 달리 우리은하의 원반이 두 층으로 이뤄져 있다는 사실을 발견했다. 하나는 은하원반에 납작하게 분포하는 높이척도(scale height)가 작은 성분과 원반에서 좀 더 높게 분포하는 높이척도가 큰 원반성분이었다. 두께가 약 3000광년인 높이척도가 작은 원반성분을 '얇은 원반'이라 부르고, 두께가 약 1만 광년인 높이척도가 큰 원반성분을 '두꺼운 원반'이라 한다.

지금까지 수많은 천문학자들의 노력으로 우리은하의 모습은 점점 더 정교해져 왔다. 그러나 어느 것도 아직 완전하다고 말할 수 없다. 각종 관측과 추론을 통해 현재 학계에서 정설로 받아들이고 있는 우리은하의 모양은 다음과 같다.

1. 지름 약 10만 광년 두께 3000광년인 얇은 원반, 두께가 약 1만 광년인 두꺼운 원반, 그리고 지름 약 6000광년인 중앙팽대부(bulge)가 은하의 주요 부분을 형성한다. 이 원반에 페르세우스 팔, 백조자리 팔, 궁수자리 팔, 용골자리 팔이 분포하고, 중심에 막대가 있는 막대나선은하이다. 원반에는 대부분의 가스와 산개성단, 젊고 푸른 별들이 집중돼 있고 중앙팽대부에는 오래된 별들이 집중돼 있다.

2. 태양은 원반에 속해 있으며, 은하의 중심에서 약 2만 6000광년 떨어진 곳에 위치하고, 헤라클레스자리를 향해 주위의 별에 대해 약 초속 20km의 속도로 이동하고 있다. 태양은 은하의 중심에 대해 속도가 약 초속 250km이고, 주기가 약 2억 년인 회전 운동을 하고 있다.

3. 은하 헤일로는 크기가 약 15만 광년 이상인 타원체로 그 경계가 불분명하다. 헤일로에 구상성단과 약간의 오래된 별들이 포함돼 있고, 일부 구상성단은 은하중심으로부터 대마젤란 성운까지의 거리(약 15만 광년)보다 먼 약 23만 광년 떨어진 곳까지 분포한다. 구상성단은 은하중심에 대해 구형으로 분포하고 있으며, 은하 중심방향에 집중돼 있다. 헤일로에 암흑물질이 있을 것으로 추정되며, 암흑물질을 제외한 헤일로의 질량은 은하 전체 질량의 약 2%로 추정된다.

4. 우리은하의 전체 질량은 태양의 약 2000억 배다.

2. 우리은하는 어떻게 탄생했을까

우리은하의 탄생

두 가지 은하 형성 이론

타원은하와 나선은하는 원시은하운의
중력수축 속도에 따라 서로 다른 모습이
됐다고 설명된다.

고속붕괴이론
(나선은하 형성)

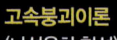

원시은하운

각운동량이 보존되면서 급격한 중력수축으로
빠르게 회전하는 얇은 원반 생성.
한꺼번에 생성된 구성성단들 사이의
나이 차이가 아주 적음.

원시은하운의 10분의 1 크기로
수축하면서 나선은하를 형성.

저속붕괴이론
(타원은하 형성)

원시은하운

10억 년 이상의 시간을 두고 천천히 수축.
다양한 나이의 구상성단들을 형성.

회전원반을 갖지 않고
넓은 헤일로 영역을 형성.

1962년 미국 천문학자 올린 에겐과 앨런 샌디지, 영국 천문학자 도널드 린든-벨은 태양 근처 별들의 은하 중심에 대한 공전 궤도를 조사했다. 그 결과 먼저 생겨 금속함량이 낮은 별은 회전운동이 작고, 무질서 운동이 크며, 은하면으로부터 높은 곳에까지 존재한다는 것을 알 수 있었다.

이를 토대로 우리은하의 헤일로는 은하 형성 초기 약 2억 년의 짧은 기간에 급격하게 수축되면서 형성됐다는 '고속 붕괴에 의한 은하 형성이론'이 제시됐다. 헤일로에 있는 별들은 은하 초기 각운동량이 적었을 때 형성됐기 때문에 각운동량이 작고, 궤도 이심률이 크며, 은하 평면에서 수직방향으로 높은 곳에까지 존재하게 됐다는 것이 핵심 주장이다.

이 이론에 따르면, 우리은하는 거의 구형의 회전체이며, 금속함량이 낮은 원시은하운이 거의 자유낙하 상태로 각운동량이 보존되면서 급격하게 수축했다. 은하의 회전이 점차 커지면서 금속함량이 매우 낮은 구상성단과 헤일로 별들이 생성됐다.

이어 먼저 생긴 질량이 큰 별의 내부에서 핵융합으로 만들어진 금속원소들이 초신성 폭발로 성간에 흩어지면서 가스 구름 가운데 금속함량이 높아진 곳이 생겼다. 여기에서 금속함량이 높은 별들이 차례차례 생겨, 마침내 은하는 빠르게 회전하는 얇은 원반을 형성하게 됐다. 그 결과 우리은하의 크기는 최초 원시은하의 10분의 1로 줄어들게 됐다. 이 이론에서는 은하 형성 초기에 형성된 구상성단간의 나이 차이는 2억 년을 넘지 않는 것으로 예측됐다.

하지만 1977년 미국의 레너드 설의 연구에서 헤일로에 분포하는 구상성단은 은하 중심으로부터의 거리와 무관하게 금속함량이 다른 별들이 폭넓게 분포하는 것으로 나타났다. 이 때문에 헤일로에 있는 구상성단은 하나의 구름에서 생성된 것이 아니라 태양 질량의 약 1억 배 정도 되는 구름 조각들이 각각 구상성단을 형성했으며, 개개

구상성단 오메가 센타우리. 우리은하에 붙잡힌 왜소은하의 핵으로 추정된다.

의 조각 구름은 별의 탄생과 초신성 폭발에 의해 다양한 금속함량을 갖게 됐다는 새로운 이론이 제시됐다. 이 이론은 헤일로가 적어도 10억 년 이상의 시간을 두고 천천히 형성된 것으로 보기 때문에 '헤일로 비균질 저속붕괴 형성이론'이라 한다.

이미 1970년대 초 헤일로 구상성단의 나이 차이가 대략 20억 년으로 크다는 예측이 나와 있어서 저속붕괴 형성이론이 힘을 얻을 수 있었다. 또한 1970년대 후반 여러 연구자들이 금속함량이 적은 별들의 이심률 변화를 살핀 결과 저속붕괴이론에 힘이 실렸다.

1994년 연세대 우주망원경 사업단의 이영욱 교수는 별에 대한 새로운 진화 모형을 이용한 구상성단의 진화 모형을 발표했다. 이에 따르면, 우리은하 구상성단의 나이 분포는 안쪽 구상성단이 더 나이가 많고, 바깥쪽 구상성단이 더 젊은 것으로 나타나 고속붕괴이론이 예측했던 것과 반대 결과가 나왔다. 이 결과는 고속붕괴이론 주장자이며 천문학계의 거두인 미국의 앨런 샌디지가 주장한 모든 구상성단이 나이가 같다는 그 동안의 학계의 정설을 뒤집는 것이어서 천문학적으로 대단한 논쟁거리였다.

2. 우리은하는 어떻게 탄생했을까

병합·충돌설의 등장

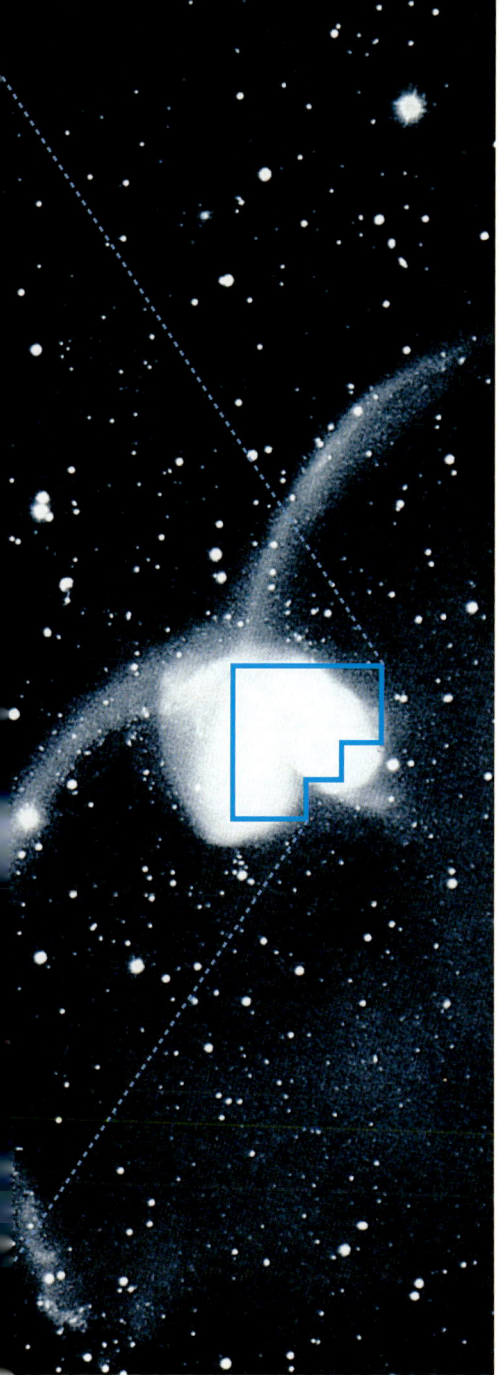

전형적인 은하 충돌의 모습을 보여주는
NGC 4038과 NGC 4039. 왼쪽은 상자 안을
허블우주망원경이 촬영한 모습.

하지만 고속붕괴이론이나 저속붕괴이론은 모두 헤일로 영역의 구상성단에 대해서는 설명이 가능했지만, 우리은하가 지니고 있는 '두꺼운 원반 성분'의 형성을 설명할 수 없었다. 두꺼운 원반 성분의 기원에 대한 설명 중에서 현재 가장 각광을 받고 있는 이론이 '포획 또는 병합에 의한 은하형성이론'이다.

1970년대에 미국 천문학자 주어리 툼리가 대형 타원은하는 거의 같은 질량을 갖는 나선은하의 충돌, 병합에 의해 형성됐다는 가설을 처음 제안했다. 1980년대와 1990년대 여러 천문학자들에 의해 병합의 증거가 발견됐고, 역학적인 충돌·병합 모형이 계산됐다.

은하에서 병합의 증거는 양파 껍질 모양의 겹구조가 있는 경우, 두 개 이상의 핵이 존재하는 경우, 꼬리가 있는 경우, 은하 극 방향으로 고리가 있는 경우, 핵과 원반이 서로 다른 방향으로 회전하는 경우 등에서 확연히 나타나고 있다. 또한 하나의 구상성단을 이루는 별들이 금속함량이 다른 둘 이상의 집단으로 나눠지는 점도 병합이론의 증거가 되고 있다.

예를 들면 서울대 이명균 교수팀은 대형 타원은하 M87과 NGC 4472에 있는 구상성단의 금속함량 분포가 여러 그룹으로 나뉘는 것을 보여줬다. 이러한 결과는 이 타원은하가 여러 번에 걸쳐 다른 은하를 병합함으로써 구상성단이 만들어졌다는 증거가 됐다.

또한 허블망원경을 통해 관측한 충돌 은하 NGC 4038과 NGC 4039는 이런 일이 우주에서 실제로 일어나고 있다는 것을 잘 보여주고 있다. 허블우주망원경 영상을 잘 살펴보면 어린 구상성단이 많이 형성되고 있음을 알 수 있다. 그리고 허블우주망원경이 관측한 아주 먼 은하, 즉 은하 형성 초기(지금 나이의 약 반 정도)의 영상에서는 이러한 큰 은하간의 충돌이 많이 일어나고 있는 것을 볼 수 있다.

그렇다면 질량이 상대적으로 작은 왜소은하에서 구상성단은 어떻게 만들어졌을까. 충돌이나 병합, 혹은 포획은 나선은하와 같은 큰 은하에서만 일어나는 것이 아니고, 작은 왜소은하에서도 일어나고 있다. 지난 2000년 별이 폭발적으로 탄생하고 있는 왜소은하인 청색왜소은하 약 100개를 조사한 결과, 적어도 이 은하의 약 40%는 은하간의 충돌이나 병합 등에 의한 것으로 조사됐다.

1970년대 이후에 많은 천문학자들이 고속 컴퓨터를 이용해 팽창하는 우주에서 중력에 의한 원시은하의 역학적 진화를 계산한 결과 지속적으로 은하간에 병합이 일어나서 더욱 더 큰 은하가 형성된다는 것을 발견했다. 그래서 많은 천문학자들이 우리은하도 이러한 은하 병합에 의해 형성된 것으로 짐작하고 있다. 그러나 우리은하가 헤일로, 얇은 원반, 두꺼운 원반 따위와 같은 단순하지 않은 구조를 갖고 있기 때문에 단순히 은하의 병합으로 형성됐다고 보기가 어렵다.

● 2. 우리은하는 어떻게 탄생했을까

왜소은하 기원설

1980년대에 호주 천문학자 켄 프리만 등은 우리은하 구상성단 및 헤일로 별의 기원에 대해 왜소은하 기원설을 발표했다. 왜소은하 기원설은 밝은 핵을 갖는 타원왜소은하와 같은 왜소은하들이 우리은하에 포획돼 핵을 제외한 부분은 모은하의 조석력에 의해 깨지고 흩어져 헤일로의 별을 이루었다는 설이다. 또한 은하의 조석력을 견딜 수 있는 핵이나 성단들은 흩어지게 됐다.

그렇다면 왜소은하의 포획에 의해 헤일로가 형성됐다는 증거는 있는 것일까. 최근에 우리은하는 현재 궁수자리 왜소은하를 '잡아먹고' 있는 중인 것으로 밝혀졌는데, 이 은하에는 구상성단이 포함돼 있다. 또한 우리 이웃에 있는 대마젤란성운은 젊은 구상성단이 많고 현재도 생성되고 있다. 이 대마젤란성운은 현재 우리은하에 질량을 빼앗기고 있다. 언젠가는 대마젤란성운의 구상성단은 우리은하의 구상성단이 될 것으로 생각된다.

1999년 영국의 과학학술지 '네이처'에 실린 연세대 우주망원경사업단 이영욱 교수팀의 논문은 구상성단 중의 하나가 왜소은하로부터 왔다는 것을 확인해줬다. 이 교수팀은 남반구에 있는 유명한 구상성단 오메가 센타우리에 속한 별들의 진화를 조사했다. 그 결과 오메가 센타우리에는 적어도 4개의 서로 다른 나이와 금속함량을 갖는 별들이 존재하고 있다는 사실을 발견했다.

이것은 4번의 서로 다른 시기에 별들이 형성됐거나, 서로 다른 나이와 금속함량을 갖는 별이 포함돼 있는 은하가 합쳐진 후에 우리은하에 포획됐다는 것을 의미한다. 그런데 구상성단과 같은 작은 천체 내에서 서로 다른 시기에 4번 이상 별이 형성됐을 가능성은 거의 없다.

궁수자리 왜소은하. 우리은하에 포획되고 있는 상태다.

2개의 타원은하가 충돌하면서 나선은하가 생성되는 과정을 시뮬레이션한 모습.

결국 오메가 센타우리는 몇 번의 병합을 거친 왜소은하가 우리은하에 포획된 잔해인 것이다. 실제로 우리은하와 안드로메다은하가 포함돼 있는 국부은하군에 속한 왜소은하에 있는 별들의 진화를 연구한 결과에서도 서로 다른 시기에 탄생한 별이 존재하고 있는 것으로 밝혀졌다. 포획 또는 병합설이 더욱 힘을 얻고 있는 것이다.

위와 같이 우리은하 헤일로의 형성은 왜소은하의 포획으로 설명할 수 있다. 그렇다면 고속 붕괴이론이 설명할 수 없었던 여러 종류의 원반 성분의 존재를 왜소은하의 포획이나 병합으로 설명할 수 있을까. 두꺼운 원반 성분의 형성 역시 은하 충돌, 포획으로 설명할 수 있다. 고속붕괴이론과 같이 원반이 형성된 초기 은하에 크기가 상대적으로 작은 은하가 포획돼 나선형으로 충돌하면 두꺼운 원반이 생길 수 있다는 사실이 여러 천문학자의 역학적 충돌 모형 계산에 의해 밝혀졌다.

한편 천문학자들은 우리은하의 형성을 거시적인 은하 형성 이론에서 찾으려고 시도했다. 우주 초기의 밀도 요동이 물질, 특히 차가운 암흑물질의 불균일을 만들고, 이 불균일이 우주의 거시구조를 만들었다는 연구를 바탕으로 우주 초기의 물리적 상태로부터 현재 우주의 구조, 은하단의 형성과 개별 은하의 형성 과정을 컴퓨터로 재현하는 연구에 큰 진전이 있었다.

1990년대 후반에 2000년대 초반까지 '천년기 컴퓨터 모의실험'이라고 부르는 우주의 진화 과정의 컴퓨터 모의실험 결과 작은 은하들이 병합해 더 큰 나선은하나 작은 타원은하를 만들고, 다시 병합하여 더욱 큰 은하를 만들어서 최종적으로 큰 타원은하가 만들어지는 계층적 은하 형성 모습이 관찰됐다.

이에 따라 일반적인 은하의 형성을 여러 관측 결과와 은하 형성과정에서 영향을 주는 다양한 물리적 상황들을 설명하는 이론을 묶어 계층적인 시각에서 여러 종류 은하의 형성을 설명하는 '준해석학적 은하형성 모델'이라는 보다 거시적인 방법의 은하형성이론이 주목받고 있다.

그러나 이러한 은하형성 이론이 현재 관측하는 은하들의 특성을 모두 다 아주 잘 설명하고 있는 것은 아니다. 예를들어 우리은하 주변에서 발견되는 왜소은하 수가 차가운 암흑물질 이론에서 예측하는 왜소은하 수에 비해 작아서 천문학자들은 여러 이론으로 이를 설명하려고 시도하고 있지만 아직 명쾌한 결론이 없는 상태다.

지난 반세기 동안 관측이나 이론적 연구에서 많은 성과가 있었지만 여전히 우리은하에 대한 형성 이론은 아직도 확실하게 해결되지 않은 부분이 많다. 예를 들면 암흑물질의 정체, 분포, 역할 따위가 아직 명확하게 규명되지 않았고, 백색왜성이 두꺼운 원반에 존재하는 문제, 구상성단의 기원, 헤일로의 기원, 은하와 은하 사이 공간에 별이 존재하는 문제, 은하의 경계 및 은하의 크기 따위도 아직 의문점이 많다. ▣

용이 사는 시내

별이 촘촘히 박힌 가운데 시커먼 구름이 군데
군데 끼여 있는 듯 보이는 은하수. 우리 선조
들은 은하수를 '미리내'라고 불렀다. 미리내는 용
을 뜻하는 '미르'와 강을 뜻하는 '내'가 합쳐진 순
우리말인데, 풀이하자면 용이 사는 시내라는 의
미다. 그래서인지 은하수를 바라보면 하늘 강이
흐르는 것 같기도 하고, 때로는 기다란 용의 비늘
이 반짝거리는 것 같기도 하다.

은하수가 구름이 아니라 수많은 별이 모인 무
리라는 사실이 밝혀진 때는 불과 400년 전 갈릴

레이가 자신의 망원경으로 이 사실을 확인한 뒤 많은 과학자들이 은하수의
정체를 밝히기 위해 노력했다. 은하수는 지구에서 바라본 우리은하의 옆모
습이다. 숲 속에 있으면 숲 전체를 파악하기 힘들듯이 우리 은하의 전체 모습
을 알기는 쉽지 않았다. 나선은하라고 하는데 단순히 나선팔만 있는지, 중심
에 블랙홀이 정말 존재하는지, 작은 은하를 잡아먹은 흔적이 있는지.

현재까지 우리은하에 대해 밝혀진 바에 따르면, 중심에는 태양보다 400만
배나 무거운 거대 블랙홀이 떡하니 자리하고 중심부 막대 구조에서 나선팔
이 뻗어 나오며, 과거에 작은 은하들을 게걸스럽게 잡아먹으며 탄생하고 성
장했다. 새롭게 드러난 우리은하의 진면목을 만나러 한여름 밤 은하수로 지
적 여행을 떠나보자.

우리은하의 모습

1. 여름 밤하늘로 떠나는 은하수 여행

젖이 흐르는 길

❶ 유럽남반구 천문대(ESO) 거대망원경 VLT에서 은하수를 향해 레이저빔을 쏘아올리고 있다. 레이저빔은 우리은하 중심을 가리키고 있다.
❷ 야코포 틴토레토의 명화 '은하수의 기원'. 헤라의 유방에서 뿜어져 나온 젖이 멀리 퍼져 은하수가 됐다는 신화를 담고 있다.

일부 아메리카 원주민 부족은 은하수를 성스러운 동물들이 하늘을 지나는 통로라고 간주했으며, 시베리아에서는 하늘을 뒤덮는 천막의 솔기라고 생각했다. 동부 아프리카의 어느 부족은 모닥불에서 피어나는 연기를 떠올렸는가 하면, 남아프리카의 한 부족은 거대한 짐승의 등뼈라고 상상했다. 여름 밤하늘에 뿌연 강처럼 흐르는 은하수를 보고 전 세계 곳곳에서 떠올린 단상들이다.

은하수의 영어명은 '젖 길(the Milky Way)'이다. 신화에 따르면 최고의 신 제우스는 인간 알크메네와 바람을 피운 뒤 낳은 아기 헤라클레스에게 영원한 생명을 선사하기 위해 본처 헤라의 젖을 먹이려고 한다. 잠자는 헤라의 젖을 물리자 헤라클레스는 힘차게 젖을 빨았는데, 어찌나 세게 빨았는지 헤라는 비명을 지르며 아기를 떼어냈다. 이때 뿜어져 나온 젖이 멀리 퍼져 밤하늘에서 빛을 내는 띠가 됐다고 한다. 이 내용은 르네상스 시대 거장인 야코포 틴토레토가 그린 '은하수의 기원'이란 제목의 명화에도 담겨 있다.

여름 밤하늘을 바라보고 있노라면 정말 헤라의 젖이 뿌려진 것처럼 뿌옇게 빛나는 은하수를 만날 수 있다. 하늘을 가로질러 길게 뻗은 빛의 길 은하수. 이 신비로운 은하수의 정체는 바로 우리은하다. 그렇다고 우리은하의 전체 모습은 아니다. 정확히 말하면 지구에서 바라본 우리은하의 옆모습이다.

● 1. 여름 밤하늘로 떠나는 은하수 여행

생명 만드는 분자도 은하수에

우리은하 중심부를 자세히 보여주는 사진(❶)은 미국 항공우주국(NASA)의 스피처우주망원경
(❷, 적외선·빨강), 허블우주망원경(❸, 근적외선·노랑), 찬드라 X선 망원경(❹, 파랑 및 보라)으로 각각 찍어
색을 입혀 합성한 사진이다. 적외선과 X선은 성간먼지를 뚫을 수 있어 은하 중심부의 강렬한 활동을 드러낸다.
중앙에서 약간 오른쪽에 밝은 부분이 은하 중심인데, 이곳에 거대 블랙홀이 자리하고 있는 것으로 알려져 있다.
특히 거대 블랙홀에 의해 수백만℃로 가열된 기체에서 고에너지 X선(파랑)이 나온다.

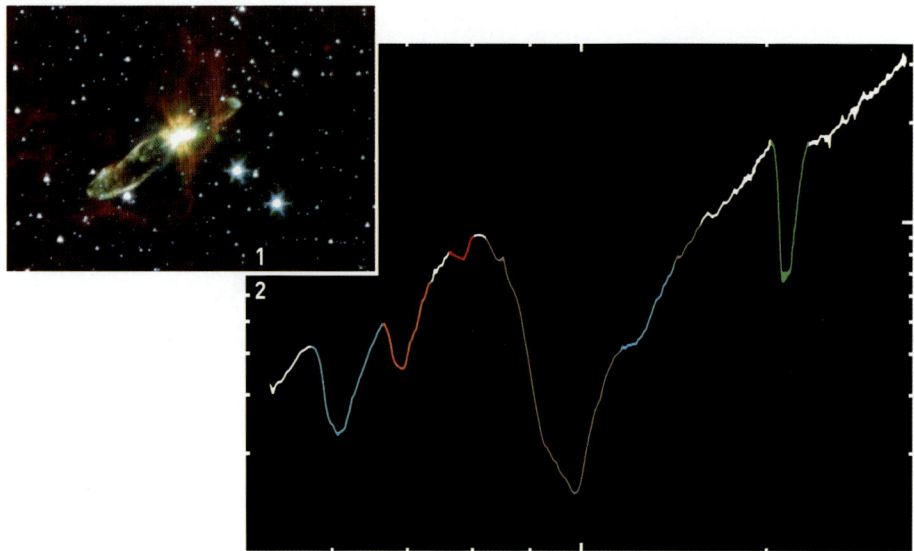

스피처우주망원경으로 원시별 HH46/47(❶)을 적외선으로 관측해 얻은 스펙트럼(❷).
먼지에 얼음상태로 존재하는 물, 메틸알코올, 이산화탄소, 기체상태로 존재하는 메탄,
그리고 먼지의 주성분인 규산염을 보여주고 있다. 메틸알코올과 메탄은 유기분자에 속한다.

사실 밤하늘에서 맨눈에 볼 수 있는 모든 별은 우리은하에 속해 있다. 지구는 우리은하의 원반에 파묻혀 있는데, 두께 2000광년에 지름 10만 광년인 이 원반에는 적어도 2000억 개의 별들이 모여 있다. 은하수가 흰 비말처럼 보이는 이유는 원반의 수많은 별들이 뿜어내는 빛이 합쳐져 보이기 때문이다. 또 우리 은하의 원반은 지구 공전궤도면과 같은 방향에 놓여 있지 않으므로, 은하수는 하늘을 대각선으로 가로질러 나타나게 된다.

은하수를 자세히 살펴보면 가운데로 시커먼 띠가 지나가며 빛의 길을 두 갈래로 나누고 있다. 성간물질이 별빛을 가리고 있는 부분이다. 성간물질은 기체와 먼지로 이뤄져 있으며, 99%로 대부분을 차지하는 기체보다 1%에 불과한 먼지가 별빛을 더 효율적으로 흡수한다. 두꺼운 성간먼지가 은하수에 기다란 검은 틈새를 만든 셈이다. 천문학자들의 조사에 따르면, 성간먼지는 평균 크기가 0.1μm(마이크로미터, $1\mu m=10^{-6}m$) 정도이며, 탄소와 규산염 화합물로 이뤄져 있다.

성간물질은 주로 구름의 형태로 뭉쳐 있기 때문에 성운이라 불리며, 별빛을 가로막아 존재를 드러내는 암흑성운은 대부분 수소분자가 우세한 분자운이다. 최근 이런 분자운에서 유기분자가 발견되고 있다. 특히 생명체와 직접 관련된 아미노산을 구성하는 기본 유기분자인 시아노아세틸렌(HC_3N)과 아세트알데히드(CH_3CHO)가 관측됐다.

세종대 천문우주학과 이정은 교수는 "수소분자운의 안쪽은 바깥에서 자외선이 들어오지 못해 아늑하다"며 "이곳의 먼지 표면에서 유기분자가 많이 만들어진다"고 설명했다. 유기분자를 관측하기 쉬운 환경은 주변에서 별이 탄생하는 곳이다. 별이 만들어지면 빛이 나와 주변을 데우는데, 이때 차가운 먼지에 얼음 형태로 붙어 있던 유기분자가 증발해 기체 상태로 관측되는 것이다.

아미노산의 기초가 되는 유기분자의 특성도 흥미롭다. 아미노산은 분자식이 같지만 구조가 거울에 비친 모습처럼 서로 다른 좌형과 우형이 만들어지는데, 지구상의 아미노산은 거의 모두 좌형 구조를 갖고 있다. 이 교수는 "원시별에서 자외선이 엄청나게 나오는데, 우형 아미노산이 자외선에 의해 잘 파괴된다"고 말했다. 지구 생명체의 신비도 우주를 잘 관측하면 풀릴 수 있지 않을까.

원시별 주변에는 별을 둘러싸고 있는 원반이 발견되고 있는데, 이 원반에서 먼지들이 뭉쳐져 행성을 형성하고 행성에서 생명체도 탄생할 수 있다. 최근 NASA의 스피처우주망원경이 적외선으로 원시별을 관측한 결과, 원시별 주변 원반에 생명체와 관련 있는 다양한 유기분자와 물 분자가 존재하는 것으로 밝혀졌다.

아직까지 별이 탄생하는 과정에서 지구와 같은 행성이 어떻게 만들어지고 생명체가 어떻게 나타나는지 정확히 알 수 없지만, 적어도 별 탄생과 생명체의 존재는 어떤 연결고리를 갖고 있음에 틀림없다.

태양보다 수백만 배 큰 블랙홀

여름 밤하늘에 펼쳐진 은하수를 찬찬히 따라가다 보면 궁수자리 방향이 가장 밝고 다채롭다. 우리 은하의 중심이 자리하는 이곳에는 중앙 팽대부(bulge)의 많은 별들이 원반 별들에 가세해 빛나고 있다. 하지만 암흑성운의 성간먼지가 군데군데에서 다양한 모양으로 별빛을 막고 있다. 지구에서 2만 6000광년이나 떨어져 있는 우리은하 중심은 베일에 싸여 있는 미지의 세계다. 기체, 먼지, 별과 그 시체로 가득한 복잡한 곳이라 정확한 상황을 파악하기 힘들기 때문이다. 특히 우리은하 중심에 진짜 블랙홀이 있는지는 많은

천문학자들이 제기해온 의문이었다.

1970년대 우리은하 중심부에서 강한 전파원(전파가 관측되는 원천)이 발견돼 이 전파원은 '궁수자리 A*'로 명명됐다. 궁수자리 A*는 광학망원경을 들이대도 보이지 않았고 근적외선으로 관측하더라도 전파원에 해당하는 천체는 눈에 띄지 않았다. 2000년대 들어서는 찬드라 X선망원경이 궁수자리 A*를 향했다. 이 우주망원경은 2000년 궁수자리 A*에서 X선을 처음 포착했고 이듬해 궁수자리 A*가 갑자기 밝아지는 현상을 잡아냈다. X선은 블랙홀로 물질이 빨려 들어갈 때 내놓는 마지막 절규로 알려져 있는데, 궁수자리 A*에서 X선이 나왔다는 사실은 이 천체가 블랙홀이라는 간접 증거인 셈이다.

미국 로스앤젤레스 캘리포니아대(UCLA) 연구팀과 독일 막스플랑크연구소 연구팀이 궁수자리 A*의 정체를 제대로 밝히기 위해 치열한 경쟁을 벌였다. 2002년 UCLA 연구팀은 하와이 케크망원경으로 궁수자리 A*로 빨려 들어가는 가스와 먼지 흐름을 포착했고, 같은 해 막스플랑크연구소 연구팀은 칠레 유럽남반구 천문대(ESO) 거대망원경 VLT를 이용해 은하 중심을 초속 5000km로 15.2년에 한 번씩 돌고 있는 별 S2를 발견했다. 그동안 궁수자리 A* 주위에서는 20~30개의 별이 관측됐는데, 가장 가까이에 있는 별은 궁수자리 A*에서 태양과 화성 사이의 거리 정도쯤 떨어져 있다.

서울대 물리천문학부 우종학 교수는 "이들 가운데 몇 개 정도의 별이 궁수자리 A*를 도는 궤도가 정확히 결정됐다"며 "이를 통해 은하 중심부에 태양 질량의 400만 배에 달하는 질량이 존재하는 것으로 계산됐다"고 밝혔다. 작은 공간 안에 이렇게 상당한 질량이 밀집돼 있다면 궁수자리 A*는 거대 블랙홀일 수밖에 없다는 뜻이다. 사실 우리 은하뿐 아니라 외부은하의 중심부에도 거의 대부분 거대 블랙홀이 자리 잡고 있는 것으로 밝혀졌다. 천문학자들은 은하 중심부를 돌고 있는 별의 운동을 관측해 중심에 있는 거대 블랙홀의 질량을 쟀다. 우 교수는 "지금까지 45개 정도의 거대 블랙홀의 질량을 측정했는데, 그 질량이 태양 질량의 100만~50억 배"라며 "우리 은하 중심에 있는 거대 블랙홀은 작은 편에 속한다"고 말했다.

우리 은하의 거대 블랙홀은 다행히 비활동성이다. 활동성인 거대 블랙홀은 은하 전체보다 밝은데, 강력한 전파원인 퀘이사가 활동성인 거대 블랙홀을 갖고 있다고 알려져 있다. 우 교수는 "은하 100개 중 하나가 퀘이사"라며 "우주 나이가 20~30억 년일 때 은하들끼리 합병하며 거대한 은하를 형성하는 과정에서 거대 블랙홀에 먹이를 공급해 밝게 빛나는 단계가 퀘이사로 추정된다"고 설명했다.

비활동성에 그리 크지 않은 블랙홀을 가진 우리 은하. 방대한 우주에서 어찌 보면 그저 평범한 존재인지도 모른다. 다만 제가 태어난 은하수의 정체는 물론 우주의 신비를 밝히려 안간힘을 쓰는 인간이 존재하고 있다는 사실이 다른 점이 아닐까. ▨

Sgr A*

1

0.2"

N ▲2

● S0-1
● S0-2
● S0-4
● S0-5
● S0-16
● S0-19
● S0-20

Keck/UCLA
Galactic Center Group

1995-2008

❶ 우리 은하 중심부를 파장 1.8μm(파랑), 2.2μm(초록), 3.8μm(빨강)로 각각 찍어 가짜색으로 합성한 사진. 거대 블랙홀로 지목받고 있는 궁수자리 A*(Sgr A*)가 빨갛게 보인다.
❷ 우리은하 중심부의 별 7개가 14년간 움직인 궤적과 추정된 전체 궤도. 이 별들의 궤도로부터 중심부에 태양 질량보다 400만 배 무거운 거대 블랙홀이 자리하고 있음이 밝혀졌다.

우리은하의 모습

2. 작은 은하 잡아먹던 과거

은하의 탄생과 진화

현대 천문학이 풀어야 할 중요한 문제가 은하들이 어떻게 탄생하고 진화했는가이다. 천문학자들은 슈퍼컴퓨터로 대규모 시뮬레이션을 해 은하의 형성과 진화 과정을 모사하는 한편, 아주 멀리 떨어진 은하들을 관측해, 즉 아주 오래전에 그 은하들을 떠난 빛을 관측해 은하들이 시간에 따라 어떻게 진화했는지를 연구하고 있다. 문제는 머나먼 은하들의 관측 자료를 정밀하게 얻기 힘들다는 점이다.

반면에 우리은하 또는 우리은하 주변의 외부은하들은 매우 정밀하게 관측해 형성 연대에 따른 화학적, 역학적 성질을 비교하고 분석할 수 있다. 이를 통해 우리은하뿐 아니라 우리은하와 비슷한 외부은하의 형성과 진화 과정을 이해할 수 있다. 이런 방법으로 우주를 이해하고자 하는 학문 분야를 '근거리 우주론'이라 부른다. 이 방법으로 우리은하의 형성 과정을 밝히려는 노력은 크게 2가지 방향으로 전개돼왔다. 하나의 은하운이 수축해서 탄생했다는 주장과 계층적으로 병합해 탄생했다는 주장이 맞선 가운데 최근엔 계층적 병합 이론이 우위를 점하고 있다.

2. 작은 은하 잡아먹던 과거

단일 수축 vs 계층적 병합

초기 은하가 물질을 끌어들이는
모습을 그린 상상도.

근거리 우주론 방법을 이용해 체계적으로 우리은하의 형성 과정을 이해하려는 시도는 1962년에 처음 있었다. 미국 카네기천문대의 올린 에겐, 도널드 린덴-벨, 그리고 앨런 샌디지는 태양 주변의 221개 별이 은하 중심에 대해 어떻게 운동하는지를 알아내, 하나의 은하운이 수축해 우리은하가 형성됐다는 모형을 확립했다. 이 모형은 세 천문학자 성의 알파벳 첫 글자만 따 ELS 모형이라 부른다.

세 사람은 중원소 함량이 적은 별일수록 찌그러진 타원궤도를 돌며 은하 원반으로부터 먼 거리까지 운동하고 각운동량이 작다는 사실을 발견했는데, 이를 바탕으로 원시은하운이 매우 빠르게(수억 년에 걸쳐) 수축하며 우리은하가 생성됐을 것이라고 주장했다.

ELS 모형에 따르면, 원시은하운이 초기에 수축하는 과정에서 중원소 함량이 적은 1세대 별들이 생성돼 은하 외곽(헤일로)에 자리를 잡았다. 1세대 별들은 작은 각운동량에 찌그러진 타원궤도를 갖게 됐으며, 이들 가운데 무거운 별은 초신성 폭발을 일으키며 중원소를 성간운으로 내뿜었다. 이어 원시은하운이 계속 수축할 때 성간운끼리 충돌하면서 에너지를 잃어 원반 모양으로 정착되고 이렇게 생긴 원반에서 중원소 함량이 큰 2세대 별들이 탄생한 것이라는 설명이다.

그 후 ELS 모형은 예측에 맞지 않는 새로운 관측결과가 나오면서 비판받았지만, 단 221개의 별을 사용해 우리은하의 형성과정에 대해 논의한 것은 매우 놀라운 일이다.

1978년에는 구상성단을 이용해 우리은하의 형성 과정을 이해하고자 하는 노력이 있었다. 역시 미국 카네기천문대에 근무하던 레너드 설과 로버트 진이 우리은하에 존재하는 구상성단의 중원소 함량과 나이를 연구해 새로운 은하형성 모형을 제시했다. 이들은 특히 바깥 헤일로 구상성단들(은하 중심으로부터 태양보다 더 멀리 떨어져 있는 구상성단들)이 은하 중심으로부터의 거리와

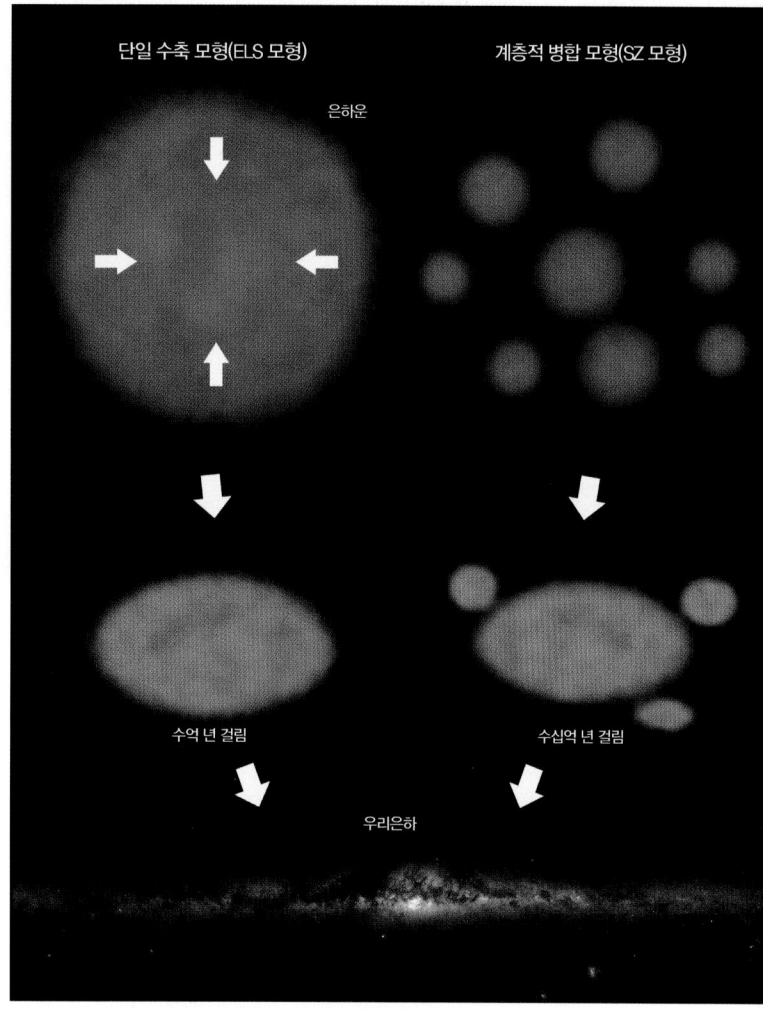

우리은하의 형성 과정을 설명하는 2가지 모형. 하나의 은하운이 빠르게 수축해 탄생했다는 주장(ELS 모형)과 왜소은하 규모가 계층적으로 병합해 탄생했다는 주장(SZ 모형). 최근엔 SZ 모형이 많은 지지를 받고 있다.

중원소 함량 사이에 상관관계가 존재하지 않으며 수십억 년의 나이 차이를 보인다는 사실을 발견했다.

만일 구상성단들이 ELS 모형에 따라 형성됐다면, 수억 년이라는 시간 내에 형성됐어야 한다. 두 사람은 바깥 헤일로 구상성단들이 우리 은하가 형성된 뒤 떠돌던 은하운 조각이 우리은하에 병합된 결과라고 주장했다. 이 같은 주장을 역시 이들의 성을 따서 SZ 모형이라 부른다.

그 뒤 우리은하에서 병합에 의해 형성된 천체들이 잇달아 관측되면서 SZ 모형이 탄력을 받고 있다. 현재 SZ 모형은 차가운 암흑물질이 우세한 계층적 은하형성 모형에서 예측하고 있는 은하 간 충돌 또는 병합 과정과 잘 부합한다. 이 모형에 의하면 우주 초기에 왜소은하 규모의 질량을 갖는 천체가 먼저 만들어지고, 이들이 순차적으로 병합해 거대 은하로 성장하고 진화했다.

우리은하의 모습

2. 작은 은하 잡아먹던 과거

구상성단은
외부 은하였다

우리은하의 형성과 진화를 연구하는 데 중요한 구상성단은 대부분 우주 초기에 동시에 형성돼 나이가 같고 화학조성이 동일한 별들로 구성된 것으로 받아들여져 왔다. 하지만 1970년대부터 몇몇 구상성단이 이와 다른 특성을 보인다는 관측결과가 나오기 시작했다.

대표적인 예가 우리은하에서 가장 큰 구상성단으로 알려진 '오메가 센타우리(NGC 5139)'다. 오메가 센타우리는 화학조성이 서로 다른 네 종류의 별들로 구성되고 별들의 나이 차이가 최대 20억 년으로 나타났다.

개개의 별이 갖고 있는 중원소 함량은 별의 형성과 진화에 중요한 역할을 한다. 또한 개별 원소는 특수한 물리적 상황에서 생성되기 때문에 특정 원소의 함량을 측정하면 이전 세대 별의 물리적 상태를 유추해볼 수 있다. 특히 구성성단을 이루고 있는 가벼운 별에서 발견되는 중원소는 별 내부에서 생성되지 않는다. 예를 들어 어떤 별이 칼슘과 같은 원소를 많이 갖고 있다면 그 별은 매우 무거운 별의 최후단계인 II형 초신성 폭발 때 방출된 물질을 많이 포함한 성간운에서 태어났다는 뜻이다.

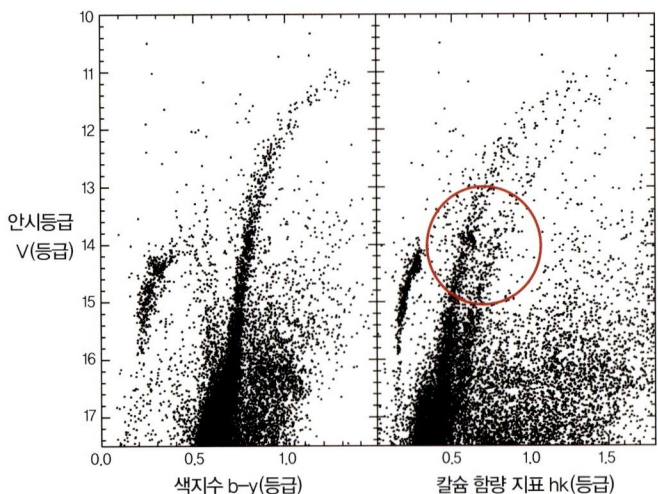

이재우 세종대 교수는 칠레 세로토롤로 미국 국립천문대(❶)의 구경 1m 망원경으로 40여 개의 구상성단을 관측해 이들 가운데 50% 이상이 우리 은하에 잡아먹힌 왜소은하임을 밝혀냈다. 예를 들어 구상성단 M22(❷)의 색과 등급을 나타낸 그림(116쪽 하단)에서 칼슘 함량을 측정하는 지표(hk)를 보면, 적색거성열이 2개로 갈라지는 현상(원)이 나타난다. 이는 1세대 무거운 별이 진화해 초신성 폭발을 일으키고 그 잔해로부터 2세대 별이 태어났음을 뜻한다. 따라서 M22가 이 같은 초신성 폭발을 견디려면 구상성단보다 매우 무거운 왜소은하여야 한다.

필자(이재우 세종대 천문우주학과 교수) 또한 칠레 세로토롤로 미국립천문대의 구경 1.0m 망원경을 사용해 2006년부터 무려 120여 일 동안 40여 개의 구상성단과 은하중심 영역을 광범위하게 관측했다. 이 망원경에 칼슘 필터를 장착해 구상성단 내 별들에 포함된 칼슘 함량을 측정했다. 이온화된 칼슘은 파장 396.8nm(나노미터, $1nm=10^{-9}m$)와 393.4nm에서 매우 강한 흡수선을 만드는데, 이를 이온화된 칼슘의 H와 K 흡수선이라고 한다. 태양의 경우 이온화된 칼슘의 H와 K 흡수선이 가장 강하다.

필자도 이온화된 칼슘의 H와 K 흡수선에 집중해 구상성단의 별을 관측했다. 이 흡수선을 포함하는 좁은 영역의 파장을 관측하면 소규모 망원경을 사용하더라도 구상성단 내 거의 모든 구성별의 칼슘 함량을 정밀하게 측정할 수 있기 때문이다.

관측자료를 분석한 결과, 전체 구상성단의 50% 이상에서 그 구성별들의 칼슘 함량이 오메가 센타우리에서처럼 매우 다양한 것으로 나타났다. 이는 우리은하에 존재하는 대부분의 구상성단에 칼슘 같은 중원소 함량이 균질하게 분포됐을 것이라는 기존의 이론을 뒤엎는 결과다.

오메가 센타우리처럼, 한 구상성단에서 칼슘 함량이 뚜렷하게 다른 두 개 이상의 항성 종족으로 구성됐다는 사실을 구상성단 생성 당시에 물질혼합이 불완전했기 때문이라고 설명할 수는 없다. 이는 여러 세대에 걸친 화학적 진화 과정을 통해 다양한 중원소 함량을 가진 물질로부터 여러 세대의 별들이 구상성단에서 생성됐음을 의미한다. 칼슘을 포함한 특정 중원소는 II형 초신성 폭발의 잔해로 만들어지는데, 매우 강력한 초신성 폭발의 잔해를 자체 중력권에 가둬 두고 이 잔해로부터 새로운 별들이 생성되기 위해선 적어도 현재 관측되고 있는 구상성단보다 훨씬 더 무거운 왜소은하 정도의 질량 규모가 필요하다.

따라서 현재 우리은하에 존재하는 대부분의 구상성단은 우리은하 내부에서 형성된 것이 아니라, 왜소은하 규모의 천체가 우리은하에 붙잡혀 병합되는 과정에서 왜소은하의 중심핵만 남아 있는 것임을 강력히 시사한다. 이는 현재 학계에서 받아들여지고 있는, 우주론적 계층 합병에 의한 은하 형성 모형에 부합한다. 즉 우주가 진화하면서 왜소은하들이 계층적으로 합병해서 커다란 은하들이 탄생했다는 뜻이다.

우리은하가 다른 은하를 포식하고 있는 증거는 도처에서 찾아볼 수 있다. 궁수자리 왜소은하라던가 큰개자리 왜소은하는 비교적 최근에 우리은하에 포획된 외부은하의 잔재이다. 천문학자들은 이런 왜소은하들의 병합과정에서 우리은하의 원반이 두꺼워지거나 원반의 뒤틀림이 발생했다고 추정한다. 현재 우리은하의 헤일로에서 발견되고 있는 많은 수의 별 흐름도 왜소은하가 우리은하에 먹히는 과정에서 우리은하의 헤일로에 흩뿌려진 잔재일 것으로 보인다. 대표적인 예가 외뿔소자리 고리인데, 이는 큰개자리 왜소은하가 우리은하와 병합하는 과정에서 만들어진 대규모의 별 흐름이라고 생각된다.

중앙 팽대부가 돋보이는 나선은하
NGC 4565(❶)와 모양이 구형이 아닌
유사 팽대부를 가진 것으로 알려져 있는
나선은하 NGC 4826(❷).

1

2

우리은하의 모습

2. 작은 은하 잡아먹던 과거

행방불명된 왜소은하를 찾아라

현재 정설로 인정받고 있는 차가운 암흑물질의 계층적 은하형성 모형에 의하면, 우리은하의 질량 규모를 갖는 은하는 주위에 수백여 개의 왜소은하가 있어야 한다. 하지만 현재까지 우리은하 주위를 돌고 있는 왜소은하는 10여 개만 알려져 있다. 우리은하 주변처럼 이론에서 예측하는 왜소은하와 관측되는 왜소은하의 개수 사이에 커다란 차이를 보이는 현상을 '행방불명된 왜소은하 문제'라 부른다.

그런데 왜소은하의 잔재인 구상성단을 고려하면 그 심각성을 상당히 완화시킬 수 있다. 또는 수많은 왜소은하들이 우리은하 주위를 맴돌지만, 거의 대부분의 질량이 눈에 보이지 않는 암흑물질로 구성돼 있어 단지 우리가 보지 못할 수도 있다. 그렇다면 별을 이루는 보통 물질을 거의 포함하지 않아 거의 보이지 않거나 완전히 암흑물질로 구성돼 있어 보이지 않는 왜소은하를 우리은하 주위에서 찾아야 한다. 최근엔 대부분이 암흑물질로 구성돼 기존 왜소은하보다 극히 어둡지만 매우 무거운 왜소은하들이 발견돼 주목받고 있다.

우리은하의 중심부에 존재하는 팽대부(bulge) 또한 계층적 은하형성 모형이 설명하기 어려운 실체다. 비교적 최근까지 우리 은하의 팽대부는 중원소 함량이 많은 늙은 별들이 구형으로 모여 있는 집단이라고 생각됐지만, 적외선 관측을 통해 들여다보자 팽대부는 구형이 아니라 상자 또는 땅콩 모양으로 밝혀졌다.

은하의 팽대부는 크게 두 가지 과정에 의해 생성될 것이라고 여겨진다. 첫째, 은하운의 수축이나 은하들의 병합 과정을 통해 팽대부가 생길 수 있는데, 이는 '고전적인 팽대부'라 부르며 안드로메다은하에서 볼 수 있다. 이 과정은 매우 짧은 시간 안에 끝나기 때문에 팽대부에 존재하는 별들은 매우 나이가 많으며 칼슘 같은 중원소를 많이 포함하고 있다. 둘째, 은하 중심에 막대가 형성되면 오랜 시간에 걸쳐 원반의 별들을 수직 방향으로 내뿜을 수 있는데, 이 과정을 통해 우리은하에서 볼 수 있는 상자 또는 땅콩 모양의 팽대부가 형성된다. 이를 '유사 팽대부'라고 부른다.

현재까지 우리은하의 팽대부는 어떤 측면을 보느냐에 따라 서로 모순되는 듯한 모습을 보인다. 별들의 화학조성은 고전적 팽대부에서 예측되는 것인 반면, 팽대부가 상자나 땅콩 모양이며 팽대부에서의 위치에 상관없이 별들의 회전 각속도가 같은 점은 유사 팽대부에서 예측되는 것이다. 이 또한 앞으로 해결해야 할 중요한 문제다.

우리은하는 대규모 병합을 통해 만들어졌을 것으로 예상되는데, 병합 과정에서는 유사 팽대부가 아니라 고전적 팽대부가 생겨야 한다. 우리은하처럼 유사 팽대부를 가진 나선은하 또는 팽대부가 없는 나선은하가 어떻게 생성됐는지는 아직까지 설명할 길이 없다.

2012년 발사될 예정인 가이아(GAIA)위성이 우리은하 외곽까지 관측해 10억 개 별들의 화학조성이나 위치를 정확히 알아내고 2014년 완공 목표인 광시야망원경 LSST가 우리은하의 지도를 만든다면, 우리은하의 탄생과 진화에 대한 의문이 상당수 풀릴 것이다. 또 2018년 이후 칠레 안데스산맥에 구경 25m의 대형망원경(GMT)을 보유하게 될 한국 천문학자들의 활약도 기대해볼 만하다. ◪

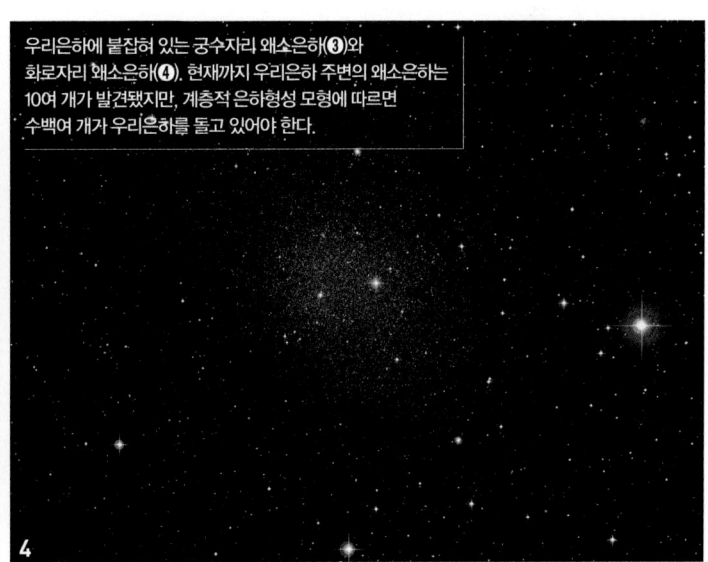

우리은하에 붙잡혀 있는 궁수자리 왜소은하(❸)와 화로자리 왜소은하(❹). 현재까지 우리은하 주변의 왜소은하는 10여 개가 발견됐지만, 계층적 은하형성 모형에 따르면 수백여 개가 우리은하를 돌고 있어야 한다.

2. 작은 은하 잡아먹던 과거

태양계에서 국부은하군까지

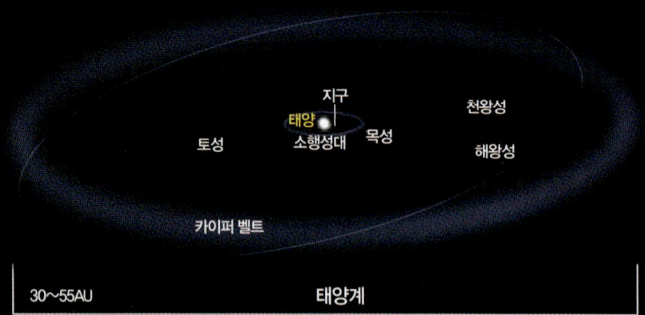

30~55AU　　　　태양계

지구가 포함된 태양계 주변에는 알파 센타우리를 비롯해
시리우스, 프로키온, 알타이르 등의 별이 있다.
더 나아가 우리은하 주변에는 궁수자리 왜소은하,
소 · 대마젤란은하 등을 포함한 10여 개의 위성은하가 있다.
우리은하와 안드로메다은하를 중심으로 30여 개 은하가
국부은하군을 이룬다.

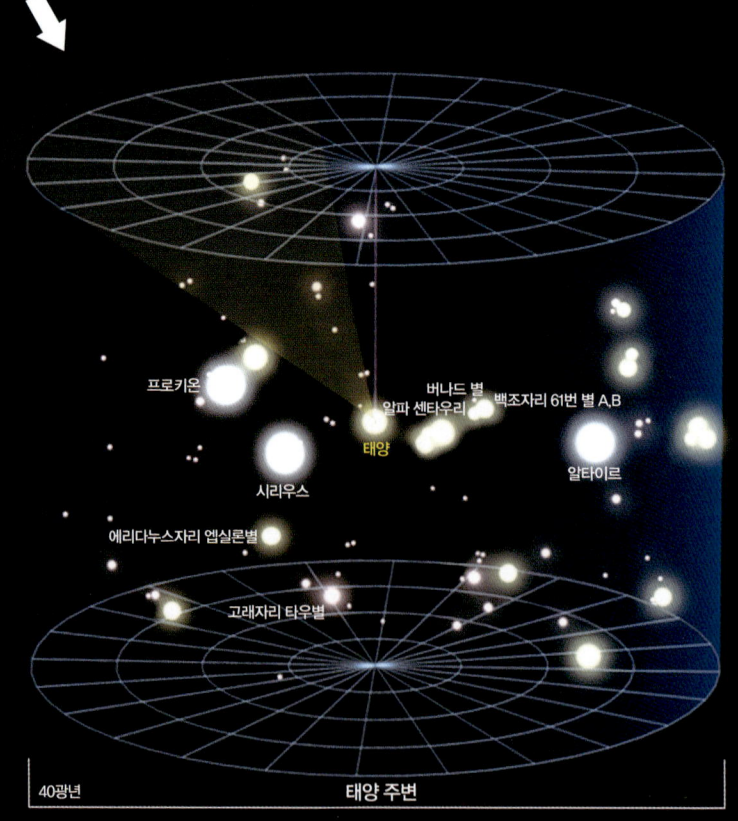

40광년　　　　태양 주변

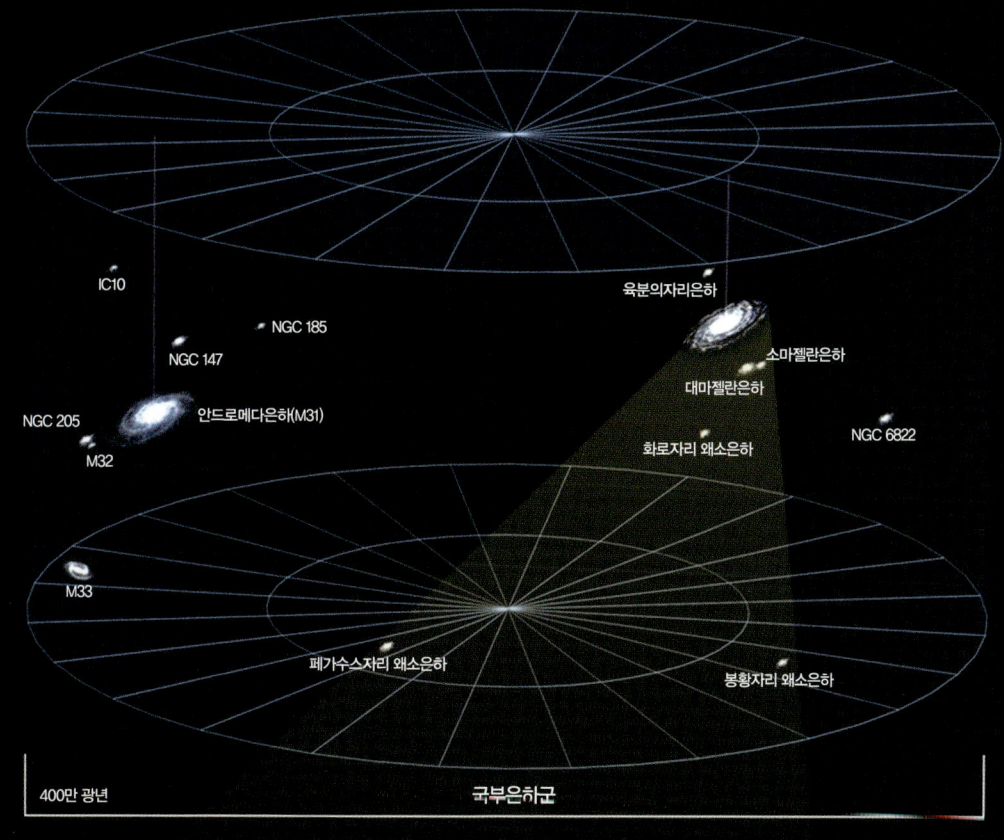

IC10

육분의자리은하

NGC 185

소마젤란은하

NGC 147

대마젤란은하

NGC 205

안드로메다은하(M31)

화로자리 왜소은하

M32

NGC 6822

M33

페가수스자리 왜소은하

봉황자리 왜소은하

400만 광년

국부은하군

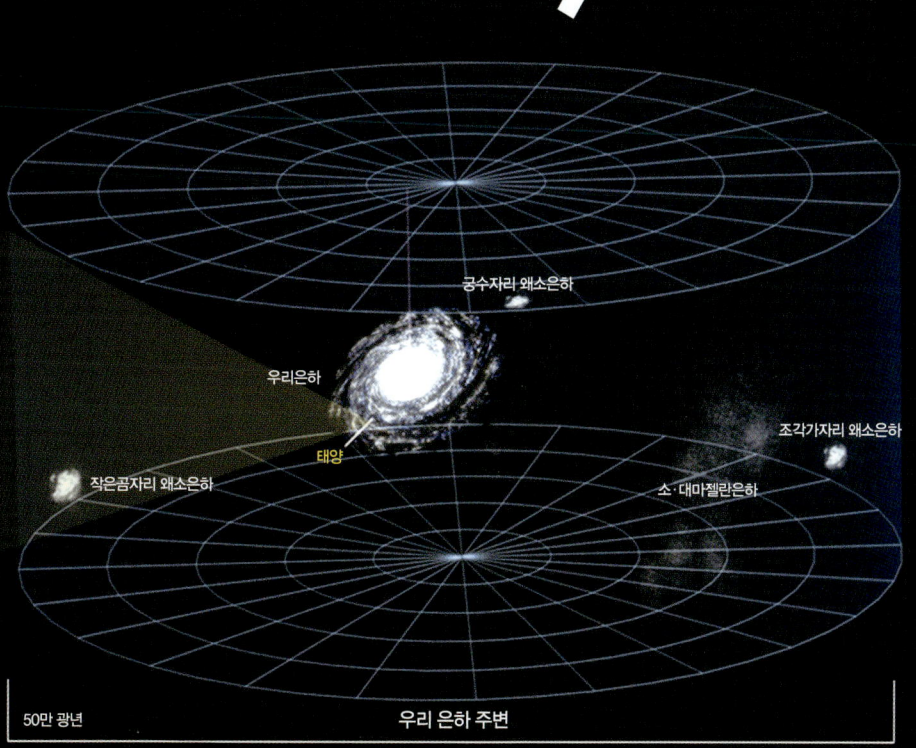

궁수자리 왜소은하

우리은하

조각가자리 왜소은하

태양

작은곰자리 왜소은하

소·대마젤란은하

50만 광년

우리 은하 주변

우리은하 생김새

최신 자료를 바탕으로 그린 우리은하.
중심부에 막대가 있는 막대나선은하임을 알 수 있다.
은하 중심부에는 막대 주위를 감싸는
고리 구조(내부 고리)가 보인다.

은하수가 별들의 집단임을 처음 증명한 사람은 망원경을 발명한 이탈리아의 갈릴레오 갈릴레이였다. 갈릴레이가 자신의 망원경으로 은하수를 들여다보자 우유가 뿌려진 길이나 은빛 강이 아니라 별들의 무리가 보였기 때문이다.

태양계의 성운설을 제창한 독일 철학자인 엠마누엘 칸트는 태양계가 만들어지는 것(성운설)과 같은 원리로 우리은하가 만들어졌다고 생각했다. 즉 회전하는 거대한 성운이 수축하면서 원반 모양이 되고 원반에서 별이 탄생했으며, 은하수는 원반 위에 있는 관측자가 본 우리은하의 모습이라고 생각했다. 또한 칸트는 우리은하 바깥에도 우리은하처럼 수많은 별로 이뤄진 독립된 은하들이 섬처럼 흩어져 있으며 우리은하는 이처럼 수많은 은하의 하나에 불과하다는 섬우주론을 주장했다.

우리은하의 구조를 처음 연구한 사람은 영국의 윌리엄 허셜이다. 18세기 말 그는 하늘을 여러 영역으로 나누고 각 영역에 있는 별의 수를 헤아려 우리은하에 있는 별의 분포를 조사했다. 허셜의 관측에 따르면 별의 분포는 타원체를 이루며 태양은 타원체의 중심에서 가까운 곳에 위치했다. 20세기 초 네덜란드의 야콥스 캅타인은 별의 시차를 관측해 우리은하의 지름이 3만 광년이고 두께가 6500광년이며 태양은 중심으로부터 3000광년 안에 있다고 주장했다.

1919년에는 미국의 할로 섀플리가 구상성단(수십만 개 이상의 늙은 별들이 공 모양으로 모여 있는 성단)을 관측해 구상성단이 거의 구형으로 분포하며 그 지름이 30만 광년이고 그 중심으로부터 태양은 약 4만 5000광년 떨어져 있다는 것을 알아냈다. 그는 구상성단의 분포 중심이 우리은하의 중심이라고 가정했다. 섀플리의 우리은하 모형은 허셜–캅타인 모형과는 달리 태양이 우리은하의 중심에 있지 않은 셈이다. 이는 코페르니쿠스의 태양중심설보다 더 큰 우주관의 변혁을 가져왔다.

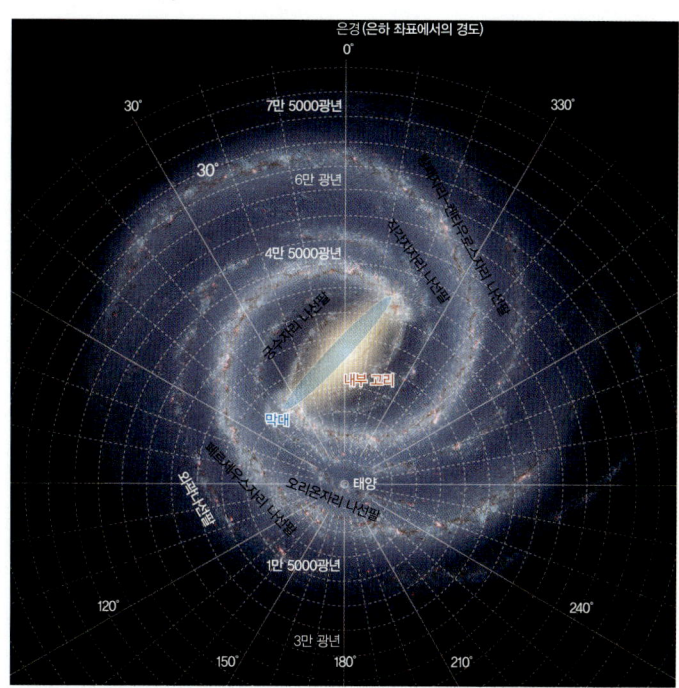

우리은하의 나선팔 구조 전파와 적외선으로 관측해 밝힌 우리은하의 나선팔 구조. 중심부 막대 양 끝에서 방패자리–켄타우로스자리 나선팔과 페르세우스자리 나선팔이 뻗어 나오고, 둘 사이에 이들보다 작은 직각자리 나선팔과 궁수자리 나선팔이 자리한다. 태양은 이 4개의 나선팔보다 작은 오리온자리 나선팔에 위치한다.

그러나 섀플리는 '안드로메다성운'을 포함한 모든 천체가 우리은하 안에 있으며 우리은하 자체가 우주라고 생각했다. 우리은하가 우주 자체라는 그의 주장은 많은 반대에 부딪혔다. 대표적인 반대론자는 허셜–캅타인 모형을 받아들여 칸트의 섬우주론을 지지하는 미국의 허버 커티스였다. 커티스는 안드로메다성운에서 관측된 신성(폭발에 의해 갑자기 밝아졌다 서서히 어두워지는 별)의 밝기를 우리은하에서 관측된 신성의 밝기와 비교해 안드로메다성운까지의 거리를 구했다. 그 거리는 약 40만 광년으로 밝혀졌는데, 이는 섀플리 모형에서 주장하는 우리은하 크기를 훌쩍 넘어선 거리다. 즉 안드로메다성운은 우리은하에 있는 성운이 아니라 우리은하 밖에 있는 외부은하임이 분명하다고 생각했다.

우리은하 구조와 섬우주론에 대한 논쟁은 1920년 미국 학술원에서 섀플리와 커티스의 논쟁으로 이어졌으나 결론을 내지 못했다. 결국 1925년 미국의 에드윈 허블이 안드로메다성운에서 변광성(시간에 따라 밝기가 변하는 별)을 관측해 거리를 정확히 알아내면서 안드로메다성운이 외부은하로 밝혀졌다. 논쟁은 섬우주론의 승리로 끝난 셈이다. 그러나 우리은하의 구조에 대해서는 섬우주론에서 채택한 허셜–캅타인 모형이 틀리고 태양이 은하의 중심에서 멀리 떨어져 있는 섀플리 모형이 더 타당한 것으로 결론이 났다.

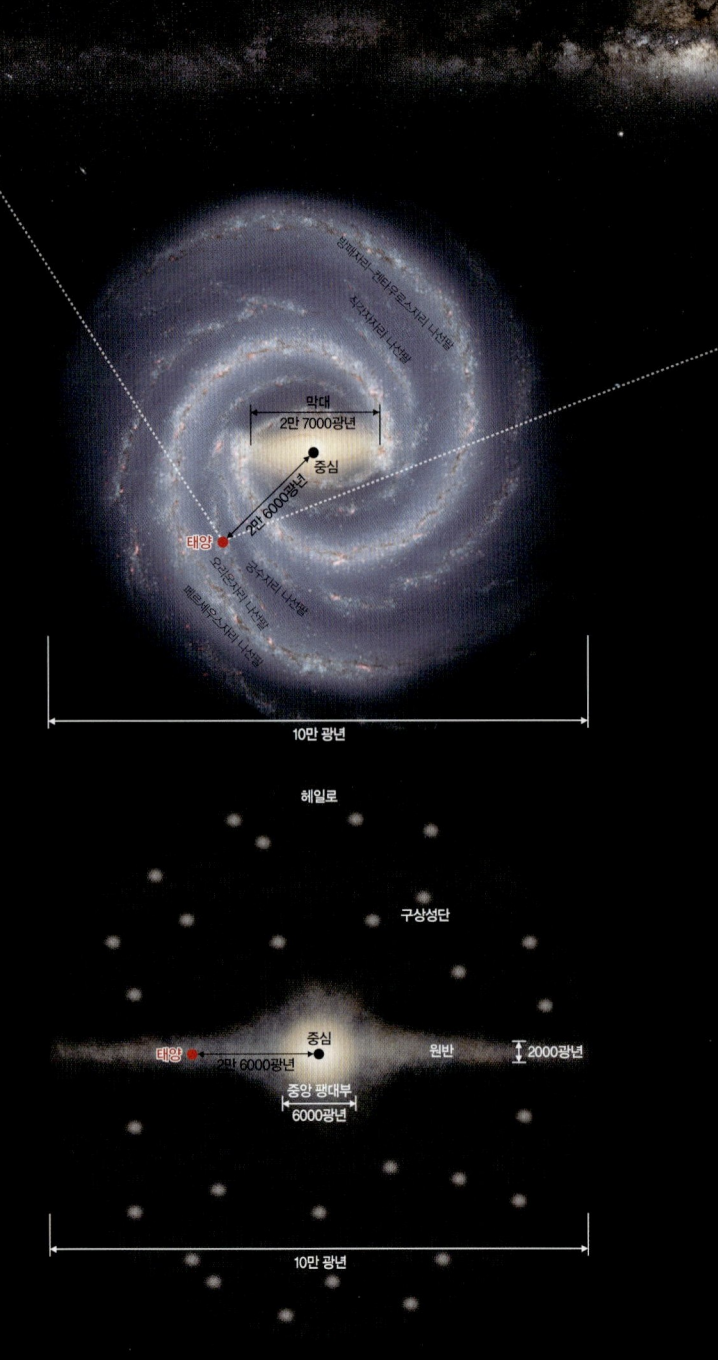

형태나선·켄타우로스자리 나선팔

석-오리자리 나선팔

막대
2만 7000광년

중심

2만 6000광년

태양

궁수·지리 나선팔

오리온자리 나선팔

펠토세우스자리 나선팔

10만 광년

헤일로

구상성단

태양   2만 6000광년   중심   원반   2000광년

중앙 팽대부
6000광년

10만 광년

밤하늘에 펼쳐진 은하수는 은하 원반에 파묻혀 있는
태양(지구)에서 은하 중심부를 바라본 모습이다.
숲 속에서 숲의 전체 모양을 알기 어렵듯이 은하 내부에서
은하의 나선팔 구조를 파악하는 작업 역시 쉬운 일이 아니다.
우리은하는 거대 블랙홀이 중심에 자리한 중앙 팽대부,
나선팔이 있는 원반, 구상성단이 멀리까지 분포하는
헤일로 등으로 구성되며, 태양은 은하 중심에서
2만 6000광년쯤 떨어져 있다.

허블은 외부은하의 존재를 입증한 뒤 은하를
계속 관측해 1936년에는 오늘날 우리가 '허블
분류'라 부르는 은하의 형태 분류 체계를 발표했
다. 허블은 모양에 따라 은하를 나선은하, 타원은
하, 불규칙은하로 구분했다. 허블 분류에 따르면,
우리은하는 나선은하에 해당된다. 나선은하의 가
장 큰 특징은 나선팔. 나선팔에는 성간물질에서
막 태어난 별이 많은데, 우리은하도 O형 별이나
B형 별처럼 젊은 별이 많기 때문에 나선은하로
추정한 것이다.

허블의 은하 분류에서 나선은하는 핵을 가로지
르는 막대가 있는 막대나선은하와 막대가 없는
정상나선은하로 다시 구분된다. 이 중 우리은하
가 어느 것에 해당되는지를 구별할 수 있는 구체
적인 관측자료가 없었기 때문에 대부분의 천문학
자들은 막연히 우리은하를 정상나선은하라고 생

우리은하의 모습

3. 은하 중심부에 막대가 있다

우리은하의 나선팔

큰곰자리 방향으로 1160만 광년 떨어져 있는 나선은하 M81(❶)은 우리은하와 비슷하다. 중심핵과 중앙 팽대부(❷)가 있고 나선팔을 따라 별 탄생 영역(❸)이 줄지어 있으며 나선팔 사이에는 새로운 별이 탄생해 무리(❹)를 이루고 있다. 다만 M81의 중앙 팽대부는 우리은하의 팽대부보다 상당히 크고 M81에는 우리은하와 달리 막대가 없다.

각했다. 숲 속에 들어가면 주변에 어떤 나무가 있는지는 알 수 있으나 숲의 전체적인 모양을 알기 어렵듯이 우리은하 속에서 주변의 별을 관측해 우리은하의 전체적인 모양을 이해하는 것 역시 어렵다. 천문학자들은 가시광선에서 전파에 이르는 각 파장대의 특성을 이용한 관측으로 우리은하에 네 개의 주요 나선팔이 있으며, 이들이 어떤 분포를 하고 있는지를 알아냈다.

나선은하에서 나선팔이 두드러지게 보이는 이유는? 나선팔에 질량이 큰 O형별이나 B형별이 많은데, 이들이 원반을 이루는 다른 별보다 훨씬 밝기 때문이다. O형별이나 B형별은 온도가 높기 때문에 자외선을 많이 방출하므로 별 주변의 수소 기체를 이온화시켜 방출성운을 만들게 된다. 따라서 방출성운의 분포를 조사하면 나선팔의 모양이나 개수를 알 수 있다. 태양에서 가까이 있는

나선팔 모양도 방출성운의 분포를 관측해 파악한 것이다.

그러나 방출성운이 내는 가시광선은 성간물질에 의한 성간소광으로 어두워지기 때문에 멀리 있는 방출성운은 관측되지 않는다. 반면에 성간물질의 대부분을 차지하는 중성수소 원자가 방출하는 전파는 성간물질에 의한 소광이 거의 없다. 이 때문에 전파는 멀리 있는 나선팔을 관측하기에 유리했다. 실제로 전파로 관측한 중성수소의 분포로부터 멀리 있는 나선팔의 윤곽을 얻었고 가시광선 자료와 결합해 나선팔의 전체적인 모양과 구조를 파악할 수 있었다.

가시광선과 전파 관측으로 우리은하가 몇 개의 나선팔을 갖고 있으며 이들 나선팔이 어떤 모양을 하고 있는지는 1970년대 이전에 이미 알려졌다. 하지만 우리은하에 막대가 있다는 사실은 1990년대에 들어와서야 알게 됐다. 물론 우리은하가 막대나선은하일 것이라는 주장은 이전에도 있었다. 1960년대 당대 최고의 외부은하 연구자인 프랑스의 제라르드 보쿨레르는 우리은하가 막대나선은하라고 주장했다. 그러나 당시에는 그 주장이 확실한 관측에 바탕을 둔 것이 아니었기 때문에 대부분의 천문학자들은 이를 받아들이지 않았다.

3. 은하 중심부에 막대가 있다

허블의 소리굽쇠에 따른 은하 분류

스피처우주망원경으로 관측한 75개 은하를 허블의 소리굽쇠 도표에 따라 분류했다. 중심핵과 나선팔의 모양에 따라 타원은하, 나선은하(정상·중간·막대나선은하), 불규칙은하로 나눴다. 은하 영상은 적외선 파장 3.6μm(마이크로미터, 1μm=10^{-6}m), 8.0μm, 24μm에서 각각 찍어 가짜색으로 합성한 것인데, 늙은 별에서 나온 빛은 파랑으로, 새로 태어난 별을 둘러싼 먼지구름에서 나온 빛은 초록이나 빨강으로 보인다. 타원은하는 거의 늙은 별로 이뤄져 있고 우리은하 같은 나선은하는 젊은 별은 물론, 별 탄생에 필요한 물질이 풍부함을 알 수 있다.

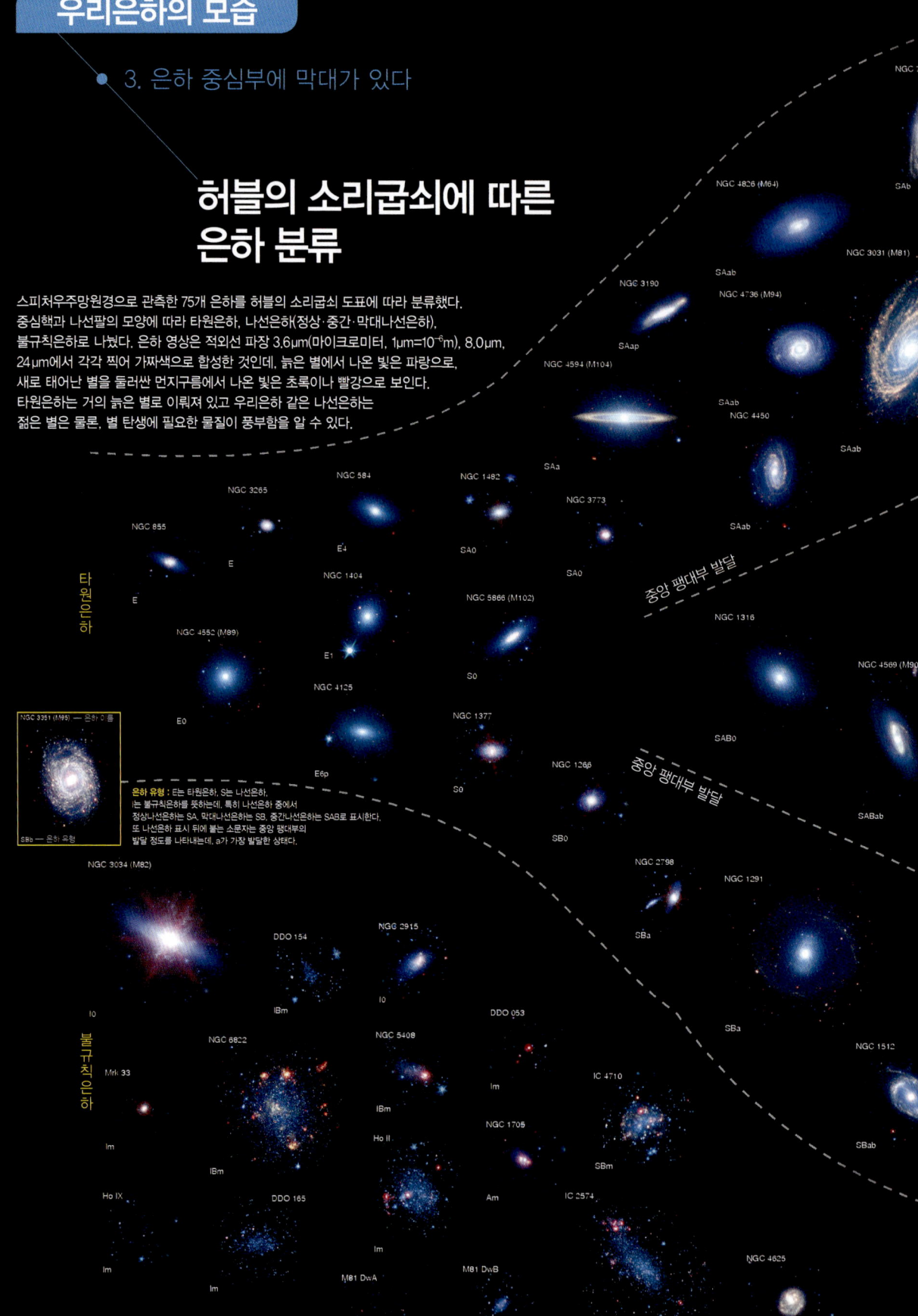

NGC 73

NGC 4826 (M64)

SAb

NGC 3031 (M81)

SAab

NGC 3190

NGC 4736 (M94)

SAap

NGC 4594 (M104)

SAab
NGC 4450

SAab

SAa

NGC 584

NGC 1482

NGC 3773

NGC 3265

NGC 855

E

E4

SA0

SA0

중앙 팽대부 발달

NGC 1404

NGC 5866 (M102)

NGC 1316

E

타
원
은
하

NGC 4552 (M89)

E1

S0

NGC 4569 (M90)

NGC 4125

NGC 3351 (M95) — 은하 이름

E0

NGC 1377

NGC 1268

SAB0

중앙 팽대부 발달

SBb — 은하 유형

은하 유형 : E는 타원은하, S는 나선은하,
는 불규칙은하를 뜻하는데, 특히 나선은하 중에서
정상나선은하는 SA, 막대나선은하는 SB, 중간나선은하는 SAB로 표시한다.
또 나선은하 표시 뒤에 붙는 소문자는 중앙 팽대부의
발달 정도를 나타내는데, a가 가장 발달한 상태다.

E6p

S0

SB0

SABab

NGC 3034 (M82)

NGC 2798

NGC 1291

SBa

DDO 154

NGC 2915

SBa

NGC 1512

I0

IBm

I0

DDO 053

불
규
칙
은
하

Mrk 33

NGC 6822

NGC 5408

IC 4710

Im

IBm

Im

SBm

Ho II

NGC 1705

Am

IC 2574

SBab

Ho IX

DDO 165

Im

NGC 4625

Im

M81 DwA

M81 DwB

Im

SABm

SABmp

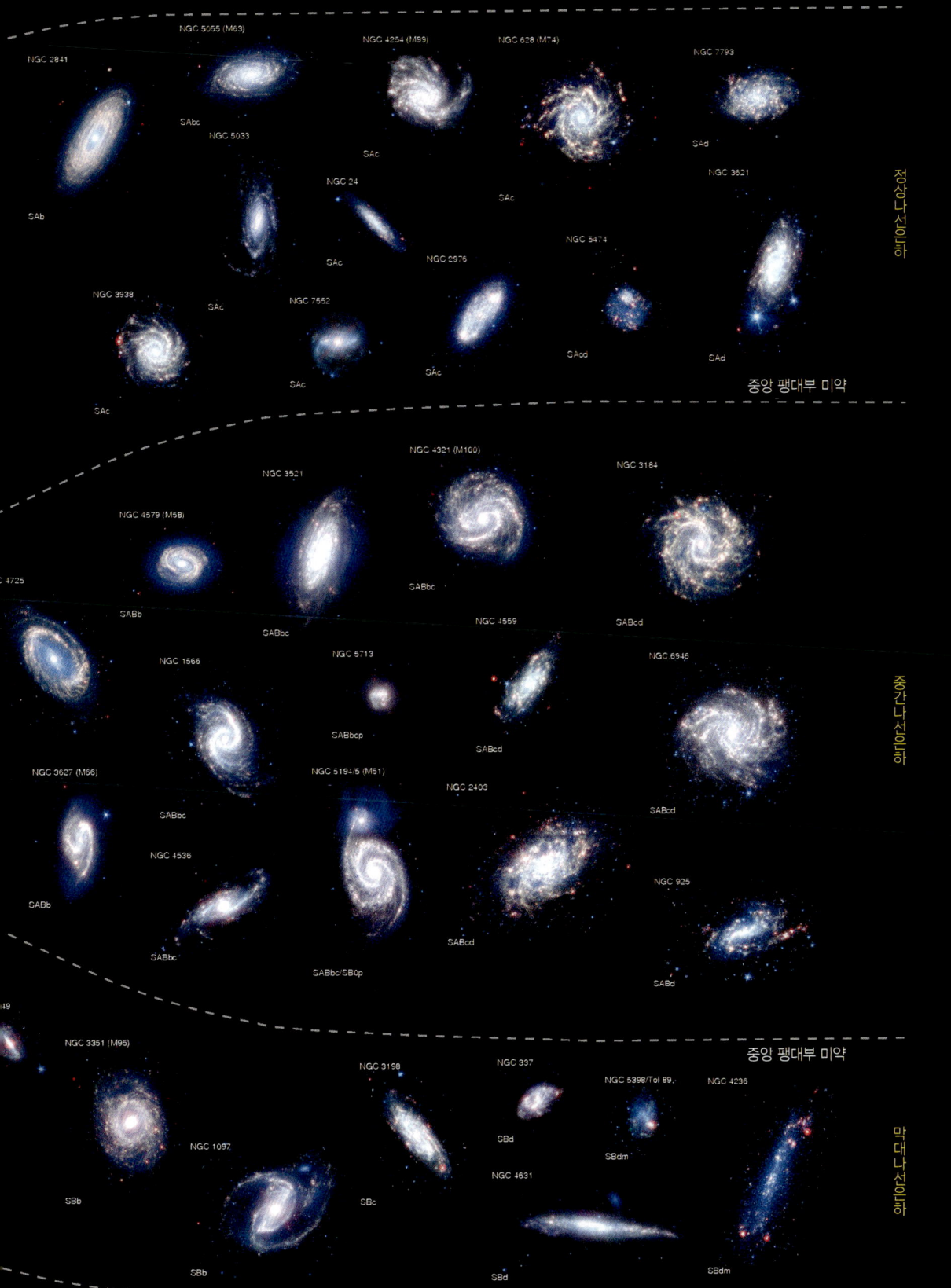

NGC 5055 (M63)

NGC 4254 (M99)

NGC 628 (M74)

NGC 7793

NGC 2841

SABc

NGC 5033

SAc

SAd

SAb

NGC 24

NGC 3621

SAc

NGC 5474

NGC 2976

NGC 3938

SAc

NGC 7552

SAcd

SAd

SAc

SAc

SAc

중앙 팽대부 미약

NGC 4321 (M100)

NGC 3351

NGC 3184

NGC 4579 (M58)

C 4725

SABb

SABbc

SABbc

NGC 4559

SABcd

NGC 1566

NGC 5713

NGC 6946

SABbcp

SABcd

NGC 3627 (M66)

NGC 5194/5 (M51)

NGC 2403

SABcd

SABbc

NGC 4536

NGC 925

SABb

SABbc

SABbc/SB0p

SABcd

SABd

중앙 팽대부 미약

49

NGC 3351 (M95)

NGC 3198

NGC 337

NGC 5398/Tol 89.

NGC 4236

NGC 1097

SBd

SBdm

NGC 4631

SBb

SBc

SBb

SBd

SBdm

3. 은하 중심부에 막대가 있다

큰 나선팔, 막대에서 뻗어 나와

최근 20년 동안 별의 분포 연구를 포함한 각종 관측을 통해서야 우리은하에 핵을 가로지르는, 길이가 약 2만 7000광년인 막대가 있다는 사실이 확인됐다. 은하중심부에 있는 성간구름을 전파로 관측해 이 성간운의 움직임이 원운동으로부터 벗어난다는 사실을 확인하며 막대의 존재를 알 수 있었고, 우리은하의 역학적 모형 계산과 비교해 막대의 모양과 크기도 어느 정도 유추할 수 있었다. 최근에는 지상의 가시광선과 적외선 장비는 물론 스피처우주망원경(적외선)으로 막대의 자세한 구조를 관측할 수 있었다. 현재 우리은하는 막대나선은하로 분류되고 있다.

나선은하에서 관측되는 나선팔은 큰 모양새를 갖는 두 개의 대칭적인 나선팔부터 물결모양이나 양털모양을 한 작은 규모의 많은 나선팔까지 다양하

막대나선은하 NGC 1300.
우리은하와 같은 유형인 SBbc(막대나선은하 중에서 중앙 팽대부가 중간 정도로 발달한 상태)로 분류된다.

다. 우리은하에는 네 개의 큰 나선팔이 있는 것으로 관측됐는데, 외부은하에서도 이처럼 네 개의 나선팔이 많이 관측된다. 우리은하의 나선팔도 특별한 게 아니라 흔한 종류라는 뜻이다. 최근 우리은하를 적외선으로 관측한 결과에 의하면 네 개의 나선팔 중 방패자리−켄타우로스자리 나선팔과 페르세우스자리 나선팔은 막대의 끝에서 시작하는 큰 모양새의 나선팔이고, 직각자리 나선팔과 궁수자리 나선팔은 이 두 나선팔 사이에 있는, 이들보다는 작은 나선팔로 추정된다. 태양은 이러한 나선팔에 있지 않고 궁수자리 나선팔과 페르세우스자리 나선팔 사이에 돌출해 있는 작은 나선팔(오리온자리 나선팔)에 있다고 생각된다.

외부은하 중에서 나선은하는 불규칙은하 다음으로 많은데, 흥미롭게도 반 이상이 막대를 갖고 있다. 특히 나선은하 가까이에 다른 은하가 있을 경우 막대은하의 비율이 증가한다. 우리은하의 경우도 가까이에 대마젤란은하와 소마젤란은하가 있을 뿐 아니라 좀 더 떨어져 있지만 안드로메다은하도 이웃하고 있다. 이런 상황이라면 우리은하가 막대를 갖고 있는 것은 매우 자연스럽다.

우리은하 같은 나선은하에서 발견되는 나선팔

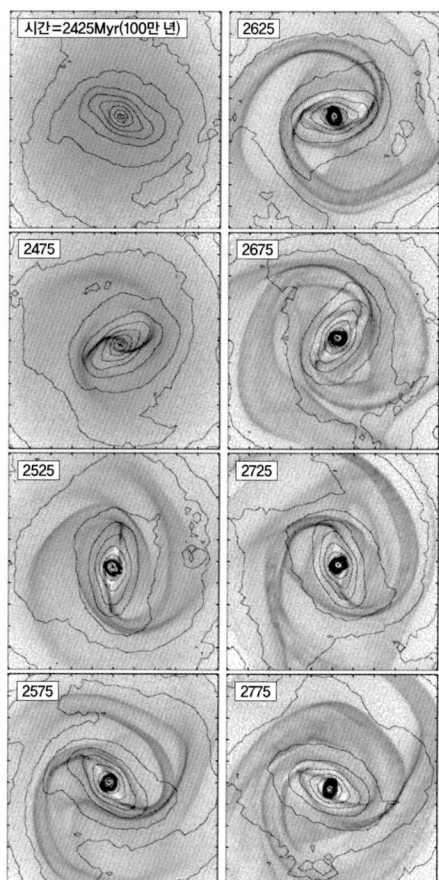

시간=2425Myr(100만 년) 2625

2475 2675

2525 2725

2575 2775

나선팔 생성에 관한 시뮬레이션. 시간이 지남에 따라
은하 원반에서 물질이 몰려 밀도가 높아지는 영역이 생기고,
이 고밀도 영역은 은하의 회전에 따라 파동(밀도파)의
형태로 회전한다. 따라서 밀도파에 의해 나선팔이
생성되는 곳도 달라진다. 또 중심핵을 둘러싼 고리가
형성된 것도 주목할 만하다.

과 막대는 어떻게 생긴 것일까. 나선팔을 이루는
별을 포함해 은하에 있는 모든 별은 은하의 중심
주위를 회전하는데, 중심에서의 거리에 따라 회
전 각속도가 다르다. 이 때문에 만일 나선팔을 구
성하는 별들이 고정돼 있다면 나선팔이 몇 번 회
전하고 나면 감겨 버리게 돼 그 모양을 유지할 수
없다. 따라서 나선팔은 고정된 장소에서 특정한
별들로 이뤄진 채 오랜 시간 동안 유지되는 구조
가 아니다.

천문학자들은 나선팔과 막대를 밀도파 이론으
로 설명한다. 이에 따르면 나선팔은 밀도파가 지
나가는 영역에서 생성된 젊은 별에 의해 나타나

는 구조다. 즉 나선팔은 밀도파가 지나가는 장소에서 생겼다가 별들의 진화
에 따라 소멸되는 일시적인 구조란 뜻이다.

밀도파를 이해하기 위해 쉬운 비유를 들어보자. 만일 도시에 자동차가 균
일하게 분포하고 있다면 교통 흐름도 좋고 특정한 곳이 정체되지 않는다. 하
지만 사고가 나면 그 지점에서 자동차의 밀도가 높아져 정체가 된다. 사고 처
리가 끝나면 이 지역의 교통 흐름은 다시 좋아지나 다른 곳에서 사고가 나면
그 지역이 또 정체된다.

도시 전체로 보면 어느 지역이 정체됐다가 시간이 지나면 풀리고 다시 다
른 지역에 정체 현상이 나타나는 것과 같이, 원반에서 만들어지는 고밀도 영
역도 은하 회전을 따라 계속 이동하기 때문에 파동(밀도파)의 형태로 회전하
게 된다. 따라서 밀도파에 의해 나선팔이 만들어지는 곳도 달라진다.

외부은하에서 흔히 관측되는 막대와 막대 끝에서 시작하는 두 개의 대칭
적인 나선팔은 불균일한 밀도 때문에 생기는 밀도파 이론으로 잘 설명된다.
막대나 나선팔은 어떤 원인에 의해서든, 원반의 밀도가 일정하지 않을 경우
필연적으로 나타나기 때문이다. 원반에서 밀도가 큰 곳은 중력도 크므로 이
곳으로 물질이 몰려들게 돼 중력 불안정이 증폭되고, 결국은 중력 붕괴를 하
게 된다. 대규모 중력 붕괴가 일어날 경우 막대와 막대 끝에서 시작되는 큰
모양새의 나선팔이 만들어지고, 작은 규모의 중력 불안정은 여러 개의 작은
팔을 만들게 된다.

은하에 막대가 있는 경우와 없는 경우는 은하의 진화에 많은 차이가 있다.
막대가 원반의 물질과 상호 작용하면서 원반의 물질을 재배치하기 때문이
다. 막대보다 바깥에 있는 성간물질은 막대로부터 각운동량을 얻어서 속도
가 증가하므로 원반의 바깥으로 밀려나고, 막대보다 안쪽에 있는 성간물질
은 막대에 각운동량을 빼앗겨 막대를 따라 안쪽으로 들어가게 된다.

이렇게 안쪽으로 유입된 가스는 은하핵 주변에 몰려 별을 탄생시키는데,
이때 만들어진 별들은 흔히 지름이 3000광년 정도인 고리 형태로 분포한다.
1999년 허블우주망원경에 의해 발견된 은하 중심의 뜨거운 별들도 막대에
의한 물질 유입으로 생겼을 가능성이 크다. 은하핵에 거대 블랙홀이 있을 경
우 안쪽으로 유입된 물질은 나선을 그리며 블랙홀로 빨려 들어가고 이 과정
에서 만들어진 별은 나선모양을 그리게 된다. 이러한 구조를 '핵나선팔'이라
한다. 따라서 은하핵에서 핵나선팔을 볼 수 있으면 중심에 질량이 큰 블랙홀
이 있을 것으로 생각할 수 있다.

막대의 바깥쪽에서는 원반의 물질이 막대로부터 각운동량을 얻어 가장자
리로 이동할 수 있다. 우리은하에서도 이런 역학적 진화가 일어나고 있기 때
문에 원반 안쪽보다는 가장자리에서 별들이 더 활발하게 탄생하고 있을 것
으로 추정된다. 태양 주변에 갓 태어난, 질량이 큰 별이 적은 이유도 막대에
의한 역학적 진화 때문이라 할 수 있다. 🔳

은하 중심의 거대블랙홀을 찾아라

1. 블랙홀 과학사

블랙홀의 등장

아인슈타인의 일반상대성이론이 발표된 이듬해인 1916년 독일의 칼 슈바르츠실트는 회전하지 않는 구대칭의 천체에 일반상대론이 적용되는 답을 구했다. 이 답을 '슈바르츠실트 풀이'라고 부른다.

슈바르츠실트 풀이가 맞는다면 해 바로 주위에서는 어마어마한 중력 때문에 빛이 약 2″(1°는 3600″)의 각도만큼 휘어야 한다. 만일 해가 점점 더 작아진다면 중력이 강해지므로 휘는 각도는 점점 더 커져야 한다. 중력은 천체의 질량뿐 아니라 크기에도 관련된다. 결국 반지름이 어떤 값보다 더 작아지면 빛은 휘다 못해 아예 빨려 들어가게 된다는 사실을 알아냈다. 그 값을 우리는 '슈바르츠실트의 반지름'이라고 부른다.

어떤 천체의 반지름이 슈바르츠실트의 반지름보다 작아지면 오늘날 우리가 말하는 블랙홀이 된다. 그러나 애석하게도 슈바르츠실트는 이듬해 결핵으로 일생을 마쳤다. 만일 그가 조금 더 오래 살았더라면 블랙홀은 더 일찍 햇빛을 보았을 것이다.

당시 블랙홀에 대한 주장을 이해하고 믿는 사람은 손가락으로 꼽을 수 있을 정도였다. 블랙홀은 그만두고, 해 주위에서 빛이 흰다는 사실조차 받아들여지지 않았다. 그러나 1919년 당대 최고의 천문학자였던 영국의 아서 에딩턴이 지휘하는 아프리카 개기일식 관측팀이 그 사실을 관측해내자, "아인슈타인은 옳았다"는 머릿기사가 신문 1면을 장식하는 등 세계는 경악을 금치 못했다.

하지만 블랙홀에 대한 태도는 여전히 변하지 않았다. 즉 이론이 맞는 것은 인정하지만 블랙홀이 존재한다는 사실은 인정받지 못한 것이다. 블랙홀은 상상 속의 존재일 뿐 실제로 자연에 존재하는 것은 아니며, 자연에 존재하지

아인슈타인은 망원경으로 우주를 보는 것을 무척 즐겼다. 그는 자신의 중력이론에서 탄생한 블랙홀을 보고싶었던 걸까.

않으면 과학의 대상이 될 수 없다는 논리가 팽배했던 것이다.

왜 사람들은 블랙홀에 대해 냉담했을까. 이유는 그 크기에 있었다. 해가 블랙홀이 되려면 슈바르츠실트 반지름은 약 3km가 돼야 한다. 그러나 이는 불가능한 일처럼 보였다. 왜냐하면 이것은 우리 지구의 반지름을 약 1cm가 되도록 수축시키는 것과 같은 비율이기 때문이다. 이러한 까닭에 블랙홀은 물리학계와 천문학계의 '미운 오리새끼'가 되어 잊혀진 존재가 되고 말았다. 블랙홀은

검은 구멍으로 보이는
블랙홀의 상상도.

'얼어붙어버린 별', '붕괴된 별' 등으로 불리긴 했지만 사실은 이름조차 없었다. 블랙홀이라는 이름이 지어진 것은 훨씬 뒤인 1969년의 일이었다.

하지만 별의 진화에 대한 수수께끼를 푸는 항성진화론의 발전은 결국 블랙홀의 존재를 다시 믿도록 만들었다. 진화에 관한 베일이 한꺼풀씩 벗겨지면서 별들은 종말에 이르러 엄청난 수축을 하지 않으면 안된다는 사실이 밝혀진 것이다. 특히 별의 종말의 한 형태인 백색왜성에 대한 이론이 발전하고 많은 관측 결과들이 나오면서 블랙홀은 '복권'됐다. 백색왜성은 이름 그대로 희고 작은 별로, 우리 해가 백색왜성이 된다면 그 크기가 지구 만하게 수축한다. 표면의 밀도는 매우 높아서 1cm³ 부피에 약 10t의 물질이 들어있다.

1950년대와 1960년대에 걸쳐 내팽개쳐졌던 블랙홀에 대한 연구가 다시 불붙기 시작했다. 특히 1963년 뉴질랜드 출신의 수학자 로이 커는 아인슈타인 방정식을 회전하는 구대칭의 천체에 적용해 그 답을 구함으로써 블랙홀 연구의 전환점을 마련해 주었다. 회전하지 않는 천체에 대한 슈바르츠실트 풀이를 구한 지 약 50년이 지나서야 회전하는 천체에 대한 커 풀이가 나오게 된 것이다. 그 후로 천문학에서 말하는 슈바르츠실트 블랙홀, 커 블랙홀은 각각 회전하지 않는 블랙홀과 회전하는 블랙홀을 의미하게 됐다.

또한 천문학에서는 백색왜성과 블랙홀의 중간 형태라고 할 수 있는 중성자별에 대한 연구도 활발해졌다. 중성자별에서는 각설탕만한 부피(1cm³)의 물질이 10억t이 넘는 질량을 가질 정도로 밀도가 높다. 만약 중성자별이 우리 해와 질량이 같다면 그 반지름이 10km 정도다. 따라서 반지름이 3km인 블랙홀이 존재할 가능성은 더욱 높아지게 됐다.

블랙홀이 활발하게 다시 연구된 배경에는 일반 대중의 깊은 관심도 톡톡히 한 몫을 했다. 커 블랙홀은 우주 다른 곳에 있는 또 다른 커 블랙홀과 연결되는 웜홀을 만든다. 이 웜홀의 개념이 등장하면서 SF영화에서는 불가능한 우주 여행의 꿈을 실현했다. 이 때문에 어린이들까지 블랙홀이라는 이름을 외우도록 만들었다.

물리학의 상대론과 천문학의 항성진화론이 만나 블랙홀의 존재에 대해 보증을 서 주자, 사람들은 이 우주에 블랙홀이 정말 있는지 찾아나서기 시작했다. 처음으로 도전장을 낸 것은 1970년 미국이 아프리카에서 발사한 X선 우주망원경인 '우후루'다. 여기서 X선 영역을 탐색하게 된 동기는 블랙홀이 쌍성을 이루고 있을 때 강한 중력을 이용해 동반별로부터 물질을 빨아들이면서 X선을 낼 것이라는 확신 때문이었다. 그러나 X선이 지구 대기를 투과하지 못하기 때문에 지구에서는 관측할 수 없었다. 그래서 우주궤도에 망원경을 올리는 일이 필요했다. 우후루는 예상 밖으로 339개나 되는 X선원을 찾아냈다. 그 후로 백색왜성이나 중성자별과 같이 별이 죽어 남긴 시체의 한 형태로서 블랙홀이 만들어질 것이라는 사실을 의심하는 사람은 없어졌다.

퀘이사의 동력원도 블랙홀

거대한 블랙홀들의 질량은 해의 질량보다 약 100만 배에서 약 10억 배까지 더 크다. 슈바르츠실트 블랙홀, 즉 자전하지 않는 블랙홀의 반지름은 질량에 비례한다. 예를 들어 우리 해보다 1억 배 질량이 큰 블랙홀의 반지름은 3억km이라야 한다. 해와 지구 사이의 평균거리를 천문단위(AU)라고 하는데, 1AU는 1억 5000만km다. 이 블랙홀 반지름은 2AU, 즉 해와 화성 사이의 평균거리인 1.5AU보다 약간 더 크다. 따라서 "은하 중앙에 있는 거대한 블랙홀들은 그 크기가 대략 우리 태양계만하다"고 말해도 틀리지 않는다.

한 가지 잘 알려지지 않은 사실은 이 거대한 블랙홀의 평균밀도다. 블랙홀 내부에서는 모든 물질이 가운데에 있는 '특이점'에 몰려 있기 때문에 평균밀도를 언급하는 것은 의미가 없다. 그래도 단순히 질량을 부피로 나누어 밀도를 정의한다면, 그 값은 믿거나 말거나 물의 평균밀도($1g/cm^3$) 정도밖에 되지 않는다. 실제로 우리 해 질량의 1억 배, 즉 $2 \times 10^{38}kg$을 반지름이 2AU인 구의 부피로 나누어 보면

$$\frac{(2 \times 10^{38} kg)}{\frac{3}{4}\pi(3 \times 10^8 km)^3} \fallingdotseq 1.8g/cm^3$$

에 불과하다는 사실을 쉽게 확인할 수 있다.

한 가지 더 재미있는 사실은 이 거대한 블랙홀이 하루에 최고 20여 바퀴를 자전할 수 있다는 것이다. 이것도 간단히 계산해 알아보자. 해와 같은 질량을 갖는 커 블랙홀, 즉 자전하는 블랙홀은 가장 빨리 자전하는 경우 반지름이 1.5km가 된다. 즉 슈바르츠실트 블랙홀의 경우보다 반으로 줄어든다. 앞에서 예를 든 반지름 2AU짜리 블랙홀도 가장 빨리 자전하는 경우 반지름이 1AU

로 줄어든다. 따라서 이 블랙홀의 가장자리가 광속($3 \times 10^5 km/s$)에 가까워지도록 자전하는 경우, 한 번 자전하는 데 걸리는 시간은 반지름이 1AU인 원주의 길이를 광속으로 나누면 된다.

$$\frac{2\pi \times 1 \times 1.5 \times 10^8 km}{3 \times 10^5 km/s} \fallingdotseq 3.14 \times 10^3 초 \fallingdotseq 52분이 된다.$$

은하 중앙에 꼭꼭 숨어 있는 거대한 블랙홀과 벌이는 숨바꼭질에서 허블망원경이 블랙홀을 직접 찾는 일은 불가능하다. 하지만 블랙홀 주위에는 빨려 들어가는 물질들이 만드는 유입물질 원반이 강한 자기장을 띠고 있다. 이를 이용하면 간접적으로 블랙홀의 존재는 증명할 수 있다. NASA 보고서는 "허블 통계에 따르면 대부분의 은하에 거대한 블랙홀이 있다"라고 결론짓고 있다.

이 외에도 블랙홀의 질량이 은하의 질량과 비례하는 것으로 결론난 흥미로운 결과도 있다. 즉 A라는 은하의 질량이 B라는 은하의 질량보다 2배가 크다면 A 은하 중앙에 있는 블랙홀도 B 은하 중앙에 있는 블랙홀보다 2배 더 질량이 크다는 말이다. 이 결론은 블랙홀이 은하의 형성에 깊은 영향을 미쳤다고 하는, 매우 중대한 의미를 지닌다.

블랙홀이 별의 잔해를
빨아들이고 있는
모습을 그린 상상도.

퀘이사라는 천체는 엄청나게 밝은 은하핵이다. 퀘이사의 에너지 역시 거대한 블랙홀에 의해 공급되고 있는 것으로 밝혀지고 있다. 그 메커니즘 중 가장 최근 이론은 러브레이스-블랜포드-즈나이예크 메커니즘이다. 이 메커니즘은 블랙홀 주위의 자기화된 유입물질원반이 약 10^{20}V(볼트)로 추정되는 어마어마한 전압이 걸리면서 가능해진다.

퀘이사들은 지상 망원경으로 관측하면 별처럼 보일 뿐 은하의 구조가 거의 드러나지 않는다. 하지만 허블망원경은 퀘이사를 품고 있는 은하들의 모습을 잘 보여주기 때문에 여러가지 새로운 추측들을 더욱 신빙성있게 해 줬다.

우선 퀘이사는 나선은하, 타원은하를 가리지 않고 밝은 은하에 살고 있다는 사실이 밝혀졌다. 그리고 두 은하의 상호작용이 퀘이사가 빛나기 시작하도록 만드는 데 중요한 역할을 한다는 주장도 제기됐다. 예를 들어 두 은하의 충돌은 블랙홀에 더 많은 물질을 쏟아부어 에너지 메커니즘이 활발하도록 만들 수 있다는 것이다.

러브레이스-블랜포즈-즈나이예크 메커니즘은 커 블랙홀(회전하는 블랙홀)에만 적용이 된다. 왜냐하면 이 메커니즘은 블랙홀의 자전 에너지를 추출하기 때문이다. 따라서 중앙의 블랙홀이 자전 에너지를 서서히 잃으면서 퀘이사 역시 서서히 빛을 잃고 생애를 마감한다. 따라서 퀘이사는 보통 은하핵으로 진화할 수밖에 없다. 덩치가 크지만 핵은 어두운 은하의 중앙에 굶어 죽은 거대한 블랙홀을 지니고 있을 수 있다는 흥미로운 가능성을 보여준 셈이다. 🅒

2. 우주의 검은 구멍 블랙홀

빛도 먹어치우는 천체

초등학생도 그 이름을 알 정도로 유명한 블랙홀. 외부물질과 빛뿐만 아니라 자기 자신도 먹어치우는 이상한 천체다. 블랙홀은 1783년 영국 케임브리지대의 존 미첼이 빛조차 탈출할 수 없을 정도로 강한 중력장을 가진 별을 상상하면서 탄생했다. 하지만 1915년 아인슈타인의 일반상대론이 나와서야 이론적인 설명이 가능해졌다. 중력을 구부러진 시공간으로 간주한 일반상대론은 아주 강력한 중력을 가진 블랙홀의 이론적인 배경이 됐기 때문이다.

아인슈타인은 일반상대론을 아름다운 수식으로 표현했지만, 이상하게도 그 수식의 해는 구하지 않았다. 그 뒤 1916년 독일의 천문학자 슈바르츠실트가 그

해를 구했다. 놀랍게도 이 해는 자전하지 않는 블랙홀의 크기, 즉 '사건 지평선'을 뜻했다. 블랙홀의 가능성이 처음 수학적으로 제시되는 순간이었다. 사건 지평선은 블랙홀과 바깥세계의 경계로 빛조차 빠져나오지 못하는 한계다. 이후 관측기술이 발달하면서 아인슈타인도 잘 몰랐던 블랙홀은 베일에 가렸던 정체를 조금씩 드러내고 있다. 새롭게 밝혀진 블랙홀의 진면목을 들춰보자.

짝별에서 물질을 빼앗는 블랙홀의 모습   옆에서 본 모습

짝별

블랙홀

블랙홀

태양

우리은하

태양

블랙홀의
궤도

은하 중심에 자리잡고 있는
거대블랙홀의 상상도.
주변물질을 빨아들이고 양극 방향으로
일부 물질을 제트 형태로 뿜어낸다.

은하 중심의 거대블랙홀을 찾아라

● 2. 우주의 검은 구멍 블랙홀

빨려들며 내는
마지막 절규 X선

블랙홀이 우리 지구를 향해 돌진한다면 어떻게 될까. 모든 것을 빨아들인다는 블랙홀이 지구를 삼켜버리지 않을까. 2002년 11월 18일 미국 우주망원경과학연구소는 허블우주망원경이 이같은 위험을 가진 블랙홀을 관측했다고 발표했다. GRO J1655-40이라는 이름의 블랙홀이 시속 40만km의 엄청난 속도로 지구를 향하고 있다는 것. 하지만 다행히 지구로부터 6000~9000광년 만큼 떨어진 안전한 거리를 두고 지나갈 예정이라고 한다.

보통 블랙홀은 우주 어딘가에 숨어서 주위 물질을 게걸스럽게 먹어치우는 줄 알았는데, 블랙홀이 총알처럼 빠르게 돌아다닌다니 놀랍다. GRO J1655-40의 경우 돌진 속도가 블랙홀 주변에 있는 다른 별들의 평균 속도보다 4배나 빠르다고 알려졌다. 그렇다면 GRO J1655-40이 이처럼 빠른 속도로 움직이게 된 이유는 무엇일까.

천문학자들에 따르면 블랙홀의 빠른 움직임은 블랙홀이 초신성 폭발에서 기원했다는 단서라고 한다. 무거운 별은 마지막 단계에 접어들 때 핵이 폭발적으로 붕괴된다. 이같은 붕괴는 바깥쪽으로 충격파를 발생시키며 이 충격파는 별의 바깥부분을 뿔뿔이 날려버린다. 이것이 초신성 폭발 현상이다. 이 과정에서 살아남은 핵은 태양 질량의 3.5배 이상일 경우 끝없이 붕괴를 일으켜 무한히 작고 조밀한 블랙홀이 된다. 결국 블랙홀은 초신성 폭발 때 한쪽 방향으로 발생한 추진력 덕분에 움직인다는 말이다.

GRO J1655−40이 빠른 움직임을 드러낸 최초의 블랙홀은 아니다. 이전에도 우리은하 안을 떠도는 블랙홀이 발견된 적이 있다. VLBA라는 전파망원경과 로시 X선 우주망원경으로 움직임이 포착됐던 XTE J1118+480이라는 이름의 블랙홀이다. 무려 시속 48만km로 태양 근처의 은하평면을 통과해 지나갔던 것으로 밝혀졌다.

현재 지구에서 6000광년 떨어진 이 블랙홀에 대한 연구결과는 2001년 9월 13일자 '네이처'에 발표되기도 했다. 흥미로운 사실은 XTE J1118+480이 수십억 년 된 구상성단에서 뛰쳐나온 것으로 보인다는 점이다. XTE J1118+480이 우리은하의 역사 초기에 거대 원시별에서 탄생했던 블랙홀 가운데 하나라는 뜻이다.

블랙홀은 빛조차 빨아들이기 때문에 이름처럼 모습을 드러내지 않는다. 블랙홀의 관측을 영국의 천체물리학자 스티븐 호킹은 지하 석탄창고에서 검은 고양이를 찾는 것과 같다고 표현하기도 했다. 당연히 직접 관측하지 못하고 간접적으로 관측할 수밖에 없다.

블랙홀을 관측하는 가장 유력한 방법은 블랙홀이 다른 별과 짝을 이루는 예를 정밀하게 찾는 것이다. 블랙홀은 자신의 강한 중력으로 짝별로부터 물질을 빨아들여 게걸스럽게 먹어치울 때 스스로 정체를 폭로한다. 또한 보통은 양극 방향으로 일부

초신성 폭발 진해를 배경으로한 NASA의 찬드라X선망원경 상상도. 블랙홀을 발견하기 위해서는 X선 망원경이 필요하다. X선은 물질이 블랙홀로 빨려들 때 나오기 때문이다.

물질을 광속에 가까운 제트 형태로 뿜어낸다.

GRO J1655−40과 XTE J1118+480의 경우에도 블랙홀 주변을 도는 짝별을 통해 빠른 속도의 움직임이 관측됐다. 이들 블랙홀은 짝별을 도시락처럼 데리고 다니며 짝별의 물질을 빼앗아 먹어왔다. 블랙홀로부터 오랫동안 물질을 빼앗겼던 XTE J1118+480의 짝별은 현재 내부가 드러난 상태다. 질량도 태양 질량의 3분의 1에 지나지 않는다.

2001년 1월 11일에는 블랙홀이 주변물질을 꿀꺽 삼키는 현장이 X선과 자외선으로 포착된 결과가 각각 발표되기도 했다. 블랙홀은 사건 지평선을 기준으로 안팎이 천양지차다. 일단 사건의 지평선 안쪽으로 들어간 물질이나 빛은 일방통행만 가능하며 절대 되돌아나올 수 없다. 블랙홀에서 포착된 장면은 다름아닌 물질이 블랙홀 사건 지평선을 꿀꺽 넘어서며 외쳤던 마지막 절규였던 셈이다.

블랙홀로 유입되는 물질은 수챗구멍으로 물이 빨려들듯이 블랙홀 주위를 빙빙 돌며 끌려들어간다. 이때 유입 물질은 워낙 빠른 속도로 빨려들기 때문에 엄청나게 뜨거워져 X선, 자외선 등 고에너지를 지닌 짧은 파장의 빛을 방출한다.

우리은하의 거대블랙홀

먼저 1999년 7월 우주로 발사된 찬드라X선망원경의 활약상을 보자. 미국 하버드−스미소니언 천체물리센터 연구팀은 찬드라 망원경으로 블랙홀이 짝별로부터 물질을 빨아들이면서 강한 X선을 내는 경우를 여럿 찾아냈다. 이들 블랙홀 주위에서는 강한 X선이 관측된 반면, 블랙홀의 사건 지평선 근처에서는 갑자기 사라졌다. 즉 블랙홀의 사건 지평선을 지나면서 X선조차 빨려든 것이다. 일방통행 지역인 사건 지평선이 블랙홀 주변에 존재한다는 결정적인 증거인 셈이다. 역설적으로 블랙홀 중심 근처에서 아무 것도 보이지 않아야 진짜 블랙홀이라는 것이다.

한편 NASA의 고다드 우주비행센터 연구팀은 허블우주망원경으로 블랙

찬드라X선망원경으로 찍은 시그너스 X-1.
블랙홀로 추정되는 첫 번째 X선 천체다.

블랙홀과 중성자성으로 빨려드는 물질에서 나오는 X선의 양상. 블랙홀의 사건
지평선에서는 X선이 갑자기 사라지는 반면, 중성자성 표면에서는 X선이 밝아진다.

자외선을 살폈다. 자외선 자료에서는 사건 지평선에 다가감에 따라 점차 약해지다가 결국 사라지는 장면이 두 번 발견됐다.

1970년대까지는 블랙홀이라면 별의 시체로 생긴 블랙홀을 말했다. 하지만 최근에는 이보다 훨씬 더 큰 규모의 블랙홀이 널리 알려져 있다. 거의 대부분의 은하 중심에 존재하는 거대블랙홀이 바로 그것이다.

1974년 영국의 천문학자 마틴 리스가 일부 은하의 중심에 태양 질량의 수백만~수천억 배에 해당하는 거대블랙홀이 존재할지 모른다고 제안했다. 보통 은하보다 굉장히 밝은 활동은하를 염두에 둔 제안이었다. 전파에서 감마선까지 모든 파장의 빛을 방출하고 양극방향으로 대전입자를 제트 형태로 강력하게 뿜어내며 300억 개의 태양에 해당하는 밝기를 쏟아낼 만한 원천이 바로 거대블랙홀이라고 생각했던 것이다. 이후에는 활동은하뿐만 아니라 보통 은하도 중심에 거대블랙홀을 가진다는 인식이 보편화됐다.

우리은하도 예외는 아니다. 공교롭게 1974년 처음으로 거대블랙홀의 그림자가 드러났다. 우리은하 중심에 있는 '궁수자리 A'라는 커다란 전파원 안에서 밀집된 전파원이 하나 발견됐던 것. 활동은하가 멀리 있다면 보일 만한 모습을 한 이 천체는 '궁수자리 A*'로 명명됐다. 이후 20여 년 동안 궁수자리 A*를 전파, 가시광선, 그리고 근적외선으로 애써서 관측했다. 관측 결과 은하 중심을 빙빙 도는 가스와 별들의 속도가 초속 1400km까지 나타나 은하 중심에 태양 질량의 260만 배나 되는 어떤 천체가 존재하는 것으로 추정됐다. 이 천체가 과연 블랙홀일까.

궁수자리 A*에 대한 X선 관측이 필요했다. X선은 블랙홀로 물질이 빨려들어갈 때 내놓는 마지막 절규일 뿐 아니라 은하 중심을 감싸고 있는 두꺼운 가스와 먼지를 뚫고 들어갈 수 있는 도구이기 때문이다. 드디어 찬드라X선망원경이 2000년 1월 궁수자리 A*에서 X선을 포착했다. 궁수자리 A*가 우리은하 중심에 조용히 자리잡고 있던 거대블랙홀이라는 사실이 밝혀지는 순간이었다.

2001년에는 불침번을 서고 있던 찬드라X선망원경 앞에서 궁수자리 A*가 갑자기 밝아졌다. 수분 내에 평소 밝기의 45배나 밝아졌고 3시간 정도 후에 평소 밝기로 돌아갔다. 소행성 질량 정도의 물질이 갑자기 블랙홀에 잡아먹힐 때 발생하는 에너지로 추정됐다. 아울러 궁수자리 A*의 크기는 1500만 km로 계산됐다. 태양 둘레를 도는 수성 궤도의 4분의 1도 안되는 크기다.

2. 우주의 검은 구멍 블랙홀

중심 블랙홀의 탄생

안드로메다은하

M15

G1

태양

우리은하

중간 크기의 블랙홀이 발견된
구상성단 M15(왼쪽)와 G1(오른쪽).
이들 블랙홀은 별 질량의 블랙홀보다 크고
은하 중심의 거대블랙홀보다 작다. M15는 지구에서
3만 2000광년 떨어져 있고, G1은 220만 광년 떨어진
안드로메다은하에 속해있다(위).

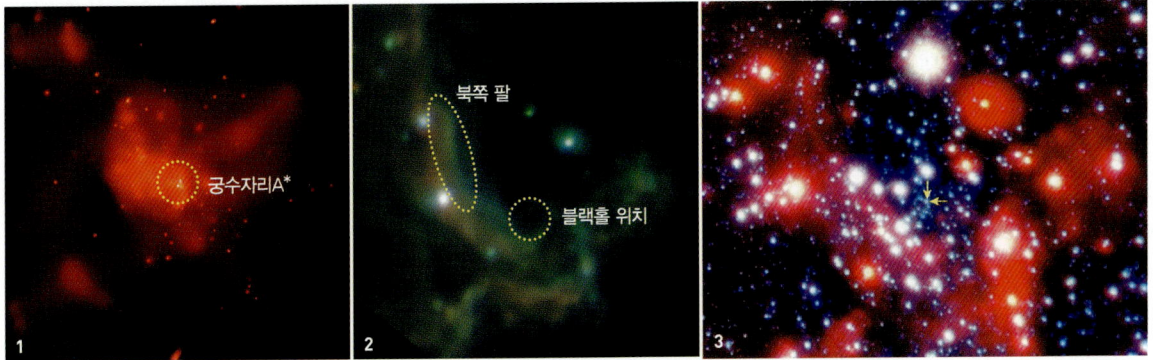

우리은하 중심에 거대블랙홀이 존재한다는 관측증거들. X선으로 관측하면 은하 중심에 강한 X선을 내는 궁수자리 A*가 드러나고(❶), 중(中)적외선에서는 블랙홀로 빨려드는 주변 먼지 흐름이 나타나며(❷), 블랙홀에서 가장 가까운 S2별(❸의 가운데 화살표)의 움직임이 발견되기도 했다.

2002년 10월 1일 NASA 제트추진연구소는 우리은하 중심에 있는 거대블랙홀로 소용돌이치며 빨려들어가는 먼지의 세부를 공개했다. 미국 캘리포니아대 연구팀이 하와이에 있는 제2 케크 망원경을 이용해 중(中)적외선으로 찍은 이 모습에는 특히 '북쪽 팔'이라 불리는 가스와 먼지 흐름이 두드러졌다.

실내 온도 정도인 물체가 방출하는 중적외선은 은하 중심 주변의 별에서 나오는 가시광선을 흡수한 먼지장막이 내놓은 것이다. 은하 중심의 거대블랙홀은 매우 강력한 중력을 발휘하기 때문에 별들뿐만 아니라 먼지와 가스의 움직임에 영향을 미친다. 거대블랙홀은 새로운 물질을 계속 빨아들여 몸집을 불려온 것으로 보인다.

2002년 10월 17일자 '네이처'에는 우리은하 중심부에서 가장 가까운 별의 움직임을 관측해 거대블랙홀의 질량을 연구한 결과가 발표됐다. 독일 막스플랑크 우주물리연구소가 이끈 국제연구팀이 광학망원경인 VLT로 10년 동안 S2라는 별을 관측한 결과, 이 별이 은하 중심을 15.2년마다 한 바퀴씩 돌고 있는 것으로 밝혀졌다.

놀랍게도 은하 중심의 거대블랙홀로부터 떨어진 거리는 단지 태양과 명왕성 사이 거리의 3배였다. 태양보다 몇배 큰 S2는 블랙홀의 사건 지평선 언저리에서 초속 5000km의 굉장한 속도로 돌고 있었기 때문에 이렇게 가까운 곳에서 살아남을 수 있었던 것으로 보인다. S2의 운동으로부터 추정된 거대블랙홀의 질량은 태양 질량의 약 370만 배였다.

그렇다면 대부분의 은하 중심에 존재하는 거대블랙홀은 어떻게 탄생했을까. 전문가들은 세 가지 정도의 시나리오를 제시한다. 원래 은하들이 형성될 때 같이 만들어지거나, 별 질량의 블랙홀이 주변 물질을 끌어들여 결국 거대블랙홀로 성장하거나, 아니면 좀더 작은 블랙홀의 무리가 병합해 거대블랙홀로 커진 것으로 말이다.

최근 찬드라X선망원경은 별 질량의 블랙홀과 거대블랙홀을 이어주는 중요한 성과를 거두었다. 불규칙은하 M82에서 태양 질량의 500배에 해당하는 블랙홀을 발견한 것. 이 블랙홀이 M82의 중심에 위치하지 않는다는 문제가 있기도 하다. 점차 몸집을 키워가며 중심으로 자리를 옮기는 것은 아닐까.

2002년 9월 17일 미국 우주망원경과학연구소는 전혀 뜻하지 않은 곳에서 블랙홀을 발견했다고 발표했다. 다름아닌 구상성단 중심부에서, 게다가 별 질량의 블랙홀과 거대블랙홀의 중간 크기에 해당하는 블랙홀이 관측됐던 것이다. 지구로부터 3만 2000광년 떨어진 구상성단 M15에서는 태양 질량의 4000배인 블랙홀이, 220만 광년 떨어진 안드로메다은하의 구상성단 G1에서는 태양 질량의 2만 배인 블랙홀이 각각 포착됐다.

구상성단에서 발견된 중간 크기의 블랙홀은 별 질량의 블랙홀과 거대블랙홀을 이어주는 고리로 보인다. 허블우주망원경으로 관측한 거대블랙홀들의 경우 질량이 큰 은하일수록 더 무거운 블랙홀을 가지는 것으로 밝혀졌다. 중심의 거대블랙홀은 은하 질량의 약 5%에 해당한다. 이런 경향은 이번에 발견된 중간 크기의 블랙홀에도 이어졌다.

구상성단의 블랙홀은 거대블랙홀로 성장할 씨앗의 훌륭한 후보다. 구상성단은 우주에서 가장 오래된 별들을 포함하고 있다. 구상성단의 블랙홀은 성단이 형성되던 수십억 년 전에 함께 태어났을 것이다. 이런 중간 크기의 블랙홀이 시간에 따라 점점 성장함으로써 거대블랙홀이 탄생했을 것으로 예측된다. ◪

[IV] 최신 우주론

우리가 살고 있는 우주의 끝은 어디인가?

이 우주를 이루고 있는 가장 기본적인 물질은 무엇인가?

우주는 어떻게 태어나 오늘에 이르러 생각할 줄 아는 사람을 만들게 되었는가?

대부분의 사람들은 어른이 되면서 이러한 의문을 잊고 지낸다.

그런 면에서 보면 물리학자들은 아직 '덜 자란 어른'인 셈이다.

그들은 일생을 통해 그 해답을 찾기 위해 노력하니까.

원자들을 일렬종대로 세우고, 사람을 화성에 보내는 논의가 가능해진

현대물리학은 과연 이에 대한 해답에 어느 정도 가까워졌을까?

그 해답을 찾기 위해 물리학자들은 자연의 힘을 이해하려고 노력하고 있다.

1. 암흑물질을 찾아라

미지의 물질

암흑물질이 존재한다는 최초의 직접 증거인 '총알 모양의 클러스터'. 두 은하단이 충돌하며 암흑물질끼리의 충돌 흔적을 보인다.

NASA가 7년에 걸친 관측 끝에 완성한 우주배경복사지도. 온도에 따라 색을 달리했다. 배경복사가 이렇게 균등하지 않은 이유 중 하나로 암흑물질의 존재가 꼽히고 있다.

1960년대 후반, 미국 카네기연구소의 천문학자 베라 루빈은 먼 거리에 있는 나선 은하를 관찰했다. 그녀는 나선은하의 팔에 있는 수소 가스 구름의 회전 속도를 도플러 효과를 이용해 측정했다. 가스 구름은 은하의 가운데를 중심으로 공전한다. 은하의 질량을 바탕으로 계산해 보면 별은 중심에서 멀어질수록 중력이 줄어들어 느리게 이동해야 한다. 그런데 관측 결과는 전혀 달랐다. 가스 구름은 중심에서 멀어져도 속도가 줄어들지 않았다. 이는 눈에는 보이지 않지만 질량이 큰 미지의 물질이 있어서 은하의 실제 질량이 눈으로 관측한 것보다 크다는 뜻이다.

물리학자들이 계산한 결과, 눈에 보이지 않는 물질이 은하 전체 질량의 90% 가까이 된다는 사실을 알 수 있었다. 즉 별의 모든 질량을 다 합친 것보다 거의 10배나 많은 미지의 물질이 은하에 퍼져 있다는 뜻이다.

우주는 우리가 보는 것과 많이 다르다. 행성이나 별, 은하와 같이 우리가 관측장비를 통해 볼 수 있는 물질을 '바리온'이라고 부른다. 지구에서 만날 수 있는 모든 물질 역시 바리온이다. 그런데 이들은 우주를 이루고 있는 모든 물질과 에너지의 4.6%에 불과하다. 그나마 4.6% 중 대부분은 가벼운 수소와 헬륨이 차지하고 있고, 무거운 원소들은 0.03%밖에 되지 않는다. 그렇다면 나머지 약 95%는 무엇일까. 눈에 보이지도 않고 관측되지도 않는 물질과 에너지다. 이들을 '암흑물질'과 '암흑에너지'라고 부른다. 암흑물질은 우주의 23%, 암흑에너지는 72%를 차지하고 있다(중성미자라고도 불리는 뉴트리노도 적은 양이지만 포함돼 있다).

이 가운데 암흑에너지는 우리가 상상하기 힘든 특이한 성질이 있다. 압력을 갖지만 그 크기가 음수(−)다. 이를 '음의 압력을 갖는다'고 표현하는데, 우주가 점점 빨리 팽창하는 데 중요한 역할을 하는 것으로 알려져 있다.

암흑물질의 후보

암흑물질은 보통 물질과 구분되는 독특하고 기묘한 성질을 지니고 있다. 먼저 이름 그대로 '암흑' 상태다. 빛을 내놓지 않기 때문이다. 이는 암흑물질을 구성하는 입자들이 전자기적으로 아주 미약한 상호작용을 하기 때문이다. 전자기적 상호작용이 약하다는 것은 광자와 상호작용을 하지 않는다는 뜻이고 빛을 만들지 못한다.

또 빛을 내는 다른 물질(바리온)과 상호 작용을 하지 않고 충돌도 하지 않는다. 이는 우리가 아는 '물질'과 아무런 교류를 할 수 없다는 뜻이다. 이 때문에 암흑물질은 우리가 아는 물질계와는 독립해 단독으로 존재한다고 할 수 있다.

암흑물질은 '차가운' 성질을 갖는 입자로 이뤄져 있다(이 때 차갑다는 말은 운동에너지가 작다는 뜻으로 우리가 경험하는 온도와는 다르다). 만약 물질이 '뜨거우면(운동에너지가 크다는 뜻)' 상대적으로 평균 운동거리가 멀어지게 되고, 서로 뭉치지 않는다. 따라서 뜨거운 암흑물질만으로는 현재 우리가 관찰하는 우주의 모습을 유지할 수 없다.

차가운 암흑물질은 물질과 빛이 평형이 되는 우주의 온도인 약 1eV(전자볼트. 1eV는 1볼트의 전압에 의해 전자 1개가 얻는 에너지. 10^4K의 온도에 해당)에서 입자의 질량이 주변부의 온도보다 큰 물질이다(그래야 운동에너지보다 질량이 더 주요한 영향을 미친다. 이 상태가 '차가운' 상태다). 하지만 암흑물질 후보 중 '액시온'처럼 1meV(밀리전자볼트. 1000분의 1eV) 급으로 질량이 작은 경우도 있다. 만들어진 원리가 다른 예외적인 경우다.

세계의 수 많은 물리학자들이 독자적으로 암흑물질의 후보 입자를 찾기 위해 노력 중이다. 쿼크나 광자, 전자, 뮤온 등 현재까지 인류가 알고 있는 기본입자 대부분은 일단 후보 물질에서 제외됐다. 앞서 소개한 특징과 조건을 만족시키지 못하기 때문이다. 뉴트리노만이 일부 조건을 만족해 '뜨거운 암흑물질' 후보로 꼽히고 있지만, 암흑물질의 0.05% 미만으로 극히 일부만을 이룰 것으로 추정되고 있다.

대신 이론물리학자들은 몇 개의 가상 입자를 암흑물질의 후보로 제시하고 있다. 그 중 하나는 '약한 상호작용을 하는 무거운 입자'라는 뜻의 윔프(WIMP)다. 윔프는 위에서 설명한 '차가운' 성질을 만족하는 가상의 물질이면서 입자물리학 가설인 '초대칭이론'에도 들어맞는다.

허블망원경으로 얻은 암흑물질의 3차원 분포도.

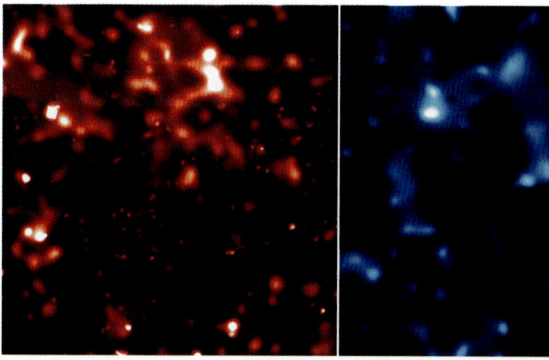

물질(바리온)의 분포(왼쪽)와 암흑물질의 분포. 같은 장소를 찍었으나 분포가 서로 다르다. 암흑물질은 직접 볼 수 없기 때문에 중력렌즈 효과를 이용해 분포도를 알아낸다.

언제쯤 찾을까

초대칭이론과 뉴트랄리노

초대칭입자는 발견되지 않은 미지의 '짝' 입자가 있다는 가설이다. 이 중 광자, Z보손, 그리고 힉스 입자 같은 게이지입자의 짝을 '뉴트랄리노'라고 한다. 유력한 윔프 후보다.

? : 미발견 입자

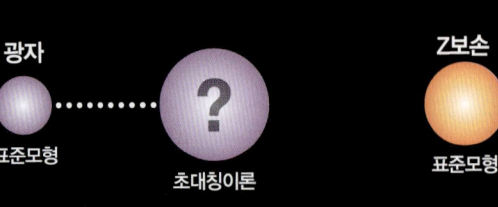

광자
표준모형

?
초대칭이론

Z보손
표준모형

?
초대칭이론

암흑물질을 찾기 위해 다양한 연구 그룹이 활동 중이다. 왼쪽에는 유럽입자물리학 연구소(CERN)의 '엑시온 태양망원경(CAST).'

힉스 입자

? .... ?

표준모형   초대칭이론

초대칭이론은 인류가 발견하지 못한 완전히 다른 입자들이 존재한다고 가정한다. 오늘날 우리가 알고 있는 기본 입자는 보손과 페르미온 두 가지 종류로 나뉜다. 보손은 스핀 양자수가 0, 1처럼 정수인 입자이고 페르미온은 1/2, 3/2과 같이 분수로 된 입자다. 보손에는 광자, 힉스 등이 있고, 페르미온에는 전자와 쿼크, 뉴트리노 등이 있다. 초대칭이론은 보손과 페르미온이 반드시 각각 페르미온과 보손 짝을 갖고 있다고 본다. 예를 들어 페르미온인 전자는 '셀렉톤'이라고 이름 붙은 보손이 있다는 식이다.

이 이론에서 게이지 보손(광자와 Z보손)과 힉스 보손의 페르미온 짝을 '뉴트랄리노'라고 부르는데, 유력한 윔프 후보다. 이 외에도 '그래비티노' 등 가벼운 초대칭 입자(LSP)가 포함된다. 현재 이탈리아의 '다마(DAMA)', 제논(XENON)100', 미국의 '코겐트(CoGeNT)', 일본의 '엑스매스(XMASS)' 등 20개 정도의 연구팀이 먼저 검출하기 위해 경쟁하고 있다. 다마 팀은 2003년부터 지속적으로 암흑물질의 증거를 발견했다고 주장하고 있지만, 아직 논란이 많은 상태다. 2011년 4월 코겐트 팀에서 다마 팀의 주장을 뒷받침하는 연구 결과를 내 큰 주목을 받고 있다.

하지만 초대칭 입자들은 현재 발견된 기본입자들보다 월등히 질량이 크리라 예측되고 있다. 이는 검출기를 이용해 만들기 힘들고, 검출하기도 어렵다는 뜻이다. 현재 출력이 가장 큰 CERN의 LHC도 초대칭 입자를 만들고 검출하는 데 어려움을 겪고 있다. 현재 초대칭입자는 단 하나도 발견되지 않았으며 초대칭이론도 아직은 가설로만 남아 있다.

또다른 가상 입자로는 액시온(Axion)이 있다. 김진의 서울대 물리천문학부 교수가 제창한 액시온은 윔프와 함께 차가운 암흑물질로 분류되며 질량이 작다(0.01~100meV 정도. 윔프의 약 10^{-15}배 수준). 유럽입자물리학연구소의 콘스탄틴 지오타스 교수가 검출장비인 '액시온 태양망원경(CAST)'을 이용해 태양으로부터 날아오는 액시온 입자를 검출하려 시도하고 있다. 미국 페르미국립가속기연구소의 아론 초우 박사는 레이저를 가속해 광자에서 액시온을 분리해 검출하는 연구를 하고 있다.

이 밖에도 KeV(킬로전자볼트, 1000eV) 단위를 갖는 스트라엘 중성미자, MeV(메가전자볼트,1백만eV) 단위를 갖는 암흑물질 등 '따뜻한 암흑물질' 후보가 더 있다. 하지만 아직 누가 진짜 암흑물질인지는 아무도 모른다. 오늘도 세계 곳곳의 물리학자들은 보이지 않는 입자를 찾아 우주 저편 '암흑의 핵심'을 응시하고 있다. ▣

2. 우주 최대의 난제, 암흑에너지

암흑에너지의 정체는?

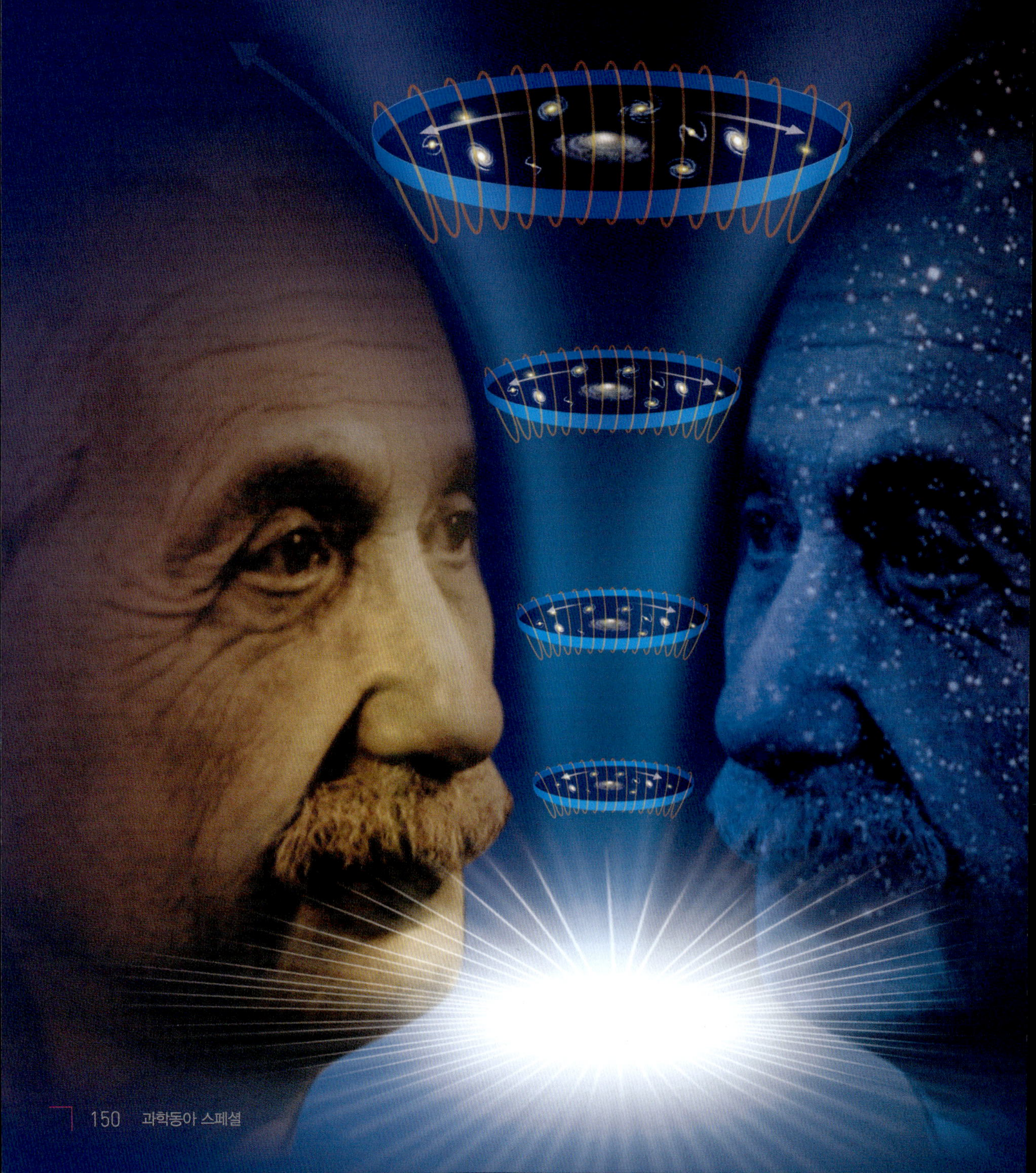

"우주 최대 난제 푼 뉴턴슈타인 박사, 5년치 노벨물리학상 거머쥐다!"

2030년 10월 어느 날 뉴욕타임스, BBC, 동아일보에서 1면에 대서특필한 제목이다. 노벨위원회가 한 과학자에게 5년치 노벨상을 몰아주기로 한 결정은 전대미문의 사건이다. 도대체 뉴턴슈타인 박사의 업적이 뭐기에 이렇게 호들갑이란 말인가.

보도에 따르면 뉴턴슈타인 박사는 물리·천문 분야의 난제 중 난제인 암흑에너지(dark energy)를 멋지게 설명할 수 있는 새로운 수학 이론을 제시했는데, 그 이론에서 예측하는 현상 일부가 실제 관측됐다는 것이다. 그동안 암흑에너지는 난다 긴다 하는 과학자도 고개를 절레절레 흔들며 돌아서게 만들던 고약한 '놈'이었다. 뉴턴의 만유인력이론, 아인슈타인의 상대성이론, 20세기 천재들의 작품인 양자론으로도 해결할 수 없던 우주 최대 난제였기 때문이다. 뉴턴슈타인 박사가 새로운 이론을 만들어 그 실마리를 확실히 풀어냈으니, 이는 역사적 결과였다.

세계 주요 언론은 새 이론에 '암흑'에너지의 신비를 밝혔다는 의미에서 '광명'이론(bright theory)이라는 별칭을 붙였으며 이제 광명이론이 상대성이론이나 양자론에 버금가는 패러다임의 변화를 일으킬 것으로 예상했다. 상대성이론은 절대시간과 절대공간의 개념을 부수며 관측자에 따라 시공간이 달라진다는 개념을 깨닫게 해줬다. 양자론은 물체가 관측되기 전에는 모든 가능한 상태에 '동시에' 존재하다가 관측되고 나서야 비로소 확고한 실체가 된다는 새로운 개념을 전해줬다.

암흑물질보다 난해한 암흑에너지

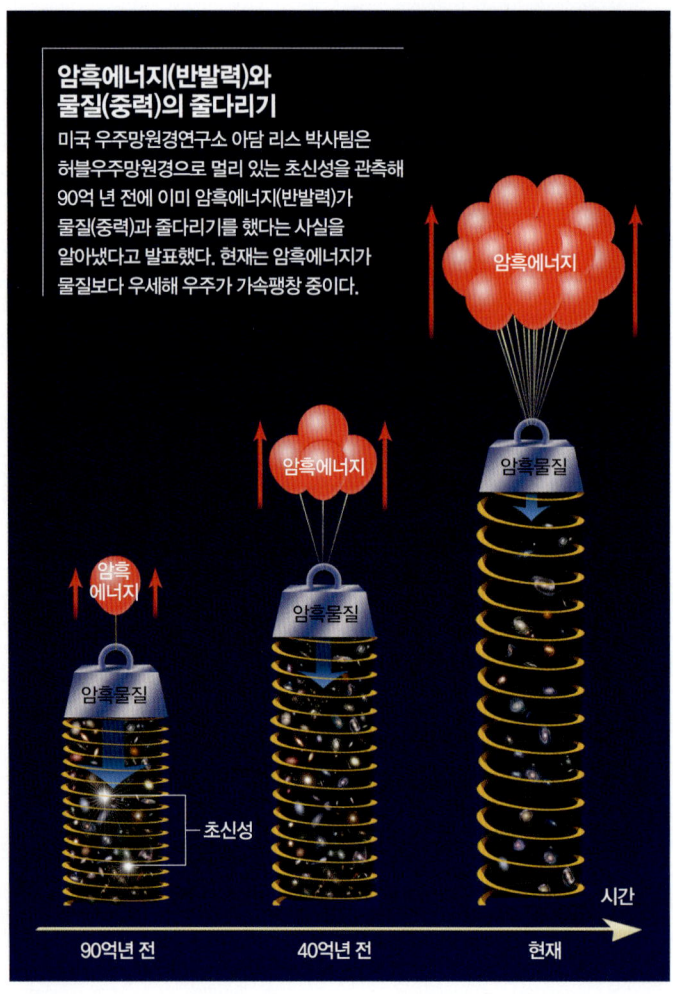

**암흑에너지(반발력)와
물질(중력)의 줄다리기**

미국 우주망원경연구소 아담 리스 박사팀은
허블우주망원경으로 멀리 있는 초신성을 관측해
90억 년 전에 이미 암흑에너지(반발력)가
물질(중력)과 줄다리기를 했다는 사실을
알아냈다고 발표했다. 현재는 암흑에너지가
물질보다 우세해 우주가 가속팽창 중이다.

암흑에너지

암흑물질

암흑에너지

암흑물질

암흑
에너지

암흑물질

초신성

시간

90억년 전   40억년 전   현재

터무니없는 상상은 아니다. 많은 과학자들이 암흑에너지가 21세기 최대 난제라는데 서슴없이 동의하기 때문이다. 1979년 노벨물리학상을 받은 미국의 스티븐 와인버그 박사는 "우주론뿐 아니라 기본입자이론 분야에서도 암흑에너지는 '목에 걸린 가시' 같은 존재"라고 설명했다. 고등과학원 박창범 교수는 "암흑에너지의 비밀을 푸는데 결정적인 실마리만 제공해도 이는 노벨상 몇년치를 몰아줄 정도의 업적"이라고 말했다. 그렇다면 암흑에너지가 왜 난제일까.

우주에는 수천억 개의 별을 가진 은하가 수천억 개나 존재한다. 하지만 놀랍게도 태양이나 은하처럼 빛을 내는 존재는 우주에서 1%도 채 안된다. 이를 포함해 양성자나 중성자로 구성된 보통 물질은 우주의 구성성분 가운데 4.6%에 지나지 않는다. 나머지 95%는 정체가 아직까지 밝혀지지 않은 상태다. 이 가운데 암흑에너지가 무려 72%를 차지하고, 23%가 암흑물질이다.

허블우주망원경이 찍은 수많은 은하들. 별이나 은하처럼 빛을 내는 존재는 우주에서 1%도 안된다. 반면 우주의 72%나 차지하는 암흑에너지는 우주에 널리 퍼져 '꼭꼭 숨어' 있다.

암흑물질은 암흑에너지처럼 빛을 내지 않지만 그래도 질량이 있기 때문에 주변에 중력을 작용해 자신의 존재를 드러낸다. 예를 들어 은하에서 암흑물질의 존재를 확인할 수 있다. 특히 나선은하에서는 빛을 내는 일반 물질이 주로 핵과 원반에서 관찰되는데 비해, 별들이 은하핵 주변을 회전하는 속도를 측정하면 '헤일로'라는 은하 외곽부에도 눈에 보이지 않지만 상당한 질량이 존재한다는 사실을 알 수 있다. 이것이 바로 암흑물질이다.

많은 과학자들은 암흑물질의 후보로 보통 물질과 다른 '별난 입자'(exotic particle)를 꼽고 있다. 물론 후보는 하나둘이 아니고 여럿이다. 암흑물질은 1930년대 처음 존재가 밝혀졌지만 아직까지 정체가 베일에 싸여있다.

암흑에너지는 암흑물질보다 상황이 더 안 좋다. 1990년대 후반 미국 천문학자들이 암흑에너지의 존재를 처음 제기했을 때 일부에서는 "말도 안되는 소리"라며 반발했지만, 점차 그 존재가 명확하게 드러나자 과학자들에게는 암흑물질의 악몽이 떠올랐다. 암흑에너지는 특정한 곳에 뭉쳐 있지 않고 우주에 널리 퍼져 있으며, 중력의 반발력인 척력으로 작용해 우주를 가속 팽창시키는 역할을 한다.

수수께끼 같은 암흑에너지가 우주의 72%를 차지하는데, 그 정체를 전혀 모른다고? 고등과학원 김정욱 교수는 "이는 마치 우리가 지구 표면의 75%를 덮고 있는 물이 무엇인지 모르고 있는 상황과 같다"고 설명했다.

암흑에너지는 1998년에 처음 '꼬리'가 밟혔다. 미국 로렌스버클리연구소연구팀과 하버드–스미소니언 천체물리학센터 연구팀이 멀리 있는 초신성을 관측해 우주팽창을 가속시키는 암흑에너지가 존재한다는 사실을 각각 발표했다. 초신성은 무거운 별이 폭발하면서 생을 마감하는 단계로 수십억 광년 떨어져 있어도 관측 가능하다. 초신성을 여럿 관측하면 우주팽창의 파란만장한 역사를 알 수 있다.

우주는 137억 년 전 빅뱅이란 대폭발을 거쳐 탄생한 뒤 팽창해 나갔다는 게 정설이다. 암흑에너지가 발견되기 전 천문학자들은 우주팽창이 물질끼리 잡아당기는 중력 때문에 느려질 것이라고 예상했다. 하지만 거리가 먼 초신성을 통해 과거 우주팽창을 관측하자 우주팽창이 느려지기는커녕 오히려 다시 빨라진다는 사실을 밝혀냈다. 과학자들은 우주팽창을 가속시키는 존재를 바로 암흑에너지라고 불렀다.

2003년은 암흑에너지의 존재가 확증되는 해였다. 2월 NASA는 암흑에너지의 존재를 뒷받침하는 우주 초기모습을 공개했다. 10월 우주지도를 작성하기 위한 국제공동프로젝트인 '슬론 디지털 스카이 서베이'(SDSS) 연구팀은 25만 개 은하 분포를 분석해 암흑에너지가 존재해야 한다고 발표했다. 같은 해 12월 미국의 '사이언스'는 그해 최고의 발견으로 암흑에너지를 선정했다.

암흑에너지의 정체는?

암흑에너지는 베일을 한 꺼풀씩 벗고 있다. 2004년 2월 미국 우주망원경 연구소 아담 리스 박사팀은 허블우주망원경으로 42개의 초신성을 관측한 결과 암흑에너지가 아인슈타인의 우주상수일 가능성이 높다고 밝혔다. 우주상수는 1917년 아인슈타인이 일반상대성이론으로 우주를 설명할 때 서로 끌어당기는 중력 때문에 우주가 붕괴되는 현상을 막기 위해 도입한 것이다. 1929년 허블이 우주팽창을 발견하면서 아인슈타인의 우주상수는 불필요한 것처럼 보였지만 21세기 들어 우주팽창을 가속시키는 '엑셀'로 주목받고 있다.

2006년 11월 16일 리스 박사팀은 허블우주망원경으로 23개의 초신성을 관측해 암흑에너지가 90억 년 전부터 이미 중력에 반발하는 척력으로 작용해 왔다는 사실을 발표했다. 즉 오래 전부터 암흑에너지가 중력과 '줄다리기'를 해왔다는 뜻이다. 연구팀은 50억~60억 년 전 암흑에너지의 반발력이 물질끼리 잡아당기는 중력을 능가해 우주가 가속팽창하기 시작했다고 추정했다. 천문학자들은 암흑에너지의 밀도에 대한 압력의 비(일명 상태방정식, W)를 계산해 그 정체를 알아내려고 한다. 암흑에너지도 $E=mc^2$에 따라 물질로 환산하면 밀도와 압력을 따질 수 있다. 암흑에너지가 우주상수라면 W는 −1이

다. 최근 초신성 관측 자료를 비롯한 각종 자료를 바탕으로 W가 −1이라는 사실이 밝혀지고 있다. 이 값의 불확실성(오차)은 10%지만, 암흑에너지의 유력한 후보가 우주상수임을 말해준다.

암흑에너지가 우주상수라 하더라도 문제가 해결되는 것은 아니다. 오히려 난제는 이제부터 드러난다. 아인슈타인의 우주상수는 '진공에너지'다. 양자역학적으로 진공은 에너지를 가질 수 있지만, 우주에 산재한 진공에너지의 실체는 무엇일지 쉽게 단언할 수 없다.

우주에서 진공에너지는 항상 밀도가 일정하다. 태초에 처음 생긴 뒤 우주가 팽창하면서 밀도가 감소하는 물질과 전혀 다른 셈이다. 진공에너지는 관측을 통해 1cm³ 당 약 10^{-29}g씩 우주에 골고루 분포돼 있다고 추정된다. 하지만 이 관측치는 이론적으로 계산한 값에 비해 10^{112}배나 작다는데

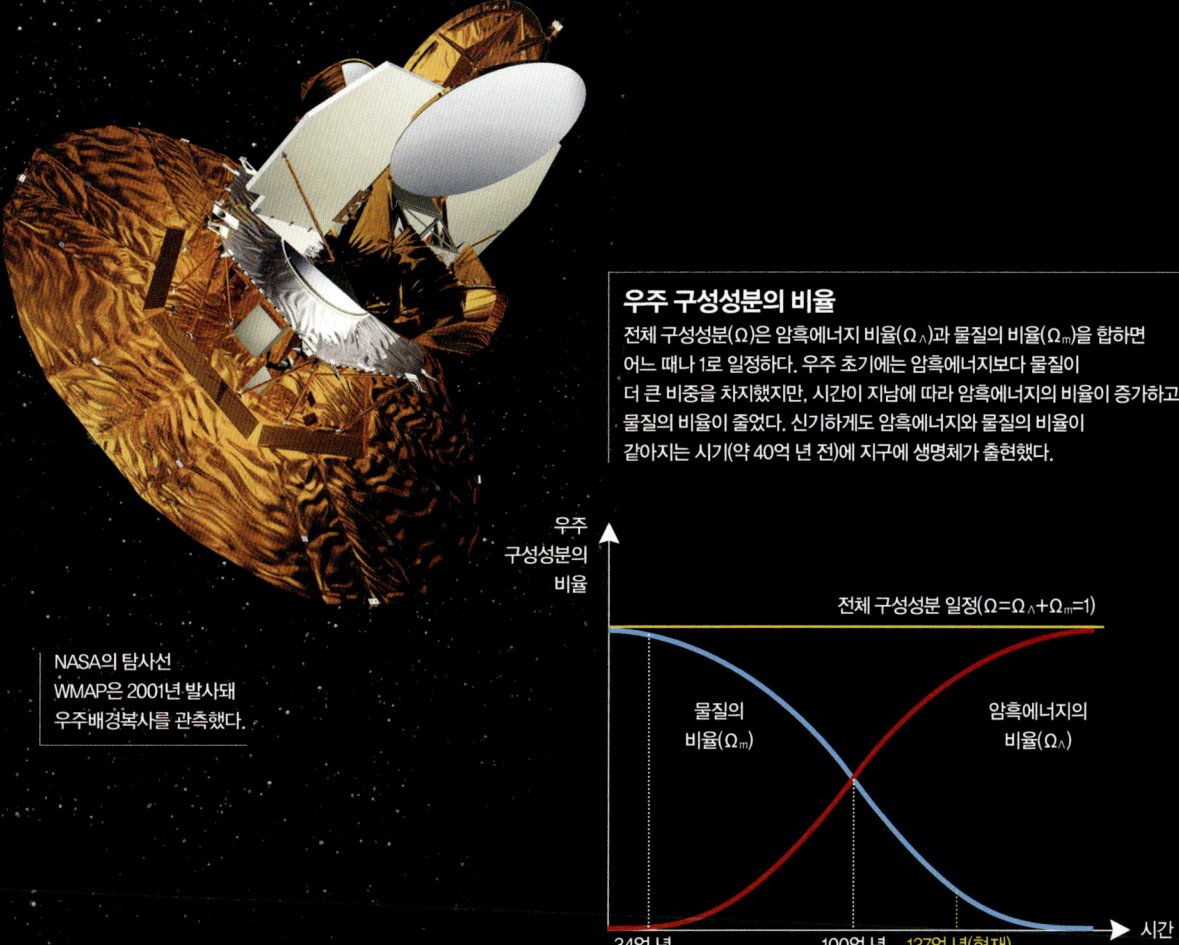

우주 구성성분의 비율

전체 구성성분(Ω)은 암흑에너지 비율(Ω_Λ)과 물질의 비율(Ω_m)을 합하면 어느 때나 1로 일정하다. 우주 초기에는 암흑에너지보다 물질이 더 큰 비중을 차지했지만, 시간이 지남에 따라 암흑에너지의 비율이 증가하고 물질의 비율이 줄었다. 신기하게도 암흑에너지와 물질의 비율이 같아지는 시기(약 40억 년 전)에 지구에 생명체가 출현했다.

우주 구성성분의 비율

전체 구성성분 일정($\Omega=\Omega_\Lambda+\Omega_m=1$)

물질의 비율(Ω_m)

암흑에너지의 비율(Ω_Λ)

시간

34억 년　　　　100억 년　　137억 년(현재)

NASA의 탐사선 WMAP은 2001년 발사돼 우주배경복사를 관측했다.

문제가 있다.

2003년 2월 NASA는 탐사선 WMAP이 우주배경복사를 관측해 분석한 결과 암흑에너지가 우주의 70%를 넘게 차지한다는 사실을 발표했다. 우주배경복사는 빅뱅이 일어난지 40만 년 뒤 물질과 분리된 '태초의 빛'이다.

초끈이론의 대가 에드워드 위튼 박사는 "암흑에너지는 내가 해결하고 싶은 난제목록에서 제일 앞에 있는 것"이라고 밝혔다. 초끈이론은 우주의 최소단위를 흔들리는 미세한 끈으로 보고 우주를 설명하려는 이론이다. 물론 암흑에너지가 초끈이론으로 해결될 수 있는지는 알 수 없다.

진공에너지의 관점에서 본다면 우리가 살고 있는 시기가 참 절묘하다고 말할 만하다. 초기엔 우주에서 진공에너지보다 물질이 더 큰 비중을 차지했다. 그러다가 시간이 흘러 우주가 팽창함에 따라 우주의 구성성분 가운데 물질의 비율이 점점 감소한데 비해 암흑에너지의 비율은 점차 증가했다.

우리가 살고 있는 시기는 진공에너지가 물질보다 3배 정도 우세해 우주가 가속팽창하는 모습을 관측할 수 있는 적절한 때다. 김정욱 교수는 "만일 물질끼리 잡아당기는 중력이 진공에너지의 반발력보다 더 큰 시기에 살았다면 우주를 가속시키는 진공에너지를 발견하기 힘들었을 것"이라고 밝혔다.

만일 진공에너지가 이론적으로 계산한 값만큼 어마어마하게 컸다면 인류가 탄생하지 못했을 것이다. 진공에너지의 반발력이 물질이 뭉치는 중력보다 강해 은하, 별, 행성이 형성되는 걸 방해했을 것으로 예상되기 때문이다. 실제 진공에너지는 반발력이 그리 크지 않아 매우 큰 우주적 규모에서만 작용한다. 우리 우주는 바로 당신이 존재할 만큼 섬세하게 짜여져 있는 셈이다.

암흑에너지가 진공에너지인가를 확인하려는 노력은 계속 진행 중이다. 리스 박사는 "과거의 어느 한 시점에라도 W가 −1이 아니라면, 유력한 암흑에너지 후보인 우주상수는 버려질 것"이라고 밝혔다. 물론 암흑에너지가 우주상수라고 확증된다 해도 난제의 문을 겨우 하나 통과한 것에 지나지 않는다. 우주상수를 제대로 설명하는 이론을 만들어야 하기 때문이다.

힘의 통일을 찾아서

현대적인 의미의 물리학이 시작된 것은 뉴턴부터라고 말한다. 그는 자연의 힘에 대한 원리를 하나의 통합된 관점에서 보려는 노력을 처음 시도했기 때문이다. 뉴턴 이전에는 지구에서 물건이 떨어지는 것과, 달이 지구 주위를 도는 것이 한가지 기본 힘에 의한 현상이라는 것을 몰랐다. 뉴턴은 이 두 가지 현상이 하나의 힘, 즉 중력에 의해 지배된다는 것을 통찰했다. 사과가 떨어지는 것을 보고 중력을 발견했다는 뉴턴의 일화는 이런 의미에서 매우 상징적이다.

뉴턴의 시도는 현재 물리학자들이 통일장이론을 통해 자연의 힘을 통합하려는 노력과 똑같은 것이다. 물리학자들이 자연계의 모든 힘들을 하나로 통합하려는 신념은 알렉산더나 칭기즈칸과 같은 영웅이 전세계를 통일해 하나의 제국을 건설하려고 했던 것과 비슷하다고 할 수 있다.

뉴턴 이후 힘의 통일은 1870년대에 이르러 맥스웰에 의해 다시 한번 전기를 맞는다. 항상 남북을 가리켜 항해사들을 도운 나침반의 원리인 자기현상과, 번갯불을 만들어 사람들에게 하늘에 대한 두려움을 주는 전기현상이 하나의 이론에 의해서 설명된다는 것을 알게 된 것이다. 그 당시 전류를 시간에 따라 변화시키면 자기현상이 일어난다는 것, 반대로 자석을 움직이면 근처의 도선에 전기가 흐른다는 것이 알려져 있었다. 맥스웰은 몇 개의 간단한 방정식으로 이들 현상을 모두 설명했다. 이 방정식은 '맥스웰 방정식'이라 불리며, 현대 문명의 요체가 되고 있다. 전기력과 자기력이 전자기력이라는 하나의 힘으로 통합된 것이다.

'장'이라는 개념은 우주의 전 공간에 펼쳐 있는 양으로, 국소적인 공간에만 존재하는 '입자'라는 개념과 정면으로 대치된다. 추운 겨울날 난로가 있는 방에 들어서면 곧바로 온기를 느낀다. 난로가 방 한가운데 있을지라도 난로에 의해 데워진 공기가 방안 구석구석까지 퍼져 있기 때문이다. 이러한 것을 '온

뉴턴은 물체를 땅에 떨어지게 하는 힘과 두 천체를 서로 이끌리게 하는 힘이 같음을 보였다.

맥스웰은 전기력과 자기력을
전자기력으로 통합했다.

도의 장'이라고 표현할 수 있다. 이와 마찬가지로 힘도 장의 개념으로 설명할 수 있다.

우리는 일상 생활에서 접촉에 의해서 힘을 느끼는 경우가 많다. 공을 벽에 던지면 반사되어 다시 튀어나오는 경우나, 손바닥을 맞부딪쳐야 소리가 나는 것과 같이 접촉을 통해서 힘을 느낀다. 그러나 접촉에 의하지 않고 힘을 전달하는 경우가 많다.

두 마리의 사나운 맹수가 만나면 보통은 서로 마주보며 눈싸움을 한다. 그리고 많은 경우 접촉에 의한 싸움없이 한쪽이 눈싸움에 져서 도망간다. 또 중국의 어느 옛 시에 "술은 입으로 마시며, 사랑은 눈으로 마신다"는 구절이 있다. 사랑하는 사람들은 눈빛만으로 서로의 뜻을 전달할 수 있다는 말일 게다. 만약 공이 벽에 부

딪힐 때 원자들을 하나하나 볼 수 있는 현미경으로 자세하게 관찰할 수 있다면 이 역시 원자와 원자 사이의 충돌, 즉 직접 접촉에 의한 것이 아닌 것을 알게 될 것이다. 사실 자연계의 모든 힘은 이런 원격작용에 의해 전달된다.

전자가 하나 있다고 하자. 거리가 멀어지면 약해지겠지만 전기장이라는 장을 이 전자는 우주의 모든 곳에 만들어낸다. 여기에 또다른 전자가 들어온다면 즉시 힘을 느끼게 된다. 이것이 바로 장에 의한 힘의 개념이다.

만약 장을 만든 전자가 움직이면 장의 모양도 변한다. 이 장의 변화를 다른 전자는 바로 느낄 수 있을까. 전자의 움직임에 의한 장의 변화는 바로 전자기파다. 이는 빛(빛은 전자기파의 일종으로 전체 전자기파 영역의 극히 일부분에 해당한다)의 속도로 전파된다. 그러므로 전자의 움직임에 의한 장의 변화를 느끼는 데는 거리에 따른 시간지연이 생기기 마련이다. 이것은 힘이 거리에 상관없이 순간적으로 전달된다는 개념을 완전히 바꾸어 놓는 중요한 결과다. 물론 거리가 매우 가깝다면 그 지연을 느끼지 못할 것이다. TV 수신기는 방송국 송신기에서 나오는 전자기파에 따라 전자가 움직이는 것을 전기신호로 바꾸어 화면에 뿌려준다.

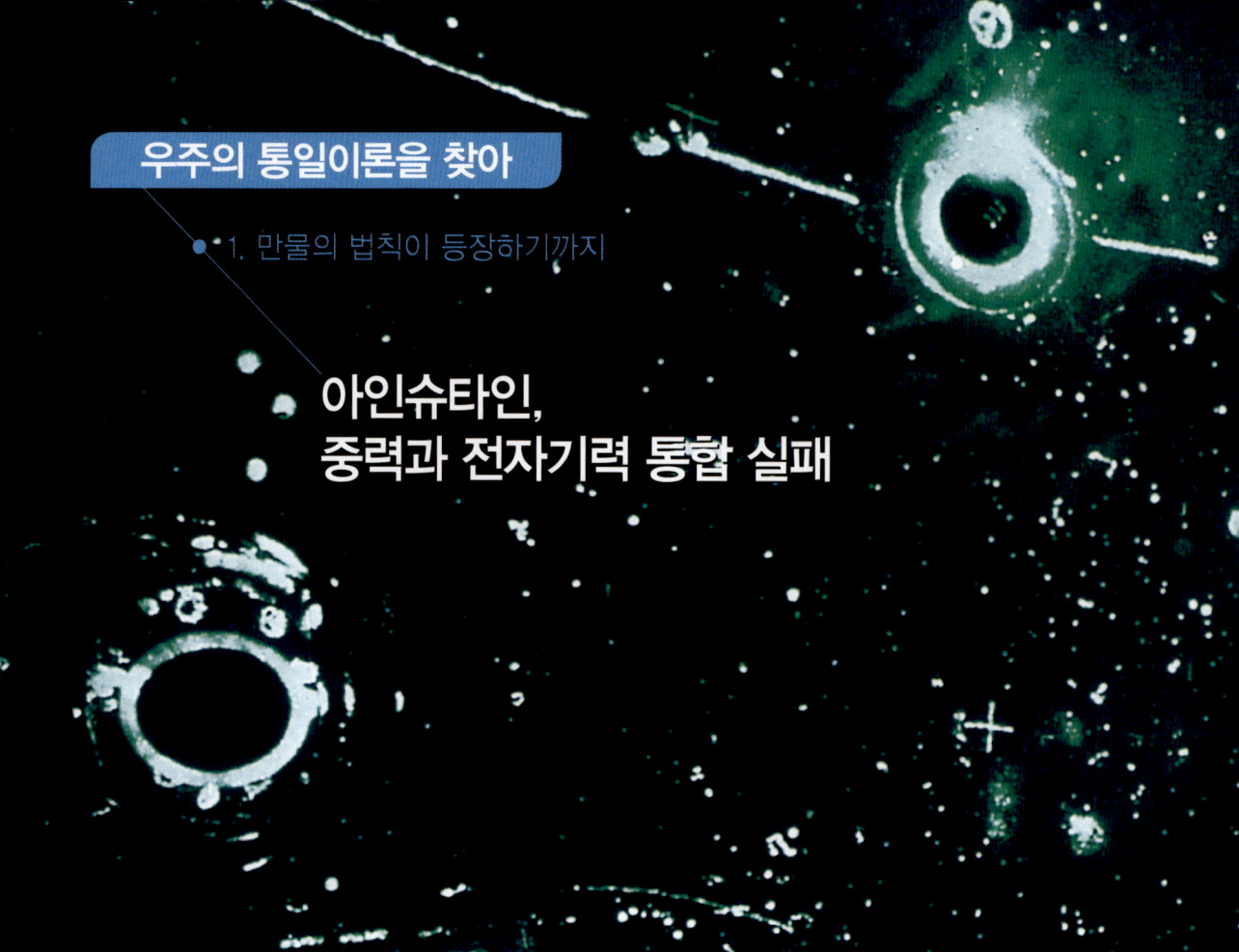

아인슈타인,
중력과 전자기력 통합 실패

현대물리학은 장의 개념을 더욱 확장해 장의 양자화라는 개념을 도입한다. 빛이 파동이라는 개념은 빛의 여러가지 현상을 통해 이미 자연스럽게 확립됐다. 1900년대 초에 플랑크에 의해 도입된 빛 에너지의 양자가설로부터 출발해, 빛은 많은 광자들의 모임이라는 것이 아인슈타인의 광량자설로 정착된다. 이것은 빛이 파동으로도 입자로도 기술될 수 있다는 것을 의미한다. 더 나아가 모든 입자들도 파동성을 가진다는 사실이 밝혀지면서 양자역학의 모태가 됐다. 이러한 빛의 양면성, 즉 파동성과 입자성은 바로 장의 양자화 개념으로 무리없이 이해됐다. 이 이론에 따르면 전자기력은 전하를 띤 두 개의 입자가 광자를 주고 받는 것으로 해석할 수 있다.

좀 더 쉽게 이해하기 위해 '갑돌이와 갑순이'를 생각해 보자. 갑순이 부모는 두 사람의 결혼을 막기 위해 갑순이를 집안에 가두어 놓았다. 갑돌이는 갑순이에게 사랑한다는 말을 전하고 싶었지만 방법이 없었다. 그러다가 돌멩이에 편지를 달아서 갑순이 방 창문으로 던져 넣었다. 갑순이는 이 편지를 보고 갑돌이가 아직도 자기를 좋아한다는 것을 알고 다시 편지를 돌에 달아 밖으로 던져 보냈다. 이런 연락이 계속되면서 갑순이 부모의 기대와는 달리 두 사람의 사랑은 점점 깊어가기만 했다. 이 돌멩이가 바로 광자에 해당된다.

아인슈타인은 1915년에 중력을 시공간과 연결해 설명하는 일반상대성이론을 완성했다. 1919년 영국의 천문학자 아서 에딩턴은 개기일식을 관측함으로써 태양 주변의 공간이 휘어 빛이 휜다는 일반상대성이론의 예측을 확인해 주었다. 이 결과 일반상대성이론은 확고한 중력이론으로 자리잡았다. 그 후 아인슈타인은 중력과 전자기력을 통합하는 통일장이론을 만들기 위해 노력한다. 이 노력은 비록 실패로 끝났지만, 이 과정에서 나온 많은 아이디어가 여러 사람에 의해 발전됐다.

특히 독일 수학자인 칼루자는 5차원 시공간의 개념을 도입해 중력과 전자기력을 통합하는 방법을 생각했다. 이러한 다차원의 개념은 현재의 통일장이론들에서도 중요한 역할을 하고 있다. 어찌됐든 중력과 전자기력을 통합하려는 노력이 한쪽에서 진행되는 동안 또 다른 방향에서 힘의 통합이 일어났다.

소립자들 사이에는 중력과 전자기력말고도 원

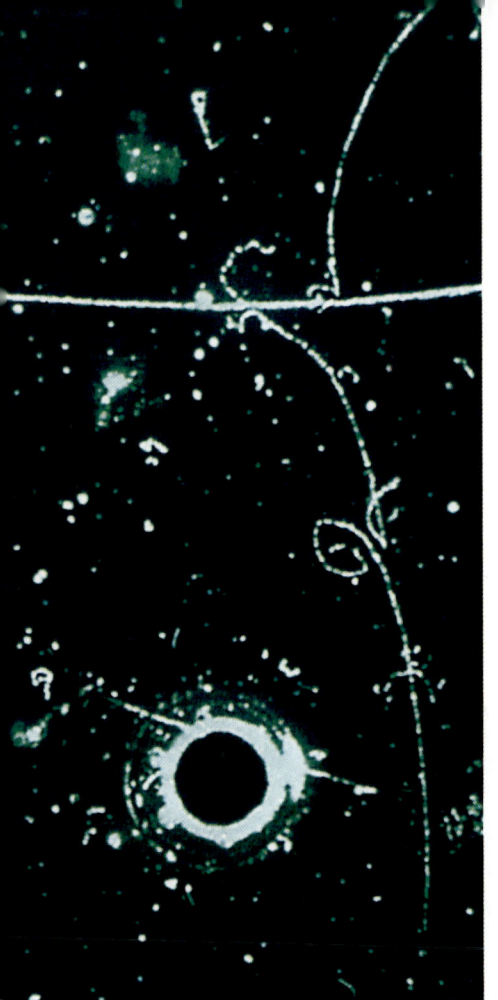

1973년 발견된 현상으로, 뉴트리노가 원자 궤도를 도는 전자를 슬쩍 건드리고 있다. 이 실험 결과는 전자기약력이 전하의 변화가 없어도 흔들린다는 것을 보여줬다.

자핵 내부의 작은 거리에서만 작용하는 힘이 있다. 원자핵의 붕괴를 일어나게 하는 약력과, 양성자와 양성자 또는 중성자들 사이에 작용해 원자핵을 이루게 하는 강력이다. 강력은 양성자와 양성자 사이의 전자기력(전하가 서로 같기 때문에 밀어내는 힘)을 이기고 핵을 결합시킬 만큼 강하다. 약력은 전자기력보다 매우 작다.

이 힘들은 매우 짧은 거리에서만 작용하므로 처음에는 접촉력으로 생각했다. 그러나 일본의 이론물리학자 유카와 히데키가 파이중간자를 도입해 강력이 단거리에만 작용한다는 것을 설명함으로써 전자기력과 같은 원리로 이해할 수 있음을 알게 됐다. 강력은 전자기력과 마찬가지로 핵자와 핵자 사이에서 파이중간자라는 입자를 주고 받음으로써 상호작용을 한다. 그러나 이 파이중간자는 광자와 달리 양성자의 8분의 1 정도 되는 큰 질량을 가지고 있다. 질량이 있어서 힘이 미

치는 거리가 줄어든 것이다. 만약 갑돌이가 작은 돌멩이를 구할 수 없어 큰 바위돌을 이용해야 했다면, 갑돌이는 갑순이 방의 창문 바로 바깥(가까운 거리)에서 던져야 했을 것이다.

많은 사람들은 약력도 같은 방법으로 기술하려고 했다. 약력이 미치는 범위는 강한 힘(강력)보다 훨씬 더 짧아 이를 설명하려면 매우 질량이 큰 입자(양성자의 약 80배)를 주고 받아야 한다. 그러나 이러한 입자를 도입하는 것은 쉽지 않았다.

미국 물리학자인 스티븐 와인버그와 파키스탄 출신의 압두스 살람은 이러한 문제를 효과적으로 해결하면서 자연스럽게 전자기력과 약력을 통일하는 방법을 개발했다. 그들은 아주 가까운 거리에서는 두 힘이 같은 힘이지만, 거리가 멀어지면서 대칭성이 깨지며 전자기 힘과 약한 힘(약력)으로 나뉘는 것을 보여줬다. 이 결과 약한 힘을 매개하는 입자가 질량을 가진다는 것을 설명하고 이들의 질량을 예측할 수 있게 됐다. 이 입자들은 1984년 가속기 실험에서 발견돼 '전자기약력이론'이라는 통합이론의 결정적인 증거가 됐다. 그 이후의 모든 실험 결과는 이 이론에 매우 잘 맞고 있다. 맥스웰이 전자기력을 통합한지 100년만에 다시 전자기약력으로 통합된 것이다.

그러나 이 이론에서 도입됐던 '힉스'라는 새로운 입자는 아직 발견되지 않

양(+) 파이온의 붕괴

고 있다. 현재 가동 중인 LHC의 중요한 목적 중 하나가 바로 이 힉스입자를 찾는 것이다. 이 이론을 지지하는 또 하나의 결정적인 테스트는 K-중간자라는 입자의 실험에서 관측된 바 있는 CP대칭성이 깨지는 현상을 설명할 수 있느냐 하는 것이다. 향후 일본 KEK의 가속기를 개선하고, 이탈리아에 새로운 가속기를 건설해 표준모형을 벗어나는 CP대칭성 깨짐이 있는지 알아내기 위한 정밀 실험이 진행될 예정이다.

● 1. 만물의 법칙이 등장하기까지

대통일이론의 등장

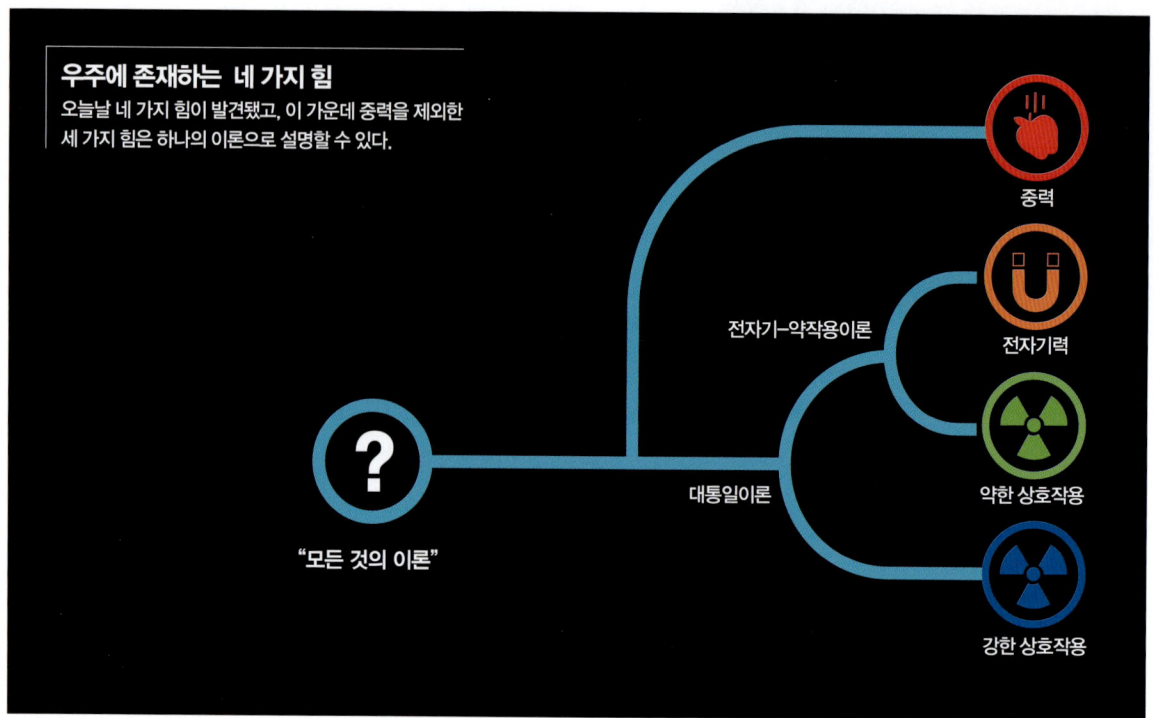

우주에 존재하는 네 가지 힘
오늘날 네 가지 힘이 발견됐고, 이 가운데 중력을 제외한
세 가지 힘은 하나의 이론으로 설명할 수 있다.

전자기-약작용이론

대통일이론

"모든 것의 이론"

중력

전자기력

약한 상호작용

강한 상호작용

1960년대에 이르러 입자가속기의 발전으로 핵자의 내부에 쿼크라는 더 작은 입자가 존재한다는 것이 밝혀졌다. 그 결과 강력은 쿼크와 쿼크 사이에 글루온이라는 입자가 매개하는 힘으로 해석됐다. 그러나 강력은 아주 이상한 성질을 지니고 있다. 거리가 멀어질수록 힘이 강해져서 두 쿼크를 떼어낼 방법이 없는 것이다. 이런 이유로 혼자 떨어져 있는 쿼크를 볼 수 없다. 이를 '쿼크의 유폐'라고 부른다.

또한 거리를 아주 가깝게 해 놓으면 쿼크들은 서로 전혀 관계없는 양 독립적으로 행동한다. 이를 '점근적 자유'라고 부른다. 갑돌이와 갑순이를 떨어뜨리려고 애쓰다가 포기하고 결혼을 시켜 혼방을 차려주었더니 방안에서 서로 떨어져 앉아 새침을 떠는 꼴이다.

어찌됐던 강력, 약력, 전자기력 등 세 가지 힘은 이제 비슷한 수학적 형태로 기술할 수 있게 됐다. 이를 '게이지이론'이라 부른다. 게이지이론은 어떤 종류의 전하(전자기력의 경우는 전기전하, 약력의 경우는 약한 전하, 강력의 경우는 색소라

고 부른다)를 띠고 있는 입자 사이에 게이지입자
(전자기력의 경우는 광자, 약력의 경우에는 W, Z
보손들, 강력의 경우에는 글루온들)들이 매개해
상호작용하는 것으로 설명할 수 있다. 앞서 말한
대로 전자기력과 약력은 하나로 통일됐으며, 강
력도 이와 비슷한 방법으로 설명할 수 있게 됐으
니, 강력을 전자기약력과 통합하고자 하는 것은
물리학자들의 당연한 희망이다. 이것이 대통일
이론이다.

대통일이론은 입자들이 일정 거리 이하로 가
까워지면 전자기력, 약력, 강력 등 세 힘이 하나
의 힘으로 기술되는 것을 보여준다. 이때 세 힘
이 통합되는 거리는 10^{-29}cm 또는 그보다 작은
거리이다. 그러나 이 이론은 몇가지 문제점을 안
고 있다.

예를 들어 이 이론에 따르면 가장 안정된 입자
인 양성자가 붕괴해야 한다. 모든 물질을 이루고
있는 양성자가 붕괴한다니 큰일났다고 생각할
지 모른다. 그러나 양성자의 평균수명은 약 10^{30}
년 정도로 우주의 나이보다 훨씬 길다. 그래서 실
험적으로 양성자의 붕괴를 확인하려면 매우 많은
수의 양성자를 붙잡아놓고 기다려야 한다.

그러나 지금까지 양성자의 붕괴는 측정되지 않
았다. 현재 가장 큰 양성자 붕괴 검출기는 일본의
가미오카 광산에 있다. 이 실험장치는 5만t에 이
르는 물을 저장해 그 안에서 붕괴하는 양성자를
탐색하고 있다.

물질을 이루고 있는 소립자들, 쿼크와 경입자
(전자와 같은 입자들)들은 페르미온이라고 부른
다. 반면에 힘을 매개하는 입자들은 보손이라고
부른다. 페르미온과 보손 사이의 대칭성이 초대
칭성이다. 초대칭이론을 사용하면 대통일이론에
서의 문제점들을 해결할 수 있다.

초대칭이론에 따르면 모든 입자들은 대응되는
초대칭입자를 가진다. 예를 들어 전자에 대한 초
대칭입자는 스칼라전자라고 불리는 스핀이 0인
입자이다. 초대칭입자가 존재하면 우주의 소립자

쿼크가족과 경입자가족

	제1세대	제2세대	제3세대	힘을 전하는 입자
쿼크	업쿼크	참쿼크	톱쿼크	광자
	다운쿼크	스트레인지 쿼크	바텀쿼크	글루온
경입자	전자 뉴트리노	뮤 뉴트리노	타우 뉴트리노	Z보손
	전자	뮤입자	타우입자	W보손

수가 졸지에 두배로 늘어나게 된다. 찾아야 될 입자가 두배로 늘어났으니 실
험학자들은 더욱 바빠진 것은 물론이다.

전자기력, 약력, 강력을 모두 통일했지만 물리학자들은 그리 행복하지 못
했다. 왜냐하면 아인슈타인이 시도했던 중력과의 통일이 아직 남아 있기 때
문이다. 10^{-33}cm 정도의 거리가 되면 중력의 크기도 다른 힘들과 대등해질
것으로 예상된다. 여기서 어려운 점은 다른 모든 힘의 이론들이 양자역학과
잘 접목이 되는데 반해, 중력을 양자화하는 것이 그리 쉽지 않다는 것이다.
그런데 초대칭이론의 대칭성을 국소적인 영역에서 적용하면 중력과의 연결
이 자연스럽게 된다. 이를 물리학자들은 초중력이론이라 부른다. 초중력이
론을 통해 중력과 양자역학의 결합을 위한 길이 열렸다. 그러나 완전히 문제
가 없는 것은 아니다.

물리학자들은 입자가 하나의 점이 아니라, 약간의 크기(10^{-33}cm 정도이
기 때문에 일상적인 의미의 크기는 아님)를 갖는 끈으로 생각함으로써 많
은 문제점을 해결하고 있다. 이를 끈이론이라고 부른다. 여기에 초대칭성을
포함시킨 것이 '초끈이론'이다. 아직 초끈이론의 성공여부는 미지수이다.
하지만 이러한 이론들이 발전해 결국 자연의 힘을 하나로 통일하고, '만물
의 법칙'으로 우주의 모든 현상을 설명하게 될지도 모른다고 물리학자들은
믿고 있다. 🔲

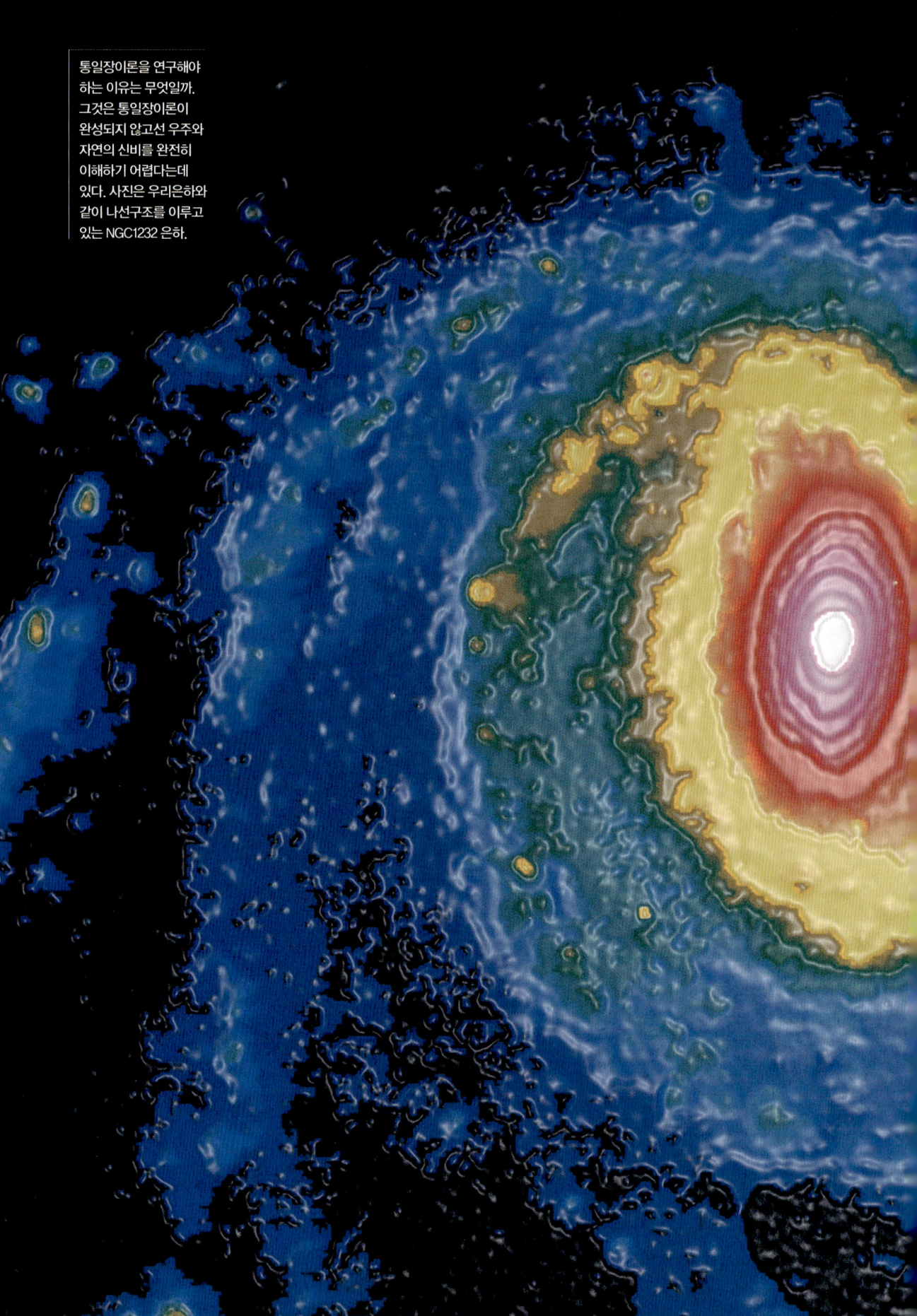

통일장이론을 연구해야
하는 이유는 무엇일까.
그것은 통일장이론이
완성되지 않고선 우주와
자연의 신비를 완전히
이해하기 어렵다는데
있다. 사진은 우리은하와
같이 나선구조를 이루고
있는 NGC1232 은하.

이론물리의 궁극적 목표

이론물리학의 궁극적 목표가 있다면 아마 그것은 통일장이론의 완성일 것이다. 통일장이론이란 한마디로 말하면 '모든 것의 이론'(Theory of Everything)이다. 그런데 이 이론은 하나의 이론이라야 한다. 그러므로 이것은 궁극적인 최상의 이론이라고 할 수 있다. 그런데 이러한 이론은 존재할 수 있을까. 물론 장담할 수 없지만 한편으로 생각하면 이런 이론은 존재할 가능성이 많다.

그러면 이러한 이론이 존재할 것이라는 현실적인 증거가 있는가. 물론이다. 현재 우리가 알기로 이 자연계에는 4가지의 힘이 존재한다. 뉴턴의 만유인력을 설명하는 중력, 맥스웰의 전자기 법칙을 설명하는 전자기력, 물질의 붕괴를 설명하는 약력, 그리고 핵의 구조를 설명하는 강력이 그것이다. 그런데 사실 전자기법칙이 나오기 전에는 전기와 자기가 완전히 다른 것으로 생각됐다. 이 서로 다른 전기 현상과 자기 현상을 1867년 맥스웰이 하나의 이론인 전자기이론으로 통일함으로써 통일장이론의 가능성을 증명했다.

그후 1923년 칼루자가 중력과 전자기력을 5차원 중력이론으로 통합할 수 있다는 것을 보여주는 칼루자—클라인이론을 만들었다. 1967년에는 와인버그가 전자기이론과 약력이론을 전자기약력이론으로 통일한 공로로 노벨상을 받았다. 이론물리학의 역사는 바로 통일장이론의 역사라고 할 정도로 통일장이론의 추구는 이론물리학의 중심적 화두가 되어왔던 것이다. 그렇다면 통일장이론의 완성은 현재 어디까지 왔을까?

끈이론에서 면이론으로

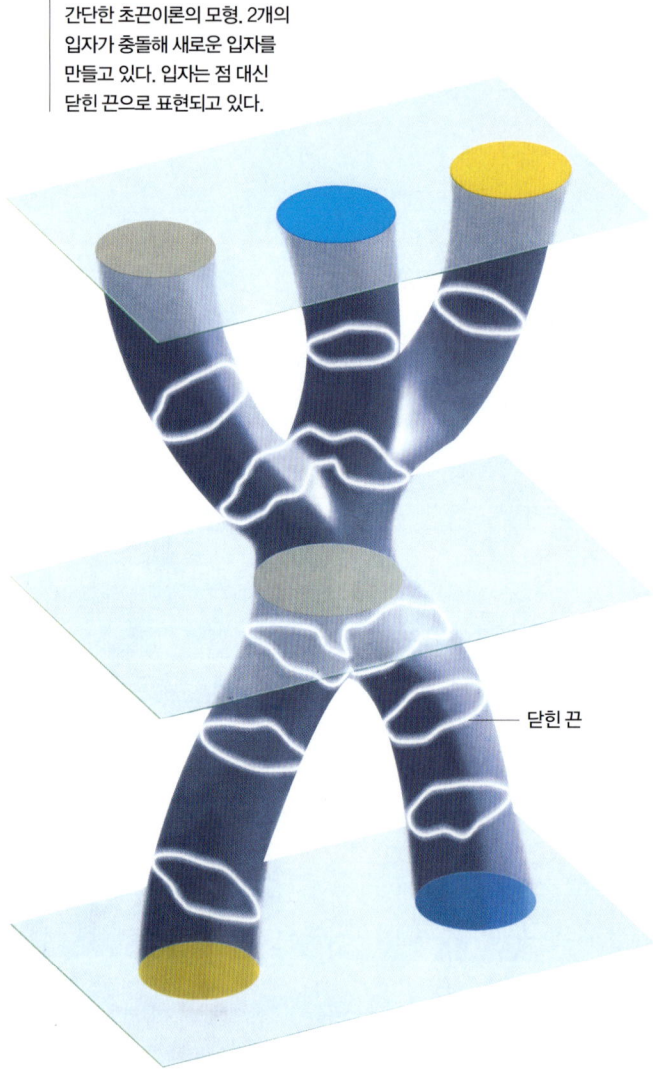

간단한 초끈이론의 모형. 2개의 입자가 충돌해 새로운 입자를 만들고 있다. 입자는 점 대신 닫힌 끈으로 표현되고 있다.

— 닫힌 끈

최근 통일장이론으로 11차원 M(Mother)이론을 넘어서 12차원의 F(Father)이론이 나오고 있다. 현대 통일장이론은 두 갈래의 뿌리에서 시작됐다. 하나는 약력 및 강력을 기술하는 게이지이론과 칼루자의 5차원 통일장이론을 보다 고차원적 중력이론으로 통일시킨, 이른바 고차원적 칼루자이론이다. 그러나 이 이론은 시간과 공간의 기하학적 성질에 바탕을 두고 있어, 아인슈타인의 일반상대이론처럼 물질과 시공의 관계를 분명히 밝히지 못한 결점이 있었다.

좀 더 구체적으로 말하면 자연계의 물질은 그 성질에 따라서 두 종류(보손과 페르미온)로 나눌 수 있다. 빛을 기술하는 광자나 중력을 기술하는 중력자 등이 보손에 해당하고, 전자나 쿼크 혹은 양성자 등이 페르미온에 해당한다. 이중 보손은 상호작용을 매개하는 물질을 기술하고, 페르미온은 그 작용의 원인이 되는 물질을 기술하고 있다.

칼루자의 이론은 상호작용에 대한 부분, 즉 보손에 대한 부분을 기하학적으로 잘 설명하고 있다. 그런데 나머지 반, 즉 페르미온에 대한 부분은 만족스런 설명을 못하고 있다. 이러한 문제는 초대칭이란 중요한 개념의 도입으로 보완된다.

초대칭성이란 막스플랑크연구소의 줄리어스 베스

아인슈타인의 후계자라고도 불리는 에드워드 위튼 프린스턴 고등연구소 교수. 1995년 여러 가지 끈이론이 11차원에 존재하는 하나의 이론이라는 사실을 발표했다.

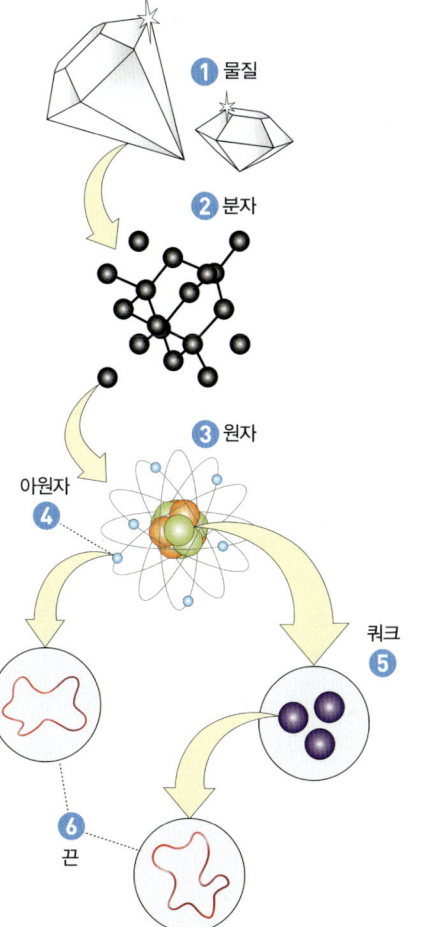

① 물질
② 분자
③ 원자
아원자
④
퀴크
⑤
⑥
끈

끈이론의 창시자 중 하나인 요이치로 남부. 2008년 '자발적 대칭 깨짐' 현상을 발견한 공로로 노벨물리학상을 받았다.

박사와 버클리캘리포니아대의 브르노 주미노 박사가 주장한 것으로, 보손과 페르미온 간의 대칭성을 기술하는 가설이다. 초대칭성에 따르면 자연계에는 보손과 페르미온이 절반씩 존재한다고 한다. 그러므로 고차원적 칼루자이론의 결점은 이 이론에 초대칭성을 접목시킬 경우 자연스럽게 해결된다. 이것이 바로 고차원적 초중력이론으로 대표적 예가 11차원 초중력이론이다. 고차원적 초중력이론이 1980년 초기까지 현대 통일장이론의 주류를 이루었다.

또 하나는 강력이론에서 시작됐다. 고차원적 통일장이론과는 별개로 1960년 후반 강력이론을 기술하기 위한 끈이론이 시카고대의 요이치로 남부 교수에 의해 제창됐다. 그러나 끈이론은 초대칭성이 도입되면서 10차원 초끈이론으로 발전했다. 또한 끈이론이 중력을 설명할 수 있다고 알려지면서 끈이론은 강력이론이 아니라 통일장이론이 될 수 있다는 주장이 제기됐다. 나아가 1984년 런던대의 마이클 그린 박사와 캘리포니아공대의 존 슈바르츠 박사가 초끈이론의 기술적인 문제들을 해결함으로써, 이른바 끈이론의 제1혁명이 일어났다. 이 결과 초끈이론은 초중력이론을 누르고 최근까지 프린스턴 고등연구원의 에드워드 위튼 박사 등에 의해 이상적인 통일장이론으로 제기되고 있다.

2. 현대 통일장이론의 최전선

어머니이론과 아버지이론

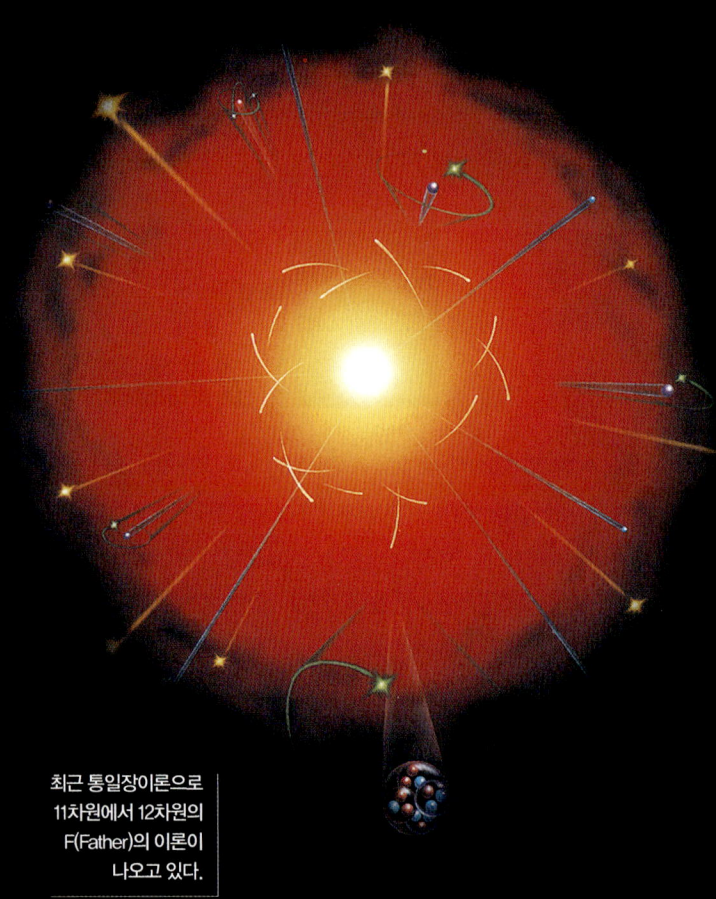

최근 통일장이론으로
11차원에서 12차원의
F(Father)의 이론이
나오고 있다.

10차원 초끈이론의 문제점은 어디서 시작하는가에 따라 다섯가지 서로 다른 형태의 이론이 나온다는 점이다. 따라서 이 가운데 어떤 것이 진짜 통일장이론이 될 것인가, 그리고 어떻게 우리가 원하는 출발점을 찾을 수 있는가 하는 매우 어려운 문제에 봉착했다. 결국 초끈이론도 역사의 뒤안길로 밀려나는 것이 아니냐는 우려가 나오기 시작했다.

그러나 1995년 말 이러한 다섯 가지 다른 형태의 끈이론이 모두 끈이론보다 차원이 하나 더 높은 곡면이론에서 나온다는 사실이 밝혀지면서 제2의 혁명을 맞게 됐다. 이 제2의 혁명으로 참된 통일장이론은 끈이론이 아닌 2차원 면이론이라는 주장이 제기됐다. 그 결과 그동안 무시됐던 11차원 초중력이론이 새로운 면이론으로 다시 각광을 받기 시작했다. 이른바 M이론(Membrane, Magic, Mystery, Matrix, 혹은 모든 이론의 Mother

우주의 신비를 이해하기
위해서는 통일장이론이
필요하다. 사진은 2002년
정체불명의 폭발을 일으킨
외뿔소자리 V838.

란 뜻)이라고 부르는 이 이론은 현재 가장 유력한
통일장이론으로 연구되고 있다.

여기서 과연 우리는 마지막 통일장이론을 발견
했을까. 원래 끈이론은 자연계의 기본입자가 하
나의 자유도를 갖는 점이 아니라 무한한 자유도
를 갖는 1차원 끈으로 되어 있다는 가설에서 시작
했다. 그러나 이제 M이론에 따르면 기본입자는 1
차원 끈보다 두 배의 자유도를 갖는 2차원 면으
로 되어 있다고 볼 수 있다.

그렇다면 자연의 기본입자는 끈으로 되어 있을
까, 혹은 면으로 되어 있을까. 불행히도 현재의 상
황은 아직 우리에게 시원한 해답을 주지 못하고
있다.

사실 M이론에서는 2차원 면 이외에도 일반적
으로 p차원 입자들이 나온다. 또한 이들이 서로
대칭성을 갖고 있기 때문에 기본입자가 몇차원
입자인가 하는 질문에 분명한 해답이 없을 수 있

다. 더욱이 최근에는 M이론에서 한단계 더 나아간 12차원 F이론(모든 이론의
Father란 뜻)까지 나오고 있어 상황은 더욱 복잡해지고 있다. 그러므로 궁극
적 통일장이론으로 발전하기 위해서 우리는 앞으로도 수많은 혁명을 겪어야
될 것이 분명하다.

그러면 이러한 통일장이론으로부터 우리는 무엇을 배웠을까? 우선 자연
계에는 우리가 아직 모르는 입자가 존재할 수 있다는 것이다. 각운동량이 영
(0)인 중력자나 초대칭입자들이 바로 그것이다. 현대의 모든 통일장이론은
이러한 새로운 입자들을 예측하고 있다. 나아가 새로운 입자들은 새로운 현
상의 존재를 예측한다.

예를 들면 모든 통일장이론에서 나오는 각운동량이 없는 중력자에 의한
제5의 힘이나, 혹은 초대칭입자들에 의한 초대칭 현상들이 그것이다. 사실
제5의 힘이나 초대칭성의 발견은 (만일 가능하다면) 이론물리학의 개가가
될 것이다. 그러므로 통일장이론의 연구는 이론물리학자들의 허망한 백일몽
이 아니라 미지의 세계를 탐구하는 중요한 도구이다.

우리는 아마도 영원히 완벽한 통일장이론을 완성할 수 없을지 모른다. 그러
나 통일장이론 연구를 계속해야 하는 이유는 분명하다. 통일장이론의 완성 없
이는 우주와 자연의 신비에 대한 완전한 이해는 불가능하기 때문이다. ▣

3. 빅뱅 신화에 도전하는 최신 우주론

신화에서 과학으로

"태초에 무한하고 캄캄하며 텅빈 공간 카오스(혼돈)가 있었다. 뒤를 이어 넓은 가슴을 가진 대지(大地) 가이아와 영혼을 부드럽게 하는 사랑 에로스가 나타났다. 카오스로부터 그윽한 어둠 아레보스와 밤 닉스가 생겨났고, 아레보스와 닉스 사이에서 천공(天空) 아이테르와 낮 헤메라가 태어났다. 가이아는 별이 빛나는 하늘 우라노스와 바다 폰토스를 낳았고, 가이아와 우라노스 사이에서는 하늘과 땅을 채워줄 대자연의 존재들이 탄생했다."

기원전 8세기 고대 그리스의 서사시인 헤시오도스가 쓴 '신통기'(神統記, Theogony)에 나오는 우주창조 신화. 역사적으로 제일 먼저 우주창조를 질서정연하게 서술한 작품이기도 하지만, 우주를 창조하는 절대자를 제외한 채 신을 포함한 만물이 자연히 탄생한 결과, 태초의 혼돈 카오스가 걷히고 질서 잡힌 우주, 즉 코스모스가 등장하는 스토리는 나름대로 의미심장한 면이 있다. 우주는 어떻게 태어난 것일까. 인류가 밤하늘에 펼쳐진 수많은 별들을 바라보며 최초로 떠올렸을 법한 의문이며, 사람이 크면서 자신의 사고 영역이 지구란 '틀'을 깨뜨리는 순간 처음 던질 만한 질문이다. 우주의 기원을 비롯해 우주의 구조·진화 등을 연구하는 과학, 즉 천문학 분야가 바로 우주론이다. 현대인이 흔히 아는 빅뱅우주론이 대표적인 예다.

빅뱅우주론이 고대 그리스신화에 나오는 우주창조 이야기와 다른 점은 무엇일까. 바로 관측된 사실에 근거한다는 점이다. 물론 신화 속의 가이아가 실제로 우라노스를 낳았는지 확인할 수 없는 것처럼, 사람도 존재하지 않았던 태초의 현장을 직접 볼 수는 없다. 하지만 우주 어딘가 그때의 흔적이 남아있지 않을까. 실제로 우주에는 거리가 멀면 멀수록 점점 더 빠른 속도로 뒷걸음질치는 은하들과, 천지사방 어디에나 모습을 드러내는 태초의 빛이 존재한다.

1929년 허블이 발견한 사실은 다시 말하면 우주가 팽창한다는 얘기다. '우주역사'라는 영화의 필름을 거꾸로 돌린다면, 즉 과거로 시간여행을 한다면 은하들이 서로 가까워지고 어느 순간에는 모든 것이 한점에 모일 것이다. 이때가 바로 영화의 시작인 '빅뱅'의 순간이다. 빅뱅우주론은 우주팽창뿐만 아니라 빅뱅 30만 년 후에 처음 나타난 빛인 우주배경복사를 예측한다. 실제로 우주배경복사는 1965년 발견됐다. 빅뱅으로 시작된 영화가 조금 진행되면 이 태초의 빛이 화면을 뒤덮으며 등장하는 것이다.

빅뱅으로 엮은 우주 시나리오는 나온지 채 100년이 안됐지만, 여러 난관을 극복하면서 최근까지 표준우주모형의 핵심을 차지해 왔다. 하지만 최근 새로운 관측 사실이 밝혀지고 새로운 아이디어가 제기되면서 표준우주모형의 왕좌가 위협받고 있다. 새로운 관측과 아이디어에 근거한 '최신 우주론'이라는 블록버스터는 어떤 모습일까.

● 3. 빅뱅 신화에 도전하는 최신 우주론

브레이크 없이 가속팽창한다

아인슈타인을 비롯한 대부분의 과학자들은 우주팽창에 중력이 브레이크를 걸 것이라고 생각했다. 중력은 우주의 모든 물체 사이에서 서로 끌어당기는 힘으로 작용하기 때문이다. 처음에 물리학자들이 예상한 우주팽창은 점차 느려지는 팽창이었다. 천문학자들도 우주팽창이 느려지는 모습을 직접 포착하려고 애를 써왔다. 마침내 1990년대 후반에야 그 해답이 나왔다. 거대한 망원경으로 초신성이라 불리는, 극적인 폭발로 생을 마감하는 별빛을 관측하자 우주팽창의 양상이 드러났다.

초신성은 우주에서 가장 밝은 현상 중의 하나여서 매우 멀리 떨어져 있어도 관측될 수 있다. 가장 멀리 있는 초신성으로부터 나온 빛은 수십억 년을 여행해 지구의 망원경에 도달한다. 때문에 이 빛은 수십억 년을 거슬러 올라간 당시 우주팽창의 기록을 담고 있다. 먼 거리에 있는 초신성을 여럿 관측하면 우주팽창의 파란만장한 역사를 알아낼 수 있다.

1998년 미국 워싱턴의 한 모임에서 로렌스버클리연구소의 연구팀이 매우 거리가 먼 초신성을 여럿 관측한 결과를 내놓았다. 이들의 연구 결과는 우주가 지금보다 과거에 좀더 느리게 팽창했다는 사실을 보여줬다. 놀랍게도 현재 우주팽창은 가속 중인 것이다. 우주팽창이 단순히 시간에 따라 느려질 것이라는 과학자들의 예측은 보기 좋게 빗나갔다. 연구팀도 자신들의 결과를 믿지 못해 몇번이고 다시 검토했을 정도다. 물론 결과는 바뀌지 않았다. 오히려 비슷한 시기에 하버드-스미소니언 천체물리학센터 연구팀이 똑같은 결과를 내놓아 확증을 얻었다. 가속 팽창하는 우주의 발견은 그해 '사이언스'에서 선정한 '올해의 대발견'에 뽑혔다.

1998년 두 팀의 초신성 관측결과가 예측하는

허블우주망원경이 관측한 자료를 분석한 결과 100억 년 이후 우주가 가속팽창하고 있다는 사실이 밝혀졌다.

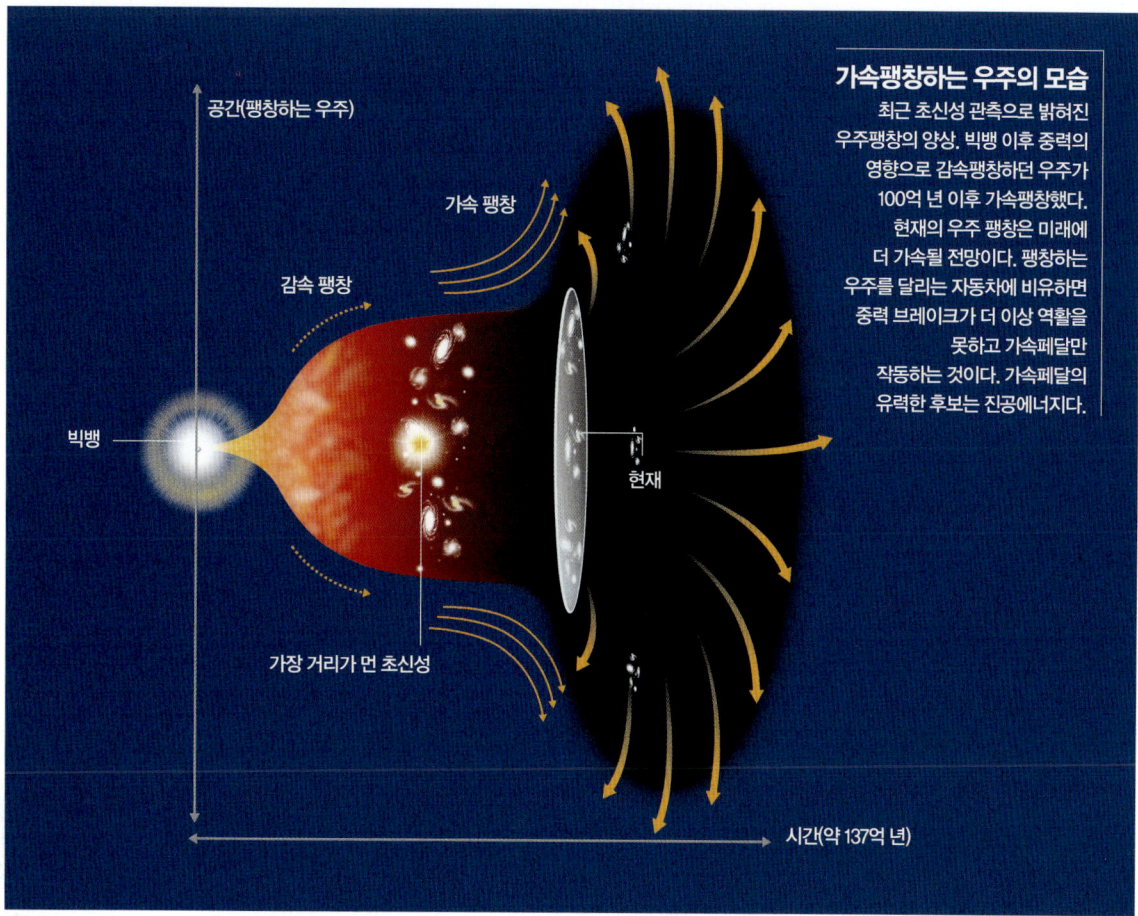

가속팽창하는 우주의 모습

최근 초신성 관측으로 밝혀진 우주팽창의 양상. 빅뱅 이후 중력의 영향으로 감속팽창하던 우주가 100억 년 이후 가속팽창했다. 현재의 우주 팽창은 미래에 더 가속될 전망이다. 팽창하는 우주를 달리는 자동차에 비유하면 중력 브레이크가 더 이상 역할을 못하고 가속페달만 작동하는 것이다. 가속페달의 유력한 후보는 진공에너지다.

공간(팽창하는 우주)

가속 팽창

감속 팽창

빅뱅

가장 거리가 먼 초신성

현재

시간(약 137억 년)

가속팽창우주는 어떤 모습일까. 단순히 시간에 따라 팽창이 느려지는 우주의 모습이 아니다. 빅뱅이라는 대폭발이 일어난 후 우주가 팽창했고 처음에는 중력 때문에 우주팽창이 느려졌지만, 우주 나이의 절반 정도 됐을 때 우주팽창이 가속되기 시작했다.

2001년 여기서 한걸음 더 나아갔다. 허블우주망원경이 가속팽창우주의 발견에 힘을 실어줬을 뿐만 아니라 가속팽창하기 시작한 시점을 훨씬 더 과거로 몰고 갔다. 우주망원경과학연구소의 연구팀은 허블우주망원경으로 관측했던 자료를 살펴보다가, 그때까지 알려진 것 중에서 가장 멀리 있는 초신성을 우연히 발견했다. 무려 100억 광년이나 떨어진 이 초신성을 연구한 결과, 100억 년 전 이후에 우주가 가속적으로 팽창했다는 사실이 밝혀졌다.

팽창하는 우주를 달리는 자동차에 비유해보자. 처음에 멀리서 빨간색 신호등을 보고 브레이크를 밟아 점차 달리는 속도를 줄인다. 그러다가 초록색으로 바뀌자 가속페달을 밟아 자동차의 속도를 가속시킨다. 이제 더이상 빨간색 신호등은 보이지 않고, 계속 가속페달만 작동한다. 가속팽창하는 우주의 미래는 이 자동차의 미래와 비슷하다.

우주에서 팽창을 가속시키는 가속페달의 정체는 무엇일까. 무언가가 끌어당기는 중력과 반대로 밀어내는 역할을 하는 것이다. 현대 우주론 학자들은 중력과 반대효과를 일으키는 이 무언가를 '암흑에너지'라 부른다. 직접 포착할 수도 없지만 아직 정체를 잘 모르기 때문에 '암흑'이라 하고, 물질이 아닌 형태이기 때문에 '에너지'라는 이름을 붙였다.

암흑에너지의 강력한 후보는 20세기 초 아인슈타인이 제기했다가 자신의 '가장 큰 실수'라고 고백하며 철회했던 '진공에너지'다. 하지만 아이러니컬하게도 최근 관측된 가속팽창우주에서는 '진공에너지'가 우주의 가속페달로 부활하고 있다. 아인슈타인의 최대 실수가 정답이 된 것일까. 진공에너지는 진공과 에너지의 합성어다. 물질도 없는 텅빈 우주공간인 '진공' 곳곳에 어떤 에너지가 숨어있을 것이란 얘기다.

3. 빅뱅 신화에 도전하는 최신 우주론

빅뱅 이전 말하는 미완의 이론

빅뱅 순간이 그렇듯이 공간과 시간의 양자적 성질은 통합이론에서 다뤄야만 한다. 극히 작은 거리 규모에서 공간은 끈과 막이 연결된 구조로 대치될지 모른다. 물론 아직까지 모르는 다른 어떤 것일지도 알 수 없다.

진공에너지는 밀어내는 효과를 가지기 때문에 우주를 가속팽창시키고, 우주 전체 밀도의 모자라는 대부분을 설명할 수 있다. 그렇다고 진공에너지가 만능일까. 아니다. 진공에너지는 우주에 처음 생긴 후 양이 일정한 물질과 달리 우주공간이 늘어나면 양도 함께 늘어나는 괴상한 성질이 있다. 에너지 보존법칙이 성립하지 않는 셈이다.

더 큰 문제는 진공에너지를 현재 알고 있는 이론으로 제대로 설명할 수 없다는데 있다. 이론적으로 진공에너지를 계산해보면 현재 관측치보다 10^{120}배 만큼 엄청나게 많아야 한다. 정말 진공에너지가 이 정도라면 우주는 굉장히 빠르게 팽창할 것이다. 사람이라면 자신의 코끝도 보이지 않을 정도다. 당연히 물질이 모여 은하, 별, 행성을 형성하지 못했을 것이다. 하지만 실제는 이와 다르다. 우주는 바로 당신이 존재할 만큼 섬세하게 짜여져 있다. 진공에너지와 물질이 72 : 27의 비율로 말이다. 현재 진공에너지는 반발력이 크지 않기 때문에 매우 큰 우주적 규모에서만 작용한다.

진공에너지의 발견은 또다른 측면에서 중요성을 지닌다. 과학자들은 가속팽창하는 우주에 중력의 양자적 성질을 암시하는 단서가 있을 것으로 기대하고 있다. 자연계에 존재하는 4가지 힘(강한 핵력, 약한 핵력, 전자기력, 중력) 가운데 중력만이 아직까지 양자역학의 울타리에서 벗어나 있기 때문이다. 과학자들이 진공에너지의 성질을 명백히 밝히다보면 중력을 포함한 모든 힘을 통합하는 최종이론으로 가는 길을 찾게 되지 않을까.

과학자들은 왜 모든 힘을 통합하려고 할까. 상상조차 힘들었던 빅뱅 순간을 설명하기 위해서다. 빅뱅 시점부터 빅뱅 후 10^{-34}초 사이에는 중력을 포함한 4가지 기본힘이 하나였기 때문이다. 또 빅

관측되는 우주의 모습

현재 우리가 관측하는 우주의 먼 거리에 있는 것일수록 과거의 모습이다. 우리가 볼 수 있는 가장 먼 거리의 모습은 우주배경복사다. 물질과 빛이 뒤엉킨 시기 이후 물질로부터 처음 분리된 빛이 바로 우주배경복사다. 우주배경복사는 현재 2.73K로 관측된다.

온도

∞ 10^{28}℃ 10^{15}℃ 10^9℃ 10^8℃ 3000K

빅뱅

인플레이션 끝

양성자 중성자 생성

수소 헬륨핵 생성

물질과 빛이 뒤엉킨 시기

우주배경복사
(물질과 빛의 분리)

시간

0 10^{-30}초 10^{-10}초 1초 3분 30만 년

관측자

우주배경복사면
빅뱅 특이면

뱅 순간에는 시간과 공간조차 양자역학의 불확정성원리에 따라 모호해지고 불연속적이다. 따라서 모든 힘을 통합하는 일은 거의 100년 동안 부딪쳐 왔던 일반상대성이론과 양자역학을 결합시켜서 양자중력 통합이론을 만드는 것이다. 이 이론이 완성되면 빅뱅 순간의 우주를 다룰 수 있다.

최근 과학자들은 양자중력에 대한 희망을 끈이론에 걸고 있다. 끈이론은 10차원에서 길이가 10^{-35}m 라는 상상하기 힘들 정도로 미세한 흔들리는 끈으로 자연을 기술하려는 이론이다. 4차원 이상을 다루고 수학적으로도 매우 복잡하다. 원리적으로 끈이론은 자연계의 모든 힘을 설명할 수 있다. 하지만 실질적으로는 이론을 기술하는 식조차 아직 미완성이다. 또 끈이론의 효과가 매우 높은 에너지에서 일어나기 때문에 현재의 입자가속기로는 테스트조차 할 수 없다고 다른 과학자들은 비판한다. 그래서 끈이론가들은 관측될 수 있는 어떤 효과를 발견하기 바라는 마음으로 우주론에 뛰어들고 있다.

당연히 목표는 빅뱅이다. 작은 끈으로 이뤄진 세계는 최소한의 크기를 가진다. 끈 자체의 크기보다 작게 줄어들 수 없기 때문이다. 따라서 무한히 작은 점 상태인 빅뱅 특이점을 피할 수 있다. 미세한 끈으로 구성된 우주는 어떤 크기보다 더 작게 줄이려면 더 커지려는 것처럼 반응한다. 마치 우주가 붕괴되는 단계로부터 튀어나오는 현상과 비슷하다. 이런 관점에서 본다면 빅뱅은 시간과 공간이 함께 태어난 게 아니다. 빅뱅 이전에는 다른 종류의 시간과 공간이 있었고 아마도 전체 우주는 영원할지 모른다. 성운이 회전하면서 인력과 원심력이 같아지는 곳에서 고리가 형성되고 고리에서 행성이 만들어진다.

3. 빅뱅 신화에 도전하는 최신 우주론

숨은 우주와 충돌로 탄생했을까

끈이론이 10차원(공간 9차원+시간 1차원)에서 기술된다면, 왜 우리는 4차원(공간 3차원+시간 1차원)만 볼 수 있을까. 끈이론가들은 9차원의 공간 중에서 3차원을 제외한 나머지 차원의 공간을 초기에 끈들이 돌돌 말아 억눌렀기 때문에 나머지 차원의 공간이 성장하지 못했다고 설명한다. 약간은 억지스러워 보인다.

하지만 다행히 몇 년 전 끈이론이 끈뿐만 아니라 다양한 차원의 막을 허용한다는 사실이 발견돼 입지가 조금은 넓어졌다. 막은 고차원의 전체 우주에 속한 소우주라고 생각될 수 있기 때문이다. 막이라는 새로운 물체의 존재는 새로운 이론의 존재를 암시했다. 새 이론은 M이론이라 불린다. 또 여분의 차원 가운데 적어도 1차원이 1mm 정도(끈이론에서는 거대한 규모)로 클 가능성이 제기됐다.

끈이론(M이론)이 제기하는 우주는 어떤 모습일까. 우리 우주를 포함한 거대한 전체 우주를 상상한다. 우리 우주는 5차원의 공간에 떠다니는 3차원의 섬이다. 마치 물탱크 위에 떠있는 이파리와 비슷한 모습이다. 또 다른 막(우주)이 곁에 떠다닐지 모른다. 쿼크, 전자와 같은 입자, 그리고 전자기력 같은 힘은 우리 우주의 막에 딱 붙어있다. 반면 중력은 우리 우주의 막에 구속되지 않고, 막과 막 사이에도 작용한다. 채 1mm가 안 되는 당신 곁에 또다른 우주가 있을지도 모른다.

숨어있던 또 다른 우주가 우리 우주에 충돌해 우리 우주가 탄생하지 않았을까. 끈이론을 배경으로 제기된 몇몇 우주론에서 제기되는 주장이

'빅 스플랫' 충돌 우주론

빅 스플랫 같은 충돌우주론은 우주의 탄생을 막끼리의 충돌로 본다.
먼 과거에 휘어진 5차원 공간에 평탄하고 텅빈 막 한 쌍이 나란히 있었다.
어떤 시기에 두 개의 막이 특정 거리에 있을 때 세 번째 막이 하나의 막에서
분리되고 다른 막(우리우주)으로 떨어진다. 중간에 공간의 양자요동으로
잔물결이 일어나고 잔물결은 충돌 순간 우리 우주에 은하의 씨앗이 된다.

에크파이로틱 우주 이론을 만든 미국 프린스턴대
폴 슈타인하르트 교수.

다면, 이런 지역은 다른 지역이 붕괴·수축하는데 반해 엄청난 팽창을 시작한다. 나란한 막이 충돌할 때 에너지가 나오고 우리 우주는 빅뱅우주론에서처럼 가열돼 물질과 열로 가득 찬다.

2001년 봄에는 미국 프린스턴대의 폴 슈타인하르트 교수팀이 또다른 종류의 막 충돌이론을 제안했다. 특히 빅뱅의 버팀목인 급팽창이론을 도입하지 않고 우주를 설명할 수 있다고 주장한다. 언론에는 거대충돌이라는 의미인 '빅 스플랫'(Big Splat)이라는 애칭으로 소개됐는데, 연구팀은 '에크파이로틱 우주'라고 자신들의 이론을 지칭했다. 에크파이로틱은 중세 스토아철학에서 세계의 불같은 죽음과 재생을 뜻하는 그리스어인 '에크파이로시스'(ekpyrosis)로부터 파생된 단어다.

빅 스플랫 이론은 휘어진 5차원 공간에서 평탄하고 텅빈 막 한 쌍이 나란히 존재하던 분명치 않은 먼 과거에 시작된다. 이 상황이 끈이론의 진보된 버전에서 아인슈타인 식의 가장 간단한 해라고 연구팀은 말한다. 또 이 이론은 이미 존재하지 않는 어떤 다른 효과를 가정하지 않았다며, 논문에 "현실적으로 가능성 있는 우주모형을 제시한다"고 썼다.

5번째 차원의 벽을 형성하던 두개의 막은 아주 먼 과거에 양자요동이라는 무(無) 상태로부터 불쑥 나타나고 표류해 흩어졌을 수 있다. 어떤 시기에 아마도 두개의 막이 특정 거리만큼 떨어졌을 때, 세번째 막이 하나의 막에서 벗겨져 나오고 다른 막(우리 우주)으로 떨어지기 시작한다. 새로운 막이 여행하는 오랜 동안, 공간의 양자요동은 떠가는 막 표면에 잔물결을 일으킨다. 이 잔물결은 충돌 순간에 우리 우주 전체에 걸쳐 은하가 탄생할 씨앗을 심는다. 이 순간이 빅뱅의 순간이다. 급팽창 없이 우리우주가 탄생한 것이다. 너무 완벽하게 평탄한 막이 정확히 나란하게 있다는 점이 자연스럽지 않다는 반론도 있다. 하지만 더 큰 문제는 아직까지 끈이론이 제시하는 우주를 검증할 만한 증거를 관측할 수 없다는 데 있다. 물론 양자중력이 풀리고 끈이론이 입자물리에 제대로 연결될 때까지는 어떤 우주론이 승리할지 모른다. ▣

다. 1998년 미국 뉴욕대의 게오르기 드발리 박사와 코넬대의 헨리 타이 박사가 제기했던 '브레인 인플레이션' 이론이 그 중 하나다. 이 이론에서 우주는 미세한 끈과 차갑고 텅빈 막 여럿이 함께 들러붙은 양자적 혼돈 상태에서 나타난다. 만일 어떤 순간 막 사이에 틈새가 생긴다면, 막들은 함께 떨어질 것이다.

각각의 막은 다른 막의 중력장이 자신의 3차원 공간에 에너지 장으로 불쑥 나타나는 현상을 경험할 수 있다. 이 에너지 때문에 막은 떨어지는 동안 1000배 이상 크기가 커지면서 빠르게 팽창한다. 특히 막들이 나란한 지역이 적어도 한 곳이 있

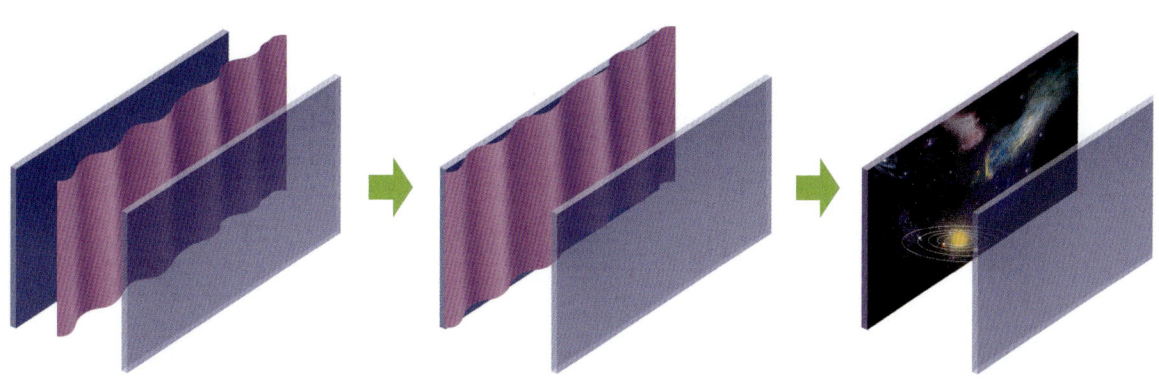

4. 진동하는 끈이 만물을 지배한다

상대성이론과 양자론의 모순

1948년 아인슈타인은 68세의 나이에 '일반화된 중력이론'이라는 책을 펴냈다. 힘과 물질을 통합하는 '통일장 이론'에 대한 책이었다. 당시 연구 조수였던 존 케메니(훗날 미국 다트머스대 총장이 됨)는 "아인슈타인은 자신의 모든 정열을 다 바쳐서 우주의 법칙을 찾으려 했다"고 회고했다.

아인슈타인에게는 상대성이론의 큰 성공만이 아니라 실패도 있었다. 인생의 후반부를 바쳤던 통일장 이론이 결국 실패했던 점과 원자의 세계를 설명하는 양자론을 받아들이지 못한 점 등이다.

아인슈타인은 스스로를 "양자론이라는 사악함을 보지 않기 위해 머리를 땅에 박고 있는 타조같이 보일 것"이라고 말한 적이 있을 정도로 양자론을 배척했다. 위대한 아인슈타인이 과연 능력 부족으로 양자론을 거부했을까. 아인슈타인은 상대성이론의 성공모델이 너무나도 좋았기 때문에 이와 논리적 모순이 있는 양자론을 받아들일 수 없었던 것이다.

상대성이론에 따르면 우리가 살고 있는 시공간은 매우 부드럽고 평온한 공간이다. 상대성이론은 일상 세계와 우주 등 거시 세계를 너무나 잘 설명했다. 그러나 양자론에 따르면 미시 세계, 즉 원자나 전자의 세계는 용암이 부글부글 끓듯 급격하게 요동치는 거친 공간이다. 상대성이론은 이러한 미시 세계와 잘 맞지 않았다.

아인슈타인은 이 모순을 해결하기 위해 양자역학의 세계를 상대성이론의 틀로 설명하는 통일장이론에 도전했다. 통일장이론은 힘과 물질을 모두 통합하려는 것이었다. 그는 힘은 장으로 나타나고 물질은 강한 장이 몰려 있는 곳이라고 생각했다. 아인슈타인은 상대성이론의 도구였던 미분기하학을 이용해 30년 동안 통일장이론 완성에 매달렸다. 통일장이론은 특히 상대성이론의 중력을 양자역학의 세계에 적용하는 것이 핵심 과제였다.

우리는 그의 시도가 성공하지 못한 것을 알고 있다. 과연 아인슈타인은 실패한 것일까. 그렇게만 볼 수는 없다. 오히려 우리는 아인슈타인의 노력에 감사해야 한다. 아인슈타인은 분명히 일반상대성이론과 양자론의 모순을 간파했다. 그는 그 둘이 공존할 수 없다는 것을 깨닫고 양자론의 문제점을 해결하려 했다. 그러나 실패했다. 성공에 필요한 초끈이론의 개념이 당시에는 없었기 때문이다.

4. 진동하는 끈이 만물을 지배한다

최고의 통일 이론 초끈이론

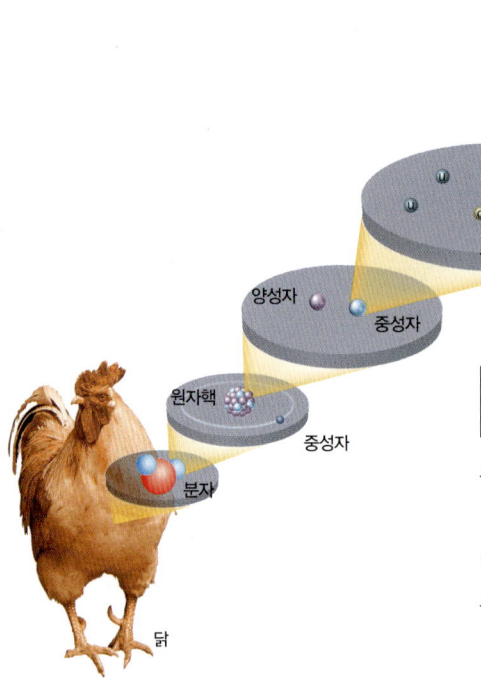

1960년대에 허름한 모습으로 태어난 끈이론은 현재 최고의 통일 이론으로 유명세를 누리고 있다. 기독교에서 말구유에서 태어난 분이 만왕의 왕으로 칭송되고 있는 것에 비유할 만하다.

1960년대는 물질의 궁극을 찾고자 하는 입자물리학 분야에서 이론물리학이 실험물리학의 시녀 역할밖에 할 수 없었다. 매달 쏟아져 나오는 실험 결과를 설명할 이론이 없었기 때문이다.

그런 중에 양성자를 높은 에너지로 충돌시킨 실험 결과를 비교적 간단한 오일러의 수학공식을 통해 정리할 수 있다는 사실을 1968년 가브리엘레 베네치아노가 밝혔다. 그후 시카고대 요이치로 남부 교수 등 다른 과학자들이 이 공식을 끈의 진동으로 설명할 수 있다고 증명했다. 즉 점 입자의 충돌을 점이 아닌 끈의 산란으로 설명할 수 있게 된 것이다. 이것이 끈이론의 탄생이었다.

당시 끈이론에는 큰 결함이 있었다. 끈의 진동 중 하나에 '타키온'이라고 하는 질량의 제곱이 음이 되는 입자가 들어 있었던 것이다. 현실 세계에서 나올 수 없는 입자였다.

이 문제는 '초대칭성'이라는 새로운 개념을 도입해 해결했다. 입자에는 물질을 이루는 입자(페르미온)와 힘을 이루는 입자(보손) 2가지가 있다. 두 입자가 늘 짝을 이뤄 존재한다는 것이 초대칭성이다.

1971년 피에르 라몽, 앙드레 느뵈, 존 슈바르츠는 기존 끈이론에 초대칭성을 가진 끈이 존재할 수 있다는 것을 발견했다. 1977년 페르디난도 글리오치 등이 이 원리를 이용해 타키온을 끈이론에서 제거하는 데 성공했다. 초대칭성은 끈이론을 '초끈이론'으로 발전시켰고 결과적으로 초끈이론에 힘과 물질을 통합하는 개

초끈이론을 통해 블랙홀 안에서도 정보가 소멸되지 않는다는 사실이 밝혀졌다. 이 때문에 물리학자 스티븐 호킹은 블랙홀에 대한 자신의 가정이 일부 틀렸다고 시인했다.

상대성이론과 양자역학의 차이

상대성이론의 시공간은 매우 부드럽게 휘어 있지만
양자역학의 시공간은 매우 거칠다. 이 때문에
두 이론은 잘 맞지 않는다. 그러나 초끈이론은
두 이론의 모순을 해결할 수 있다.

양자역학이 바라본 세계

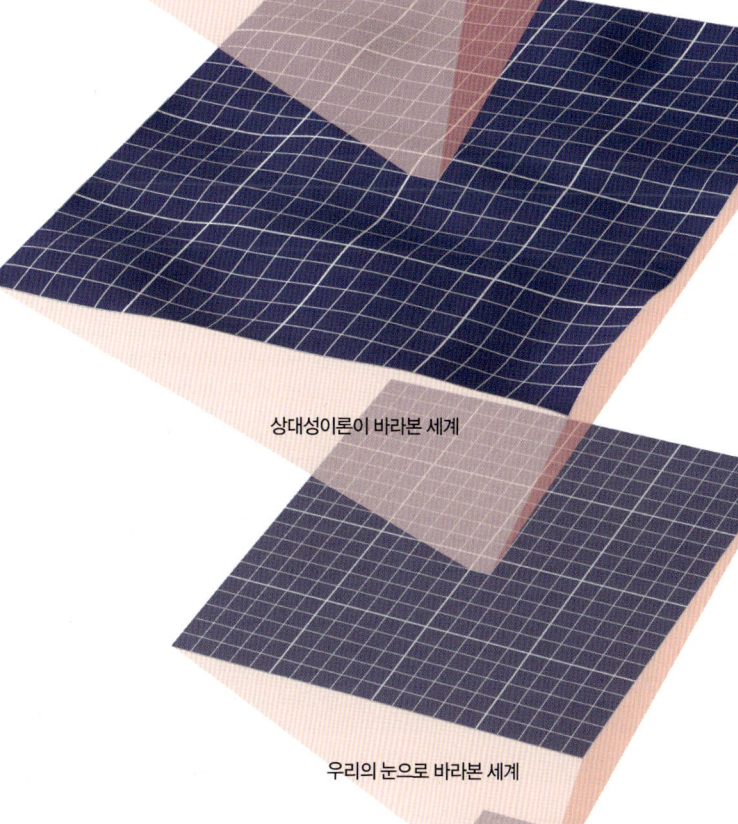

상대성이론이 바라본 세계

우리의 눈으로 바라본 세계

념을 제공했다.

이렇게 완성된 끈이론은 여전히 문제가
있었다. 아무리 실험을 해도 스핀이 2면서 질량이
없는 입자가 나오지 않는데 초끈이론에선 그러한 입
자가 반드시 있기 때문이다.

1974년 대전환이 일어났다. 조엘 셔크와 슈바르츠는
발상의 전환을 통해 거의 버려야 할 이론을 완전히 새로
운 이론으로 되살렸다. 초끈이론을 양성자 충돌을 설명
하는 원리 대신 새로운 중력 이론으로 바꾼 것이다.

힌트는 바로 문제가 됐던 스핀이 2이고 질량이
없는 입자였다. 이 입자를 물질 대신 힘, 즉 중력을
일으키는 입자(중력자)로 본 것이다. 드디어 양자역학
세계에서 중력을 설명할 수 있는 계기가 마련됐다.

1984년 여름 끈이론은 마침내 누에고치에서 나오는
대변신을 한다. 마이클 그린과 슈바르츠는 고집스럽게
수학 계산을 한 결과 물리역사상 처음으로 양자역학과
모순이 없는 양자중력이론을 찾아냈다.

1년 동안 모순이 없는 초끈 이론이 모두 5가지나 등장
했다. '유형 I, 유형 IIA, 유형 IIB, 헤테로틱E, 헤테로틱O'라
는 이름으로 불리는 다섯 가지 끈이론이다. 이러한 1980
년대 중반을 흔히 초끈이론의 제1혁명기라 일컫는다.

4. 진동하는 끈이 만물을 지배한다

모든 물질은 끈으로 이뤄져 있다

20세기 물리학을 지배한 입자 이론은 모든 물질의 근원이 아주 작고 쪼갤 수 없는 입자로 이뤄져 있다는 것이다. 초끈이론은 이런 입자를 끈으로 대체한다. 즉 초끈이론이란 모든 물질의 근원이 10^{-33}cm 길이의 아주 짧은 1차원 끈으로 이뤄져 있다는 것이다. 이 끈은 에너지의 한 형태라고 생각할 수도 있다. 양성자의 크기가 10^{-13}cm인 것을 감안하면 이 끈이 얼마나 작은지 알 수 있다.

물질이 입자로 돼 있다고 생각할 때는 자연에 존재하는 기본 입자들을 도입해야만 한다. 예를 들어 전자, 쿼크, 중성미자(뉴트리노), 광자, 중력자, 글루온 등 매우 다양한 입자들이 필요하다. 반면 초끈이론은 끈 하나만 있으면 된다. 여러 입자들은 한 가지 끈이 어떻게 진동하느냐에 따라 다른 질량과 물리량을 가질 수 있다. 즉 전자와 중성미자는 같은 끈이 서로 다른 모양으로 진동하고 있을 뿐이라는 것이다.

어떻게 이런 것이 가능할까. 현악기를 생각해 보자. 현악기 줄 하나가 여러 가지 파장의 진동을 만들 수 있다. 진동은 파장에 반비례하는 에너지를 갖고 있다. $E=mc^2$에 따라 에너지가 질량이 된다. 따라서 다양한 질량을 가진 입자들이 끈의 진동에서 나올 수 있다.

입자이론의 세계는 시간을 포함한 4차원이다. 그러나 초끈이론은 우리의 세계를 10차원 시공간으로 확장했다. 초끈이론은 10차원에서만 수학적 모순이 사라지기 때문이다. 10차원 시공간은 90년대 들어 11차원으로 확장된다.

그렇다면 4차원 외에 나머지 공간은 어디에 있는가. 초끈이론은 "나머지 6차원은 보이지 않도록 작게 말려 있다"고 대답한다. 전기줄을 멀리서 보면 1차원 물체(선)처럼 보이지만 실제로는 3차

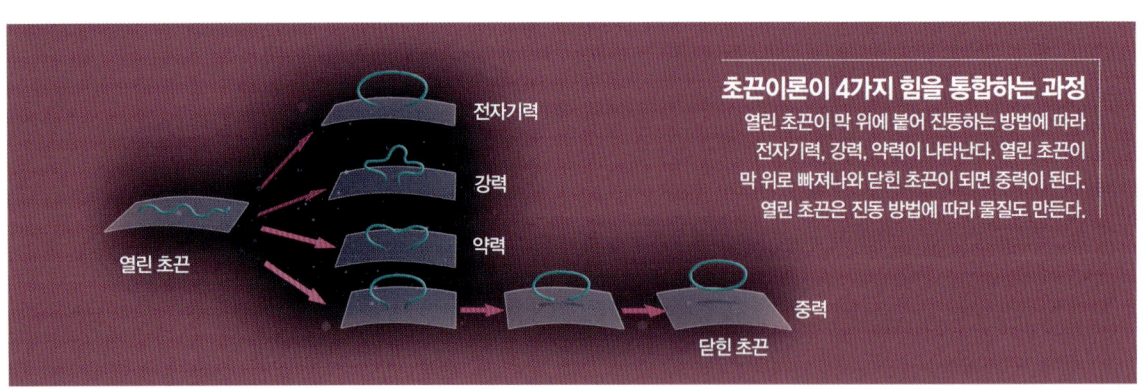

초끈이론이 4가지 힘을 통합하는 과정
열린 초끈이 막 위에 붙어 진동하는 방법에 따라 전자기력, 강력, 약력이 나타난다. 열린 초끈이 막 위로 빠져나와 닫힌 초끈이 되면 중력이 된다. 열린 초끈은 진동 방법에 따라 물질도 만든다.

열린 초끈
전자기력
강력
약력
닫힌 초끈
중력

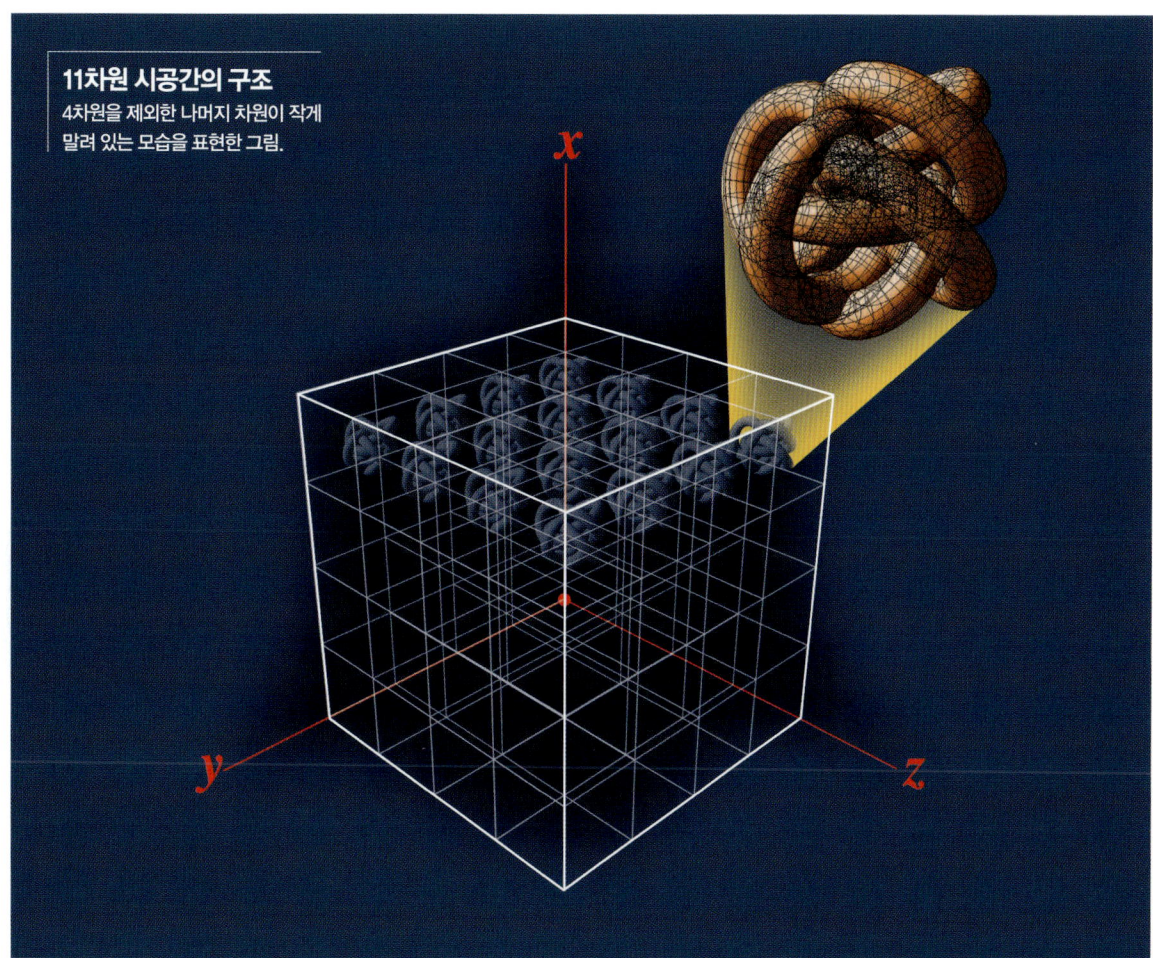

11차원 시공간의 구조
4차원을 제외한 나머지 차원이 작게
말려 있는 모습을 표현한 그림.

원 물체다. 이처럼 우리 우주의 모습도 커다란 4차원 시공간과 작게 말려버린 6차원 공간으로 이뤄져 있다고 생각하는 것이다. 감겨 있는 차원은 아무런 의미가 없는 걸까. 그렇지 않다. 끈은 감긴 공간 쪽으로도 다양하게 진동한다.

통일이론의 가장 큰 과제는 중력과 다른 힘을 통합하는 것이다. 실제로는 복잡하지만 그림으로도 간단히 설명할 수 있다. 초끈이론에 따르면 중력은 고무밴드와 같은 '닫힌 끈', 다른 힘과 모든 입자는 짧은 실과 같은 '열린 끈'이다. 막 위에서 열린 끈이 진동하는 모양에 따라 끈은 전자기력과 강력, 약력이 되기도 하고 쿼크와 같은 입자도 만든다. 이 열린 끈이 막 위에서 살짝 떨어진 뒤 닫힌 끈이 되면 중력으로 표현된다. 이처럼 초끈이론은 끈 하나로 4가지 힘과 모든 입자를 설명할 수 있다.

초끈이론이 1차혁명기를 거치면서 많은 발전을 했지만 통일 이론이 되기 위해서는 큰 문제를 해결해야 했다. 유일해야만 할 것 같은 통일 이론의 후보가 다섯이나 있었던 것이다. 또 다른 근심은 이론이 너무 앞서가서 실험으로는 도저히 검증할 수 없게 된 것이었다. 1990년대 초반에 들어서면서 초끈이론에 사용되는 수학이 너무 어려워졌고, 실험과의 괴리 때문에 열기도 많이 식었다.

진정한 발전은 가장 어려운 시련 속에서 나타난다고나 할까. 1995년 프린스턴고등연구소의 에드워드 위튼은 매우 적은 수의 학자들이 참가한 끈이론 학회에서 모두가 뒤로 나자빠질 정도의 놀라운 결과를 발표했다. 그는 초끈이론의 한 유형(IIA이론)에서 결합 상수가 커질 경우 새로운 11번째 차원이 열리는 것을 발견했다. 이는 1차원의 끈이 사실은 11차원에서 대롱처럼 말려 있는 2차원 막이었다는 것을 뜻했다.

이 결과를 토대로 과학자들은 5가지 끈이론이 모두 다 연결돼 있으며 근본 이론의 특별한 예들이라는 것을 알아냈다. 이 근본 이론을 'M이론'이라 부른다. 이전까지의 물리학자들은 코끼리를 더듬는 장님과도 같았다. 다리만 만져보고 코끼리, 코만 만져보고 코끼리라고 한 것이다.

초끈이론의 증명은?

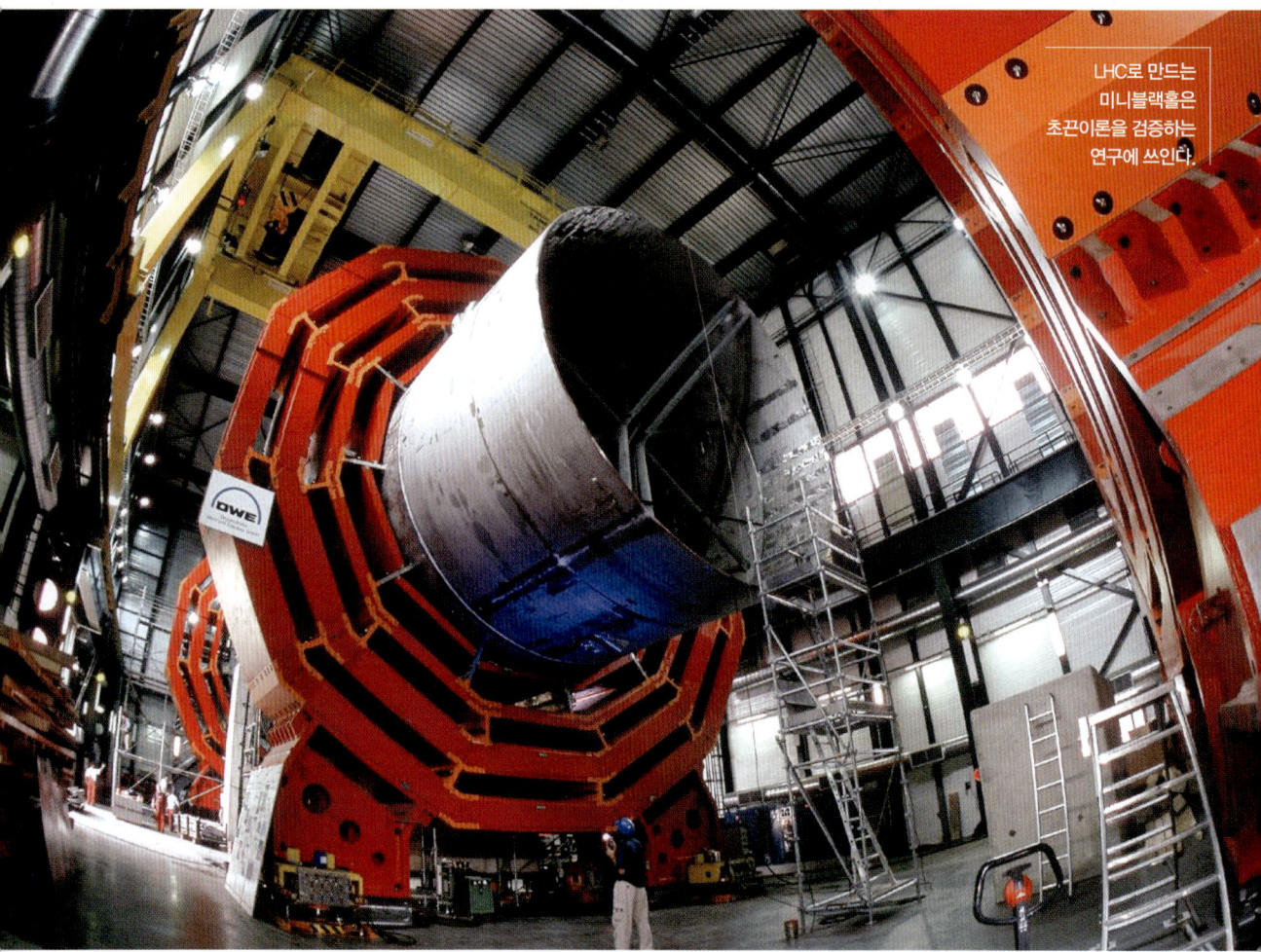

LHC로 만드는
미니블랙홀은
초끈이론을 검증하는
연구에 쓰인다.

M이론이란 이름은 위튼이 지은 것으로 M은 'Magic, Mystery, and Matrix'의 첫 자를 따서 만든 것이라고 한다. 다른 사람들은 모든 이론의 근원인 어머니(Mother)에서 왔다고도 한다. M이론은 11차원의 이론이며, 초끈과 막을 포함하는 진정한 통일 이론의 후보라는 사실이 밝혀졌다.

또 다른 중대한 발전은 조지프 폴친스키에 의해 도입된 'D-브레인'이라 불리는 새 식구의 등장이다. 필자(남순건 경희대 물리학과 교수)는 폴친스키로부터 그가 일본을 방문하고 있을 때 빨래방에서 D-브레인이란 물체에 대한 아이디어를 정리했다는 이야기를 직접 들었다고 한다. 브레인이란 2차원의 막을 다양한 차원으로 확장한 것이다. 즉 3차원 막, 4차원 막, 9차원 막이 브레인이다.

이러한 브레인은 초끈이론에서 끈만큼 중요한

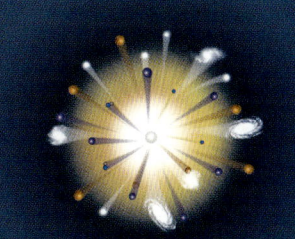

초끈이론이 바라본 우주

초끈이론이 바라본 우주는 기존에 생각했던 우주와 많이 다르다. 초끈 세계에서는 시공간이 찢어지기 때문에 미래로 가는 시간여행이 가능하다. 또 빅뱅으로 시간이 만들어진 것이 아니라 빅뱅 이전에도 시간이 존재할 수 있다고 가정한다. 초끈이론에서는 광속불변의 법칙도 깨진다.

기존 빅뱅
한 점에서 대폭발이 일어나 우주가 된다.

초끈이론의 빅뱅
막과 막의 충돌로 대폭발이 일어난다.

역할을 한다. 열린 초끈은 D−브레인 위에서만 움직이기 때문이다. 끈이론은 1차원의 끈만 있는 독주곡에서 0차원(점)에서 9차원까지 모든 차원의 브레인들이 총 출연하는 교향곡으로 확장됐다.

이러한 M이론과 브레인의 등장으로 끈이론은 제2의 혁명기를 거치게 됐다. 당시에 필자도 밤낮을 가리지 않고 연구를 했을 정도로 초끈이론에 대한 열기는 1차 혁명기보다도 더했다.

당시 최대 성과는 스트로민저와 바파가 끈이론으로부터 블랙홀의 엔트로피(자유도)를 정확히 계산한 것이었다. 스티븐 호킹이 블랙홀에서 정보가 소멸되지 않는다는 점을 인정하면서 내기에 졌다고 시인한 것도 초끈이론 때문이다.

또 '브레인 세계 시나리오'라는 중요한 이론도 나왔다. 이 아이디어는 빛으로 보는 세계, 즉 우리가 보는 세계는 4차원에 불과하지만 중력으로 보면 11차원의 세계가 모두 열린다는 것이다.

우리가 4차원의 세계에 산다고 생각하는 것은 우리의 눈이 빛을 감지하기 때문이다. 만약 중력파를 볼 수 있는 생명체가 있다면 우리 주위에 감겨 있는 다른 차원도 볼 수 있을 것이다. 만일 중력파가 감겨진 차원으로 빠져나가면 에너지보존법칙이 깨질 수도 있다.

초끈이론으로 우주를 한번 바라보자. 흔히 우주의 탄생은 빅뱅, 즉 한 점에 뭉쳐 있던 모든 에너지가 폭발하면서 현재의 우주를 만든 것으로 간주된다. 그러나 초끈이론에서는 다른 이론도

생각할 수 있다. 즉 우주 탄생을 점의 폭발이 아니라 막과 막의 충돌로 생각할 수 있게 된 것이다.

또 빅뱅 이전에 어떠한 일이 일어났는가도 생각해볼 수 있다. 아직은 많은 사람들이 내놓은 아이디어들이 서로 공방을 하고 있는 상태이지만 빅뱅 이전에 또 다른 우주가 있었다던가, 빅뱅 이전에도 시간이 존재했다는 흥미로운 주장도 있다.

초끈이론은 아인슈타인의 시공간 개념도 뒤흔들고 있다. 상대성이론에서는 빛의 속도는 변하지 않는다. 그러나 초끈이론에서는 빛의 속도가 달라질 수 있다. 아인슈타인의 시공간은 연속적이었지만 초끈이론의 시공간은 찢어질 수 있다. 따라서 먼 장래로 가로질러 가는 웜홀이 가능해진다. 우주의 수수께끼로 불리는 암흑물질의 정체를 밝힐 수도 있다.

끈이론은 이론에 그치는 학문인가. 사실 20년 전 끈이론은 수학적이고 사변적인 이론에 그칠 것이라는 비난을 많이 받았다. 그러나 21세기 끈이론의 가장 큰 특징은 실험적 검증 가능성이 보인다는 것이다. 한 예로 유럽 입자물리가속기연구소(CERN)에 완공된 초대형가속기에서는 미니 블랙홀을 만드는 실험이 현재 진행 중이다. 미니 블랙홀이야말로 초끈이론의 실험적 검증의 장이 될 것이다.

끈이론 외에도 다른 양자 중력이론이 몇몇 제안된 바 있다. 최근 이들도 다 M이론 속에 통합돼 있다는 증거들이 나오고 있다. 그렇다고 해서 초끈이론과 M이론의 실체가 속 시원하게 밝혀진 것은 아니다. M이론에 필요한 수학이 아직 완성되지 않았기 때문이다. 그래서 초끈이론을 21세기 물리학이 20세기에 성급하게 발견된 것이라는 말도 있다. 초끈이론 학자들은 마치 철로를 놓아가며 기차를 모는 듯한 작업을 하고 있다.

끈이론은 물리학의 여러 분야 중에서도 분명 도전을 해볼만한 분야다. M이론이라는 미답지에 대한민국의 국기를 꽂기 위해 지금도 많은 한국의 끈이론 학자들이 연구를 하고 있다. 원정대에 동참할 젊고 도전정신이 있는 동지들을 우리는 원하고 있다. 🅼

과학동아만이 만들 수 있는
융합형 과학 교과서의 보조 자료

이세연(명덕고등학교 교사, 고등학교 과학교과서 집필진)

1 | 2009 개정 고등학교 과학 교육 과정과 융합형 과학 교과서

'2009 개정 과학과 교육 과정'의 고등학교 과학은 과학적 소양을 바탕으로 하는 수준 높은 창의성과 인성을 골고루 갖춘 인재 육성을 목표로 한다. 특히 우주와 생명 그리고 현대 문명과 사회를 이해하는데 필요한 과학 개념을 통합적으로 이해하며 자연을 과학적으로 탐구하는 능력을 기르고, 과학 지식과 기술이 형성되고 발전하는 과정을 이해해야 한다. 또 자연 현상과 과학 학습에 대한 흥미와 호기심을 기르고 일상생활의 문제를 과학적으로 해결하려는 태도를 함양하며, 과학·기술·사회의 상호 작용을 이해하고, 과학 지식과 탐구 방법을 활용한 합리적 의사 결정을 기르는 것을 목표로 하고 있다. 이런 목표를 바탕으로 만들어진 것이 7종의 융합형 과학 교과서다.

융합형 과학 교과서는 6개 출판사에서 7종의 교과서가 출판돼 학교에서 사용하고 있다. 그런데 예전의 과학 교과서들과 크게 다른 특징이 하나 있는데, 바로 출판사마다 내용이나 구성이 조금씩 차이가 있다는 것이다. 이전 교육과정까지는 교과서 검정 시스템에 맞추기 위해 출판사에 관계없이 동일한 내용과 구성으로 교과서가 출판돼야 했지만 교과서 검정 시스템이 '검정'에서 '인정'으로 바뀌면서 출판사마다 조금씩 특징 있는 모습을 갖췄다. 그 결과 어떤 교과서는 기존 7차 교육과정의 스타일을 많이 담고자 노력하여 실험 및 탐구가 상당 부분 포함돼 있고, 또 다른 교과서는 과학 이야기책을 읽어 나가듯이 스토리 중심으로 구성돼 있기도 하다.

하지만 교과서마다 다른 점이 있지만 융합형 과학 교과서들이 공통적으로 갖는 특징도 있다. 바로 내용의 이해를 돕기 위한 풍부하고 섬세한 그래픽과 자료다. 우리나라 교과서 역사에 이런 교과서가 없었다. 학생들은 마치 ≪과학동아≫와 같은 과학 잡지를 보는 듯한 착각에 빠지기도 한다. 다른 것이 있다면, 평가를 위해 공부해야 한다는 생각으로 인해 편안하게 읽어나가지 못한다는 것이다. 하지만 그것은 융합형 과학 교과서가 아닌 다른 교과목의 어떤 교과서라도 목적에 따라서 비슷한 상황에 놓일 수 있다. 결국 교과서를 대하는 학생들의 마음가짐이 달라져야 목표에 맞는 교과서 내용의 전달이 가능한 것이다.

모든 융합형 과학 교과서는 2009 개정 과학 교육과정이 요구하는 내용과 학생들의 평균적인 성취 수준을 고려하여 집필, 제작되었다. 다른 교과목의 교과서도 마찬가지지만 이것은 학생들의 성취 수준에 따라 내용의 이해 정도에 차이가 생길 수 있다는 것을 의미한다. 특히, 기존에 접하지 않아 생소하고 일부는 어

려운 내용들이 포함된 융합형 과
학 교과서의 경우 그 정도가 훨씬 크다.
아무리 자세한 설명과 풍부한 그래픽, 구체적인
자료를 함께 담았다 하더라도 한정된 지면이 주는 제약을
극복할 수 있는 방법은 없다. 결국 표현은 집약적일 수밖에 없고
제한된 제작비용의 영향으로 그래픽이나 자료의 양과 질도 한계가 있을
수밖에 없다.

이로 인한 어려움은 교사와 학생 모두가 똑같이 느끼고 있다. 새로운 내용, 부족하고
정리되지 않은 자료는 교사에게 새로운 교과 내용에 대한 준비에 어려움을 느끼게 한다. 교
사들은 교과서의 내용과 밀접한 관계가 있으며 교사의 궁금함과 학생들의 질문에 답할 수 있는
내용들로 채워진 충실한 보조 자료를 찾고 있지만, 적합한 것을 찾기란 쉽지 않다. 학생들도 마찬가지다.
(물론 융합형 과학 교과서를 학습하는 방법의 변화가 필요하지만,) 내용의 이해는 물론 여러 평가를 준비
하기 위해 교과서와 수업의 부족한 부분을 보완할 수 있는 보조 자료가 필요하다. 하지만 현실은 그렇지
못하다. 교과서 출판사 및 교육청 등에서 여러 가지 학습 보조 자료를 내놓고 있지만 융합형 과학 교과서
가 담고 있는 내용을 감안한다면 교사와 학생의 필요를 만족시키기가 어려운 것이 현실이다. 그렇기 때문
에 ≪과학동아≫와 같이 충분한 데이터베이스를 바탕으로 교과서를 뒷받침할 수 있는 자료를 검색, 분석
하여 교수 학습 보조 자료를 내는 것이 융합형 과학 교과서에는 꼭 필요한 부분이라고 할 수 있다.

2 그 첫 단원 '우주의 기원과 진화'

융합형 과학 교과서의 백미는 첫 단원인 '우주의 기원과 진화'라 할 수 있다. 비록 내용의 깊이와 관련된
많은 논쟁 등 여러 요인으로 인해 충분히 다루고 있지는 않지만, 학교에서 배우는 과학을 빅뱅부터 생각
하게 하는 계기를 만들었다는 것만으로도 충분히 의미가 있다. 하지만 빅뱅부터 이어지는 일련의 사건들
을 독립적인 개념의 학습 및 이해가 아닌 진정한 스토리라인 상에서 이해하려는 노력이 있어야 진정한 교
육과정의 목표를 달성할 수 있는 것이다.
융합형 과학은 내용을 전개하는 방식에서 기존의 과학 교과서에서 시도하지 않았던 스토리텔링 기법을

도입했다. 특히 전체 6단원 중에서 앞의 세 단원 '우주의 기원과 진화', '태양계와 지구', '생명의 진화'는 전체가 하나의 스토리로 이어지게 구성되어 있다. 그렇기 때문에 기존의 교육과정에서 다루어지지 않던 다소 생소한 내용이 상당부분 포함돼 있음에도 불구하고 잡지를 읽어 나가듯이 학습할 수 있다.

융합형 과학 교과서의 첫 단원인 '우주의 기원과 진화'에서는 우주가 빅뱅으로부터 형성돼 초기에 기본 입자들이 만들어지고 양성자, 중성자, 헬륨 원자핵, 중성 원자, 분자로 진화하면서 현재의 우주가 만들어지기까지의 과정을 학습하도록 돼 있다.

만약 단원의 제목만 보고 학습 내용을 자의적으로 판단해 우주와 관련된 천문학적, 지구과학적 내용이 단원의 주요 내용일 것이라 생각할 수도 있다. 하지만 이 단원은 어떻게 해서 기본 입자로부터 가벼운 원소 그리고 무거운 원소가 만들어지게 됐는가 하는 화학적 설명이 바탕에 자리 잡고 있다. 이 과정에서 학생들은 우주를 구성하고 있는 물질들의 구성, 은하의 구조뿐 아니라 빛의 스펙트럼 같은 물리 개념이나 공유결합과 반응 속도와 같은 화학반응의 기본 개념도 학습하게 되는 것이다. 즉, 학생들이 생각하는 물리와 지구과학적 현상을 통해 화학의 흐름을 파악하는 것이 '우주의 기원과 진화' 단원의 중요하다.

스토리의 첫 단원인 '우주의 기원과 진화'는 다시 4개의 작은 영역으로 나눌 수 있다. 우주의 기원, 빅뱅과 기본입자, 원자의 형성, 별과 은하가 그것이다. 우주의 기원에서는 허블의 법칙을 통하여 우주의 팽창을 이해하고 우주의 나이를 구하는 방법을 아는 것이 목표다. 빅뱅과 기본입자 영역은 빅뱅 우주에서 기본입자와 양성자 및 중성자, 헬륨 원자핵이 순차적으로 만들어진 것을 아는 것이 목표다. 원자의 형성 영역에서는 수소, 헬륨 원자가 나타내는 선스펙트럼으로부터 수소와 헬륨이 풍부하다는 것을 알고 수소와 헬륨 원자가 형성되면서 나온 빛이 우주배경복사로 검출되는 것을 이해해야 한다. 마지막으로 별과 은하 영역에서는 별이 탄생하고 적색거성, 초신성으로 진화하면서 탄소와 산소 등 무거운 원소가 만들어지는 과정을 알아야 한다. 또한 은하의 크기, 구조, 별의 개수 등의 다양함을 알고 은하와 은하 사이의 공간 같은 우주의 전체 구조를 아는 것도 목표다. 또한 성간 공간에서 수소, 탄소, 질소, 산소 원자들이 반응하여 수소와 질소 분자, 그리고 일산화탄소, 물, 암모니아 등 간단한 화합물을 만드는 과정을 통해 공유 결합과 반응속도의 원리를 이해할 수 있다.

그렇다면 이 단원의 목표를 달성하기 위해서는 어떻게 해야 할까? 이 목표를 달성하기 위해서는 교과서와 교사 그리고 학생이 서로 노력해야 한다. 그 이외에 모두에게 도움을 줄 수 있는 보조 자료가 필요한 것도 사실이다. 과학동아 스페셜 '빅뱅과 우주'는 보조 자료로서 훌륭한 역할을 할 수 있을 것이다.

융합형 과학 시리즈 1권인 스페셜 '빅뱅과 우주'는 4개의 대단원으로 구성돼 있다. 첫 번째 단원은 '우주는 어떻게 시작됐을까?'로 '1. 빅뱅과 우주의 탄생', '2. 빅뱅을 발견한 과학자'의 두 중단원으로 다시 나누어져 있으며, 이는 교과서의 '우주의 기원' 단원에 해당한다. 빅뱅 우주론의 탄생에서부터 우주팽창이 발견되기까지의 과정을 교과서에서 접하기 힘든 그래픽과 깊은 설명으로 교사는 물론 호기심 많은 학생들의 필요를 충족시키기에 부족함이 없다.

과학동아 스페셜 '빅뱅과 우주'	교육과정
I. 우주는 어떻게 시작됐을까? I-1-(2). 우주상수와 인플레이션 I-2. 빅뱅을 발견한 과학자	우주의 기원
II-2. 원소의 탄생	빅뱅과 기본입자
	원자의 형성
III-1. 은하는 우주의 세포 III-2. 은하의 탄생 III-3. 우리은하의 모습 III-4. 은하 중심의 거대블랙홀을 찾아라	별과 은하
IV-1. 암흑물질과 암흑에너지 IV-2. 우주의 통일 이론을 찾아서	

두 번째 단원은 'II. 빅뱅 들여다보기'이며 '1. 배경복사', '2. 원소의 탄생', '3. 빅뱅의 재현'의 세 개의 중단원으로 구성돼 있다. 이 중 '1. 배경복사'는 교과서의 첫 단원인 우주의 기원과 연관돼 있으며 '2. 원소의 탄생'은 교과서의 '2. 빅뱅과 기본입자', '3. 원자의 형성' 두 단원을 아우르는 내용으로 채워져 있다. 특히 빅뱅으로부터 생겨난 가벼운 원소에서부터 별의 탄생과 죽음으로 인해 생기는 무거운 원소까지 이해하기 쉽게 설명했다. 실험실에서 빅뱅의 모습을 재현하려는 최근의 연구 상황까지도 빠짐없이 담고 있다.

세 번째 단원은 'III. 은하의 탄생'이다. '1. 은하는 우주의 세포', '2. 은하의 탄생', '3. 우리은하의 모습', '4. 은하 중심의 거대블랙홀을 찾아라' 등 4개의 중단원으로 구성돼 있으며 교과서의 별과 은하에 해당하는 내용이다. 특히 세포와 같은 용어를 사용하면서 거대한 우주를 하나의 생태계로 표현한 본 단원은 우주를 구성하는 요

소들의 상호 연관성과 다음 단원으로 이어지는 암흑물질의 존재를 왜 생각하게 되었는지에 대한 기본적인 의구심을 해결해 줄 수 있다.

마지막 단원인 'Ⅳ. 최신 우주론'은 '1. 암흑물질과 암흑에너지', '2. 우주의 통일 이론을 찾아'로 나누어져 있다. 이 단원은 교과서에서 다루지 않은, 교육과정을 벗어나는 내용이지만 앞의 세 단원을 접하고 나면 자연스럽게 찾게 되는 내용 중 하나다. 특히, 본 책 중에서 2030년 뉴턴슈타인이 등장하여 인류 최대의 난제인 암흑에너지를 멋지게 해결하고 5년지 노벨상을 거머쥐었다는 부분은 학생들에게 어려운 내용이지만 완전한 이해가 아니어도 새로운 내용을 접해보고 생각해 볼 수 있는 기회. 이는 과학적 소양을 키우는 데 도움을 주려는 융합형 과학 교과서의 근본 취지와도 상통한다고 볼 수 있다.

위와 같이 개략적으로 살펴본 융합형 과학 교과서의 '우주의 기원과 진화'와 본 책 '빅뱅과 우주'는 다른 어떤 단원보다도 호흡이 잘 맞는다. 교과서의 '우주의 기원과 진화' 단원에 해당하는 풍부한 자료를 제공하고 학생들의 필요를 파악해 눈높이에 맞는 구성을 할 수 있었던 것은 ≪과학동아≫의 오랜 노하우가 있었기 때문이다. 뿐만 아니라 앞으로 이어질 '태양계와 지구', '생명과 진화', '건강과 영양', '에너지와 환경', '정보통신과 신소재'에서도 ≪과학동아≫의 오랜 경험을 통해 교과서에서 미처 하지 못한 많은 얘기와 정보를 양질의 그래픽과 함께 제공할 것이다. 앞으로 교과서를 이해하는 데 충분한 도움을 줄 수 있는 훌륭한 융합형 과학 보조 자료가 나올 것으로 기대한다. ▣

외부 필진 (가나다 순)

구본철
서울대 물리천문학부 교수
2부 만물의 근원은 수소

구자현
영산대학교 학부대학 교수
1부 허블의 우주팽창 실험

권영준
연세대 물리학과 교수
2부 우주는 왼손잡이,
지상 최대의 입자 쇼 중 CP대칭성 깨짐과
입자 '맛'의 비밀

금용연
서울대 물리천문학부 BK부교수
4부 암흑물질을 찾아라

김선기
서울대 물리천문학부 교수
4부 만물의 법칙이 등장하기까지

남순건
경희대 물리학과 교수
4부 진동하는 끈이 만물을 지배한다

박석재
한국천문연구원 연구위원
1부 빅뱅우주론의 탄생, 우주상수와 인플레이션
3부 블랙홀 과학사

박성찬
전남대 물리학과 교수
2부 지상 최대의 입자 쇼 중 '블랙홀 공장' 짓는다

성언창
한국천문연구원 광학천문본부 소백산 천문대
3부 우리은하는 어떻게 탄생했을까

안홍배
부산대 지구과학교육과 교수
3부 은하 중심부에 막대가 있다

이명균
서울대 물리천문학부 교수
3부 비눗방울 표면에 붙어 있는 은하

이재우
세종대 물리천문학부 교수
3부 작은 은하 잡아먹던 과거

이창환
부산대 물리학과 교수
2부 지상 최대의 입자 쇼 중 앨리스의 이상한 나라

조용민
서울대 물리천문학부 명예교수,
울산과학기술대 전기전자컴퓨터공학부 석좌교수
4부 현대 통일장이론의 최전선

홍병식
고려대 물리학과 교수
2부 번개처럼 사라지는 입자

황중환
만화가
2부 빅뱅이론의 창시자, 조지 가모프

사진 및 일러스트 출처

1부 우주는 어떻게 시작됐을까?

8~9쪽 NASA, 10~11쪽 NASA,
12쪽 초기 우주 – NASA, 르메르트 – 위키피디아, 13쪽 NASA,
14~15쪽 모든 사진 – NASA, 16쪽 중입자 – NASA, 16~17쪽 큰사진 –
NASA/ESA/SSC/CXC/STScI, 18쪽 NASA,
19쪽 앨런 구스 – Betsy Devine, 우주의 운명 – NASA,
20쪽 NASA/JPL–CAltech/A. Kashlinsky, 21쪽 NASA/JPL–Caltech,
22쪽 모의실험 – NASA, 22~23쪽 큰사진 – NASA, ESA, and A. Feild,
24쪽 NASA, 25쪽 조지 헤일 – 위키피디아, 팔로마 산 천문대 – 위키피디아,
허블 – Western Washington University Planetarium, 26쪽 Andrew Dunn,
27쪽 위키피디아, 28쪽 NASA/ESA/Hubble Heritage,
29쪽 NGC 4660 – NASA/ESA/E. Peng, NGC 2841 – NASA/ESA/The
Hubble Heritage Team, 30쪽 NASA/ESA, 31쪽 NASA/ESA

2부 빅뱅 들여다보기

38~39쪽 NASA/ESA/R. Thompson,
40쪽 부메랑 기구 – 위키피디아, 부메랑 실험 결과 – 위키피디아,
41쪽 맥시마 실험 결과 – The MAXIMA Collaboration, COBE – NASA,
42~43쪽 우주배경복사 – NASA, 상상도– NASA/WMAP Science
Team, 전파망원경 – NASA, 44~45쪽 NASA/ESA,
46쪽 Mees 태양천문대, 47쪽 NASA/ESA/The Hubble Heritage Team,
48쪽 NGC 3372 – NASA/ESA/M. Livio/The Hubble 20th Anniversary
Team, 49쪽 분자운 – 김기태, NGC604 – NASA/ESA/HST,
50쪽 NASA/ESA, 51쪽 일러스트 – 위키피디아,
52~53쪽 일러스트 – 임혜경, 53쪽 폴 디랙 – Lucifer's Legacy,
55쪽 위키피디아, 56쪽 승산, 57쪽 NASA, 58쪽 GAMMA,
60쪽 일러스트 – 박현정, 61쪽 Cern, 62~63쪽 CERN,
65~66쪽 일러스트 – 동아사이언스,
66~67쪽 PET – REX, 과학자 – 피지컬 리뷰,
68~69쪽 일러스트 – CERN,
70~71쪽 사진 – NASA, 일러스트 – 네이처,
72~77쪽 모든 사진 – CERN

3부 은하

78~79쪽 위키피디아,
80~81쪽 NASA/ESA, 원안 사진– Astronomical Journal, 82, 249,
82쪽 Las Campanas Redshift Survey,
84쪽 황나래/이명균, 85쪽 우주의 균일성 – NASA/COBE, 우주의 등방
성 – Astrophysical Journal Supplementary Series,

75, 1011, 감마선 버스트 – NASA/CGRO/BATSE,
86~87쪽 일러스트 – 강선욱,
89쪽 두 나선은하 충돌 – NASA, 고리 통과 – NASA,
91쪽 모든 사진 – NASA, 92쪽 NASA, 93쪽 모든 사진 – NASA,
94~95쪽 NASA, 95쪽 허셜 은하모형 – 위키피디아,
96~97쪽 모든 사진 – NASA, 98쪽 일러스트 – 강선욱,
99쪽 ESO, 100~101쪽 모든 사진 – NASA/ESA,
102~103쪽 모든 사진 – NASA, 104~105쪽 ESO, 106~107쪽 ESO,
107쪽 은하수의 기원 – 위키피디아, 108쪽 NASA,
109쪽 NASA/JPL, 110~111 NASA, 작은 사진 – UCLA, 112쪽 NASA,
114쪽 ESO, 115쪽 일러스트 – 박장규,
116~117쪽 천문대 – 미국국립천문대, 그래프 – 이재우, M22 – 이재우,
118쪽 NGC 4565 – ESO, NGC 4826 – 텍사스대,
119쪽 모든 사진 – ESO, 120~121쪽 Andrew Cohin,
122~127쪽 모든 사진 – NASA, 128쪽 NGC 1300 – NASA,
129쪽 Astronomy and Astrophysics, 130쪽 GAMMA,
131쪽 NASA, 133쪽 NASA/JPL–Caltech,
134~135쪽 일러스트 – 박현정, 136~141쪽 모든 사진 – NASA

4부 최신우주론

142~143쪽 일러스트 – 박장규, 144~145쪽 모든 사진 – NASA,
146~147쪽 암흑물질 분포 – NASA/ESA/R. Massey, 정상물질과 암흑물
질 – NASA/ESA/R. Massey, 148~149쪽 엑시온 태양망원경 – CERN,
150~151쪽 일러스트 – 강선욱, 152쪽 일러스트 – NASA, 153쪽 NASA,
154~155쪽 WMAP – NASA,
156~157쪽 뉴턴 – 위키피디아, 맥스웰 – 위키피디아, 자석 – Aney,
158~159쪽 모든 사진 – GAMMA,
160~161쪽 모든 일러스트 – 박현정, 162~163쪽 NASA,
164~165쪽 일러스트 – 동아사이언스, 에드워드 위튼 – 위키피디아, 요
이치로 남부 – Betsy Devine, 166쪽 동아사이언스, 167쪽 NASA,
168~169쪽 일러스트 – 박현정, 170쪽 NASA,
171쪽 일러스트 – 박현정, 173쪽 일러스트 – 박현정,
174~175쪽 일러스트 – 동아사이언스, 슈타인하르트 교수 – Princeton
University, 176~177쪽 일러스트 – 박현정,
178쪽 일러스트 – 박현정, 블랙홀 – NASA, 179쪽 동아사이언스,
180~181쪽 동아사이언스,
182~183쪽 LHC – CERN, 일러스트 – 동아사이언스